国家自然科学基金
理论物理专款资助

"十三五"国家重点出版物出版规划项目

21世纪理论物理及其交叉学科前沿丛书

量子轨迹的功和热

柳 飞 著

科 学 出 版 社

北 京

内 容 简 介

本书应用量子轨迹图像以相对统一的方式介绍了量子 Markov 型非平衡过程随机功和热的研究进展，包括基于两次能量投影测量定义的量子功和热、量子Feynman-Kac公式、计算和分析随机热力学量的特征函数方法、量子跳跃轨迹概念、定义在量子跳跃轨迹上的随机热力学量、量子功和热满足的各类量子涨落定理等.

本书适合具备热力学和量子力学基础知识的人员阅读，并可供从事量子非平衡态理论和随机热力学研究的科研工作者使用. 本书对量子测量、量子信息、量子光学等和统计物理交叉应用感兴趣的同行以及高等院校物理专业的高年级本科生和研究生也有一定的参考价值.

图书在版编目(CIP)数据

量子轨迹的功和热 / 柳飞著.—北京: 科学出版社, 2019.10
(21世纪理论物理及其交叉学科前沿丛书)
"十三五"国家重点出版物出版规划项目
ISBN 978-7-03-062351-5

Ⅰ.① 量… Ⅱ.① 柳… Ⅲ.①量子力学–研究②量子
–热力学–研究 Ⅳ.①O413.1

中国版本图书馆 CIP 数据核字 (2019) 第 207210 号

责任编辑: 钱 俊 崔慧娴 / 责任校对: 彭珍珍
责任印制: 吴兆东 / 封面设计: 无极书装

科 学 出 版 社 出版
北京东黄城根北街 16 号
邮政编码: 100717
http://www.sciencep.com

北京厚诚则铭印刷科技有限公司印刷
科学出版社发行 各地新华书店经销

*

2019 年 10 月第 一 版 开本: 720×1000 1/16
2025 年 1 月第四次印刷 印张: 13 3/4
字数: 254 000
定价: 98.00 元
(如有印装质量问题，我社负责调换)

《21 世纪理论物理及其交叉学科前沿丛书》
出版前言

物理学是研究物质及其运动规律的基础科学. 其研究内容可以概括为两个方面: 第一, 在更高的能量标度和更小的时空尺度上, 探索物质世界的深层次结构及其相互作用规律; 第二, 面对由大量个体组元构成的复杂体系, 探索超越个体特性 "演生" 出来的有序和合作现象. 这两个方面代表了两种基本的科学观——还原论 (reductionism) 和演生论 (emergence). 前者把物质性质归结为其微观组元间的相互作用, 旨在建立从微观出发的终极统一理论, 是一代又一代物理学家的科学梦想; 后者强调多体系统的整体有序和合作效应, 把不同层次 "演生" 出来的规律当成自然界的基本规律加以探索. 它涉及从固体系统到生命软凝聚态等各种多体系统, 直接联系关乎日常生活的实际应用.

现代物理学通常从理论和实验两个角度探索以上的重大科学问题. 利用科学实验方法, 通过对自然界的主动观测, 辅以理论模型或哲学上思考, 先提出初步的科学理论假设, 然后借助进一步的实验对此进行判定性检验. 最后, 据此用严格的数学语言精确、定量表达一般的科学规律, 并由此预言更多新的、可以被实验再检验的物理效应. 当现有的理论无法解释一批新的实验发现时, 物理学就要面临前所未有的挑战, 有可能产生重大突破, 诞生新理论. 新的理论在解释已有实验结果的同时, 还将给出更一般的理论预言, 引发新的实验研究. 物理学研究这些内禀特征, 决定了理论物理学作为一门独立学科存在的必要性以及在当代自然科学中的核心地位.

理论物理学立足于科学实验和观察, 借助数学工具、逻辑推理和观念思辨, 研究物质的时空存在形式及其相互作用规律, 从中概括和归纳出具有普遍意义的基本理论. 由此不仅可以描述和解释自然界已知的各种物理现象, 而且还能够预言此前未知的物理效应. 需要指出, 理论物理学通过当代数学语言和思想框架, 使得物理定律得到更为准确的描述. 沿循这个规律, 作为理论物理学最基础的部分, 20 世纪初诞生的相对论和量子力学今天业已成为当代自然科学的两大支柱, 奠定了理论物理学在现代科学中的核心地位. 统计物理学基于概率统计和随机性的思想处理多粒子体系的运动, 是二者的必要补充. 量子规范场论从对称性的角度描述微观粒子的基本相互作用, 为自然界四种基本相互作用的统一提供坚实的基础.

关于理论物理的重要作用和学科发展趋势, 我们分六点简述.

1. 理论物理研究纵深且广泛, 其理论立足于全部实验的总和之上. 由于物质结构是分层次的, 每个层次上都有自己的基本规律, 不同层次上的规律又是互相联系的. 物质层次结构及其运动规律的基础性、多样性和复杂性不仅为理论物理学提供了丰富的研究对象, 而且对理论物理学家提出巨大的智力挑战, 激发出人类探索自然的强大动力. 因此, 理论物理这种高度概括的综合性研究, 具有显著的多学科交叉与知识原创的特点. 在理论物理中, 有的学科 (诸如粒子物理、凝聚态物理等) 与实验研究关系十分密切, 但还有一些更加基础的领域 (如统计物理、引力理论和量子基础理论), 它们一时并不直接涉及实验. 虽然物理学本身是一门实验科学, 但物理理论是立足于长时间全部实验总和之上, 而不是只针对个别实验. 虽然理论正确与否必须落实到实验检验上, 但在物理学发展过程中, 有的阶段性理论研究和纯理论探索性研究, 开始不必过分强调具体的实验检验. 其实, 产生重大科学突破甚至科学革命的广义相对论、规范场论和玻色爱因斯坦凝聚就是这方面的典型例证, 它们从纯理论出发, 实验验证却等待了几十年, 甚至近百年. 近百年前爱因斯坦广义相对论预言了一种以光速传播的时空波动——引力波. 直到 2016 年 2 月, 美国科学家才宣布人类首次直接探测到引力波. 引力波的预言是理论物理发展的里程碑, 它的观察发现将开创一个崭新的引力波天文学研究领域, 更深刻地揭示宇宙奥秘.

2. 面对当代实验科学日趋复杂的技术挑战和巨大经费需求, 理论物理对物理学的引领作用必不可少. 第二次世界大战后, 基于大型加速器的粒子物理学开创了大科学工程的新时代, 也使得物理学发展面临经费需求的巨大挑战. 因此, 伴随着实验和理论对物理学发展发挥的作用有了明显的差异变化, 理论物理高屋建瓴的指导作用日趋重要. 在高能物理领域, 轻子和夸克只能有三代是纯理论的结果, 顶夸克和最近在大型强子对撞机 (LHC) 发现的 Higgs 粒子首先来自理论预言. 当今高能物理实验基本上都是在理论指导下设计进行的, 没有理论上的动机和指导, 高能物理实验如同大海捞针, 无从下手. 可以说, 每一个大型粒子对撞机和其他大型实验装置, 都与一个具体理论密切相关. 天体宇宙学的观测更是如此. 天文观测只会给出一些初步的宇宙信息, 但其物理解释必依赖于具体的理论模型. 宇宙的演化只有一次, 其初态和末态迄今都是未知的. 宇宙学的研究不能像通常的物理实验那样, 不可能为获得其演化的信息任意调整其初末态. 因此, 仅仅基于观测, 不可能构造完全合理的宇宙模型. 要对宇宙的演化有真正的了解, 建立自洽的宇宙学模型和理论, 就必须立足于粒子物理和广义相对论等物理理论.

3. 理论物理学本质上是一门交叉综合科学. 大家知道, 量子力学作为 20 世纪的奠基性科学理论之一, 是人们理解微观世界运动规律的现代物理基础. 它的建立, 带来了以激光、半导体和核能为代表的新技术革命, 深刻地影响了人类的物质、精神生活, 已成为社会经济发展的原动力之一. 然而, 量子力学基础却存在诸多的争议, 哥本哈根学派对量子力学的"标准"诠释遭遇诸多挑战. 不过这些学术争论不仅促进了量子理论自身发展, 而且促使量子力学走向交叉科学领域, 使得量子物理从观测解释阶段进入自主调控的新时代, 从此量子世界从自在之物变成为我之物. 近二十年来, 理论物理学在综合交叉方面的重要进展是量子物理与信息计算科学的交叉, 由此形成了以量子计算、量子通信和量子精密测量为主体的量子信息科学. 它充分利用量子力学基本原理, 基于独特的量子相干进行计算、编码、信息传输和精密测量, 探索突破芯片极限、保证信息安全的新概念和新思路. 统计物理学为理论物理研究开拓了跨度更大的交叉综合领域, 如生物物理和软凝聚态物理. 统计物理的思想和方法不断地被应用到各种新的领域, 对其基本理论和自身发展提出了更高的要求. 由于软物质是在自然界中存在的最广泛的复杂凝聚态物质, 它处于固体和理想流体之间, 与人们的日常生活及工业技术密切相关. 例如, 水是一种软凝聚态物质, 其研究涉及的基础科学问题关乎人类社会今天面对的水资源危机.

4. 理论物理学在具体系统应用中实现创新发展, 并在基本层次上回馈自身. 从量子力学和统计物理对固体系统的具体应用开始, 近半个世纪以来凝聚态物理学业已发展成当代物理学最大的一个分支. 它不仅是材料、信息和能源科学的基础, 也与化学和生物等学科交叉与融合, 而其中发现的新现象、新效应, 都有可能导致凝聚态物理一个新的学科方向或领域的诞生, 为理论物理研究展现了更加广阔的前景. 一方面, 凝聚态物理自身理论发展异常迅猛和广泛, 描述半导体和金属的能带论和费米液体理论为电子学、计算机和信息等学科的发展奠定了理论基础; 另一方面, 从凝聚态理论研究提炼出来的普适的概念和方法, 对包括高能物理在内的其他物理学科的发展也起到了重要的推动作用. BCS 超导理论中的自发对称破缺概念, 被应用到描述电弱相互作用统一的 Yang-Mills 规范场论, 导致了中间玻色子质量演生的 Higgs 机制, 这是理论物理学发展的又一个重要里程碑. 近二十年来, 在凝聚态物理领域, 有大量新型低维材料的合成和发现, 有特殊功能的量子器件的设计和实现, 有高温超导和拓扑绝缘体等大量新奇量子现象的展示. 这些现象不能在以单体近似为前提的费米液体理论框架下得到解释, 新的理论框架建立已迫在眉睫, 如果成功将使凝聚态物理的基础及应用研究跨上一个新的历史台阶, 也将理论物理的引领作用发挥到极致.

5. 理论物理的一个重要发展趋势是理论模型与强大的现代计算手段相结合. 面对纷繁复杂的物质世界 (如强关联物质和复杂系统), 简单可解析求解的理论物理模型不足以涵盖复杂物质结构的全部特征, 如非微扰和高度非线性. 现代计算机的发明和快速发展提供了解决这些复杂问题的强大工具. 辅以面向对象的科学计算方法 (如第一原理计算、蒙特卡罗方法和精确对角化技术), 复杂理论模型的近似求解将达到极高的精度, 可以逐渐逼近真实的物质运动规律. 因此, 在解析手段无法胜任解决复杂问题任务时, 理论物理必须通过数值分析和模拟的办法, 使得理论预言进一步定量化和精密化. 这方面的研究导致了计算物理这一重要学科分支的形成, 成为连接物理实验和理论模型必不可少的纽带.

6. 理论物理学将在国防安全等国家重大需求上发挥更多作用. 大家知道, 无论决胜第二次世界大战、冷战时代的战略平衡, 还是中国国家战略地位提升, 理论物理学在满足国家重大战略需求方面发挥了不可替代的作用. 爱因斯坦、奥本海默、费米、彭桓武、于敏、周光召等理论物理学家也因此彪炳史册. 与战略武器发展息息相关, 第二次世界大战后开启了物理学大科学工程的新时代, 基于大型加速器的重大科学发现反过来为理论物理学提供广阔的用武之地, 如标准模型的建立. 国防安全方面等国家重大需求往往会提出自由探索不易提出的基础科学问题, 在对理论物理提出新挑战的同时, 也为理论物理研究提供了源头创新的平台. 因此, 理论物理也要针对国民经济发展和国防安全方面等国家重大需求, 凝练和发掘自己能够发挥关键作用的科学问题, 在实践应用和理论原始创新方面取得重大突破. 为了全方位支持我国理论物理事业长足发展, 1993 年国家自然科学基金委员会设立 "理论物理专款", 并成立学术领导小组 (首届组长是我国著名理论物理学家彭桓武先生). 多年来, 这个学术领导小组凝聚了我国理论物理学家集体智慧, 不断探索符合理论物理特点和发展规律的资助模式, 培养理论物理优秀创新人才做出杰出的研究成果, 对国民经济和科技战略决策提供指导和咨询. 为了更全面地支持我国的理论物理事业, "理论物理专款" 持续资助我们编辑出版这套《21 世纪理论物理及其交叉学科前沿丛书》, 目的是要系统全面介绍现代理论物理及其交叉领域的基本内容及其学科前沿发展, 以及中国理论物理学家科学贡献和所取得的主要进展. 希望这套丛书能帮助大学生、研究生、博士后、青年教师和研究人员全面了解理论物理学研究进展, 培养对物理学研究的兴趣, 迅速进入理论物理前沿研究领域, 同时吸引更多的年轻人献身理论物理学事业, 为我国的科学研究在国际上占有一席之地作出自己的贡献.

孙昌璞

中国科学院院士, 发展中国家科学院院士

国家自然科学基金委员会"理论物理专款"学术领导小组组长

前　　言

　　宏观热力学系统和外界交换能量的主要方式是功和热. 当一个热力学过程结束时, 作为过程量的功和热也就唯一地确定. 随着系统尺度的变小、周围环境温度的降低, 量子涨落的重要性开始显现. 在这样的量子小系统中如何定义功和热呢? 它们是否遵循宏观热力学的三个定律? 是否还有新的物理定律支配着它们的行为? 操控量子小系统已经是不少实验室里的常规实验内容, 量子热机和制冷机也被成功地制造出来, 对上述问题的研究具有重要的理论和现实意义.

　　量子 Markov 主方程是研究量子小系统不可逆热力学的传统工具. 在 20 世纪 70 年代, 对该方程的严格数学论证已经完成. 它在量子光学、量子测量、量子信息等领域有着广泛重要的应用. 然而, 在过去相当长的时间里, 量子小系统的热力学研究局限在系综水平, 系统和外界能量交换的随机特性一直未受到重视. 在最近二十年里, 因为经典系统中关于随机功和热的一系列非平衡涨落定理的发现, 这种状况有了显著改变. 量子主方程是系综水平的描述, 为了定义随机的热力学量, 需要将这些方程 "拆解" 成量子轨迹. 根据 Heisenberg 测不准关系, 量子系统并不存在相空间的轨迹描述, 这里的轨迹是指单个量子系统的波函数或者密度算符在系统 Hilbert 或者密度算符空间中的演化历史. 在量子轨迹上我们可以自然地定义随机的功和热, 由此进一步探讨它们的统计性质, 比如各种量子涨落定理等. 需要强调的是, 量子轨迹绝非人为想象的产物. 量子光学中的直接光子探测实验记录到的光子到达的时间序列, 腔量子电动力学实验检测到的光电流, 都相当于 "看" 到了量子轨迹. 量子 Markov 主方程发展的早期就已经出现了量子轨迹的概念. 不过令人惊讶的是, 虽然前者在量子不可逆热力学中的应用如此频繁, 但是在相当长的一段时期里, 量子轨迹的热力学意义被完全忽视了.

　　本书尝试对量子 Markov 主方程描述的量子开系统的随机功和热做一个相对完整的介绍, 内容安排如下: 在第 1 章, 我们介绍量子闭系统基于两次能量投影测量定义的功、功的分布、和功分布等价的功特征函数以及功特征算符、量子 Jarzynski 和 Crooks 等式、量子轨迹功定理、功的量子-经典对应等. 因为量子开系统总可以和周围环境组成一个更大的复合闭系统, 本章的结论为接下来的讨论奠定了基础. 在第 2 章, 我们详细推导了若干典型的含时量子 Markov 主方程, 并把它们写成一个统一的形式. 这是建立一个具有相当普适性的量子开系统随机热力学的理论前提. 已有的研究表明, 并不存在适用于任意驱动、任意系统-环境相互作用强度的量子 Markov 主方程. 幸运的是, 这里涉及的主方程足以覆盖很多令人感兴趣的量子小系统. 在第 3 章, 我们把量子开系统和热环境看作一个复合的量子闭系统, 利用闭系统波函数的量子轨迹图像, 根据两次能量投影测量方案定义了量子开系统的随机热和功. 为了计算和分析这些热力学量的随机分布, 将第 1 章的特征函数方法推广到了量子开系统的情况. 我们比较了随机热力学量的系综平均和传统量子热力学量的异同, 证明了一般量子 Markov 主方程的热和功的若干涨落定理. 在第 4 章, 基于一个重复相互作用模型, 我们应用连续的两次能量投影测量环境原子能量的方法引入了量子跳跃轨迹的概念. 和前 1 章的量子轨迹不同, 这里的轨迹是以开系统波函数或者密度算符的连续演化和随机跳跃交替进行的方式发生在开系统的 Hilbert 空间或者密度算符空间里. 除此以外, 我们还给出了一个构建量子跳跃轨迹的形式化理论. 该理论的优点在于它和模型无关, 而且能极大地简化量子跳跃轨迹的推导. 在第 5 章, 我们定义了量子跳跃轨迹的量子功和热. 再次应用特征函数技术, 证明第 3 章基于量子主方程定义的随机热力学量和基于量子跳跃轨迹定义的热力学量具有完全相同的统计性质. 在那里我们还建立了若干量子跳跃轨迹版本的涨落定理. 第 6 章是前面几章的结论在二能级量子开系统中的具体展示和应用.

　　本书仅关注了 Markov 型量子非平衡过程的随机功和热, 没有讨论其他更多有趣的议题, 比如随机的量子热机或者制冷机、量子非 Markov 过程的随机热力学、量子信息热力学的随机推广、量子多体的热力学效应, 等等. 如果读者对这些议题感兴趣, 研读最新的综述论文是更有效的途径. 为了保持专著的特点, 本书的主体内容是在我们的研究结果上扩充整理而成. 即使如此, 书中也会不可避免地参考或者直接引用其他学者的重要研究成果, 在用到他们的结论或者方法时, 我们会给予明确的引用, 并在此表示感谢. 本书如有描述不到位之处, 敬请批评指正.

　　本书出版得到了国家自然科学基金理论物理专款和北京航空航天大学教材/专著出版资金资助, 特此致谢.

目　　录

第 1 章　闭系统的量子功

我们首先回忆经典 Hamilton 力学中的功定义. 假设一个经典系统的 Hamilton 量是 $H(z, \lambda)$, z 是相空间中系统的坐标, λ 是操控系统的一个或者一组外参数, 它们随时间以确定的方式变化. 只要不影响理解, 我们都不会明显地写出它们的时间变量 t. 如果从 0 时刻开始外界持续操控系统到 t 时刻, 那么系统能量的增加

$$\Delta H = \int_0^t \mathrm{d}\lambda \partial_\lambda H(z(\tau), \lambda), \tag{1.1}$$

等式的右边用到了闭系统的演化满足 Liouville 方程的结论. 考虑到在整个操控过程中系统一直保持着热孤立的状态, 系统和外界能量交换的唯一途径是做功, 上式右边的积分很自然地被称为外界对系统做的功. 这个定义推广了牛顿力学中熟悉的功定义: $\partial_\lambda H$ 相当于外界对系统施加的外力, 而 $\mathrm{d}\lambda$ 是外力作用下系统整体的位移, 它和系统自身的相坐标 z 无关. 图 1.1 示意了这样的一个模型. 因为式 (1.1) 中的 $z(\tau)$ 是 τ 时刻系统的瞬时相坐标, 所以功是系统轨迹的泛函.

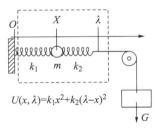

$$U(x, \lambda) = k_1 x^2 + k_2 (\lambda - x)^2$$

图 1.1　功定义式 (1.1) 的一个例子. 这个经典闭系统由两个刚度系数分别等于 k_1 和 k_2 的轻质弹簧以及一个质量为 m 的小球组成, 用一个虚线围成的框表示. 一个重力为 G 的重物实现外界对该系统的做功. 这里的外参数是连接着 k_2 弹簧的外部坐标 λ, 则 $\partial_\lambda H = k_2(\lambda - x)$ 等于作用在同一个弹簧上的外力. 严格说来, λ 和系统坐标 x 相互影响. 然而只要外部的 G 足够大, 我们认为 λ 以确定的方式变化而和 x 无关

经典功式 (1.1) 的量子力学推广并不简单. 假设量子闭系统的 Hamilton 算符是 $H(\lambda)$. 我们用同一个符号 H 表示经典和量子情形的 Hamilton 量和算符, 因为在后者中没有加上相坐标的算符, 这应该不会引起理解上的混乱. 除此以外, 我

们仍然设定通过经典的外参数 λ 实现外界对量子闭系统的操控. 因为量子力学通常默认为只有闭系统的平均能量具有守恒的物理意义, 所以一个广为接受的功定义是

$$A = \int_0^t \mathrm{d}\lambda \overline{\partial_\lambda H(\lambda)}. \tag{1.2}$$

符号上方的横线代表算符对闭系统瞬时波函数的平均, 暂时不考虑系统初始状态是混合态 (mixed state) 的情况. 在得到上述公式时用到了 Schrödinger 方程. 显然, 式 (1.2) 没有任何的随机属性. 2000 年法国学者 Kurchan 提出了一个基于两次能量投影测量 (two-energy-projection-measurement) 的功 [1]. 和传统的功定义式 (1.2) 不同, 它具有内在的随机性. 在接下来的章节里, 我们把它称为量子功. 只要不引起混淆, 有时也简单地称之为功.

1.1　两次能量投影测量

设 Hamilton 算符 $H(\lambda)$ 的瞬时能量本征态和本征值分别是 $|\varepsilon_n(\lambda)\rangle$ 和 $\varepsilon_n(\lambda)$,

$$H(\lambda)|\varepsilon_n(\lambda)\rangle = \varepsilon_n(\lambda)|\varepsilon_n(\lambda)\rangle. \tag{1.3}$$

假定该算符具有非简并的离散的能量本征值, 用量子数 n 表示. 两次能量投影测量指的是这样的一次理想实验: 在初始时刻对系统做第一次能量投影测量; 根据 von Neumann 测量假设, 我们会得到一个能量本征值, 如 $\varepsilon_m(\lambda_0)$, 测量后的系统波函数被投影到了本征态 $|\varepsilon_m(\lambda_0)\rangle$ 上, λ_0 是 0 时刻的外参数的值; 紧接着系统从这个本征态出发, 在 λ 的操控下, 从 0 时刻一直演化到终止时刻 t_f; 此时再对系统做第二次能量投影测量, 又会得到一个新的能量本征值, 如 $\varepsilon_n(\lambda_{t_f})$. 我们把系统波函数经历的这样一次测量—演化—测量的历史称作是系统 Hilbert 空间中的一条量子轨迹, 或者简称为轨迹①. 一条量子轨迹总有两个能量投影测量的本征值, 我们把终止时刻和初始时刻的本征值的差定义为该条量子轨迹的量子功 [1]. 以刚才的轨迹为例, 它的量子功为

$$W_{nm} = \varepsilon_n(\lambda_{t_f}) - \varepsilon_m(\lambda_0). \tag{1.4}$$

因为测得的能量本征值是随机量, 重复上述测量—演化—测量的实验多次, 将得到很多不同值的量子功. 随着实验次数的增加, 这些值呈现出某种概率分布. 考虑

---

① 我们用 "轨迹" 而非 "过程" 是为了凸显单次实验的事实, "过程" 用于指大量单次实验的一个集合.

到每次实验相当于生成了一条特定的量子轨迹, 通过量子轨迹出现的概率就能构造出量子功的概率分布. 根据量子力学, 观察到一条量子轨迹, 它的初始时刻的能量本征值是 $\varepsilon_m(\lambda_0)$, 终止时刻的能量本征值是 $\varepsilon_n(\lambda_{t_f})$ 的概率为

$$P_{nm}(t_f) = P_{n|m}(t_f)P_m(0), \tag{1.5}$$

其中, $P_m(0)$ 是第一次测量得到本征值 $\varepsilon_m(\lambda_0)$ 的概率,

$$P_m(0) = |\langle \varepsilon_m(\lambda_0)|\psi_0\rangle|^2, \tag{1.6}$$

$|\psi_0\rangle$ 是未测量前系统的初始波函数,

$$P_{n|m}(t_f) = |\langle \varepsilon_n(\lambda_t)|U(t_f)|\varepsilon_m(\lambda_0)\rangle|^2, \tag{1.7}$$

是第一次测量后从本征态 $|\varepsilon_m(\lambda_0)\rangle$ 出发演化到在 t_f 时刻再次测量得到能量本征值 $\varepsilon_n(\lambda_{t_f})$ 的概率, $U(t)$ 是系统的时间演化算符. 因为式 (1.7) 是一个条件概率, 所以在量子数 n 和 m 之间加上了竖线. 在式 (1.5) 的基础上容易得到量子功的分布: 设功值等于 W 的概率为 $P(W)$, 它应该是所有量子功等于 W 的量子轨迹出现的概率之和, 即

$$P(W) = \sum_{n,m} \delta(W - W_{nm})P_{nm}(t_f), \tag{1.8}$$

$\delta(\cdots)$ 是 Dirac 函数. 根据式 (1.8), 只要解出量子闭系统的时间演化算符, 就得到了关于量子功的所有的统计性质.

既然量子功有概率分布, 我们自然会期望它的平均值就是量子力学中传统的功定义式 (1.2), 然而我们用一个简单的二能级量子闭系统说明并非总是如此. 设初始时刻量子系统处在一个外参数为 λ_0 的叠加态上,

$$|\psi_0\rangle = c_0|\varepsilon_0(\lambda_0)\rangle + c_1|\varepsilon_1(\lambda_0)\rangle. \tag{1.9}$$

基于两次能量投影测量方案, 第一次测量必然破坏了系统初始的叠加状态. 根据式 (1.8), 不难得到量子功的平均值

$$
\begin{aligned}
\langle W \rangle = & \left[(\varepsilon_0(\lambda_{t_f}) - \varepsilon_0(\lambda_0))|\langle \varepsilon_0(\lambda_{t_f})|U(t_f)|\varepsilon_0(\lambda_0)\rangle|^2 \right. \\
& \left. + (\varepsilon_1(\lambda_{t_f}) - \varepsilon_0(\lambda_0))|\langle \varepsilon_1(\lambda_{t_f})|U(t_f)|\varepsilon_0(\lambda_0)\rangle|^2 \right] |c_0|^2 \\
& + \left[(\varepsilon_0(\lambda_{t_f}) - \varepsilon_1(\lambda_0))|\langle \varepsilon_0(\lambda_{t_f})|U(t_f)|\varepsilon_1(\lambda_0)\rangle|^2 \right. \\
& \left. + (\varepsilon_1(\lambda_{t_f}) - \varepsilon_1(\lambda_0))|\langle \varepsilon_1(\lambda_{t_f})|U(t_f)|\varepsilon_1(\lambda_0)\rangle|^2 \right] |c_1|^2. \tag{1.10}
\end{aligned}
$$

而根据标准的功定义式 (1.2), 在同一组外参数的操控下外界对系统做的功

$$
\begin{aligned}
A =& \overline{H(\lambda_{t_f})} - \overline{H(\lambda_0)} \\
=& \langle W \rangle + \left[\varepsilon_0(\lambda_{t_f}) \langle \varepsilon_0(\lambda_{t_f}) | U(t_f) | \varepsilon_1(\lambda_0) \rangle^* \langle \varepsilon_0(\lambda_{t_f}) | U(t_f) | \varepsilon_0(\lambda_0) \rangle \right. \\
& + \left. \varepsilon_1(\lambda_{t_f}) \langle \varepsilon_1(\lambda_{t_f}) | U(t_f) | \varepsilon_1(\lambda_0) \rangle^* \langle \varepsilon_1(\lambda_{t_f}) | U(t_f) | \varepsilon_0(\lambda_0) \rangle \right] c_0 c_1^* \\
& + c.c.,
\end{aligned}
\tag{1.11}
$$

$c.c.$ 表示前一个整项的复共轭. 除非量子系统的初始波函数是能量本征态, 初始状态的叠加性质会导致两个功不再相等. 因为功定义式 (1.2) 被认为遵守了能量守恒原理, 文献中出现了不少对量子功的批评 [2-5]. 考虑到本书关注的量子功都假设在初始时刻系统没有处在能量本征态的叠加状态, 关于量子功定义的争论对我们的结论没有影响.

1.2　量子功定理

上述定义的量子功可以推广到量子闭系统是混合态的情况, 此时需要引入密度算符描述闭系统的状态. 我们仍然对量子系统实施两次能量投影测量, 把系统密度算符经历的一次测量 — 演化 — 测量的历史称为一条量子轨迹, 同样定义这样一次实验测得的两个瞬时能量本征值的差为该条轨迹的量子功. 为了形式表述的方便, 我们引入能量投影测量算符,

$$
\mathcal{P}_n(\lambda) = |\varepsilon_n(\lambda)\rangle \langle \varepsilon_n(\lambda)|.
\tag{1.12}
$$

假设实验开始前闭系统的初始密度算符为 $\rho(0)$. 如果第一次投影测量后得到的能量本征值是 $\varepsilon_m(\lambda_0)$, 那么测得该值的概率为

$$
P_m(0) = \mathrm{Tr}[\mathcal{P}_m(\lambda_0) \rho(0) \mathcal{P}_m(\lambda_0)],
\tag{1.13}
$$

测量后系统密度算符塌缩为

$$
\begin{aligned}
\rho_m(\lambda_0) =& \frac{\mathcal{P}_m(\lambda_0) \rho(0) \mathcal{P}_m(\lambda_0)}{P_m(0)} \\
=& |\varepsilon_m(\lambda_0)\rangle \langle \varepsilon_m(\lambda_0)|,
\end{aligned}
\tag{1.14}
$$

它也是 0 时刻量子数等于 m 的投影算符. 关于测量理论的一个简单说明见附录 A. 从这个密度算符出发, 量子系统在 Hamilton 算符的操控下演化到终止时

刻 t_f. 假设第二次投影测量得到的能量本征值是 $\varepsilon_n(\lambda_{t_f})$, 则观察到这样一条量子轨迹的概率仍然是式 (1.5), 只是这里的 $P_m(0)$ 写成了式 (1.13), 而条件概率为

$$P_{n|m}(t_f) = \text{Tr}[\mathcal{P}_n(\lambda_{t_f})U(t_f)\rho_m(\lambda_0)U^\dagger(t_f)\mathcal{P}_n(\lambda_{t_f})]. \tag{1.15}$$

这条量子轨迹的功依然是式 (1.4). 我们看到, 除非初始时刻系统的密度算符 $\rho(0)$ 在瞬时能量基 $\{|\varepsilon_m(\lambda_0)\rangle\}$ 中是对角的, 一般情况下,

$$\rho(0) \neq \sum_m P_m(0)\rho_m(\lambda_0) = \rho_0. \tag{1.16}$$

上式的右边是量子系统因为第一次投影测量而产生的一个新的混合态 ρ_0. 它和测量前的初始密度算符 $\rho(0)$ 不相等意味着第一次测量破坏了系统原有的波函数叠加的性质. 以式 (1.9) 为例, 在瞬时能量基 $\{|\varepsilon_1(\lambda_0)\rangle, |\varepsilon_0(\lambda_0)\rangle\}$ 的表象中,

$$\rho(0) = \begin{pmatrix} |c_1|^2 & c_1 c_0^* \\ c_1^* c_0 & |c_0|^2 \end{pmatrix}, \tag{1.17}$$

而式 (1.16) 的右边为

$$\rho_0 = \begin{pmatrix} |c_1|^2 & 0 \\ 0 & |c_0|^2 \end{pmatrix}. \tag{1.18}$$

1.2.1 Jarzynski 等式

定义量子功的理论动机是为了证明量子闭系统的量子功满足一个精确的数学恒等式 [1]. 假设 0 时刻闭系统在外参数 λ_0 下和一个倒数温度为 $\beta = 1/k_B T$ 的热环境保持热平衡, 其中 k_B 是 Boltzmann 常数, T 是环境的温度, 则系统的初始密度算符

$$\rho_{\text{eq}}(0) = \frac{e^{-\beta H(\lambda_0)}}{Z(\lambda_0)}, \tag{1.19}$$

$Z(\lambda_0)$ 是在外参数 λ_0 下系统热平衡态的配分函数,

$$Z(\lambda_0) = \text{Tr}[e^{-\beta H(\lambda_0)}] = \sum_n e^{-\beta \varepsilon_n(\lambda_0)}. \tag{1.20}$$

因为系统 Hamilton 算符和正则密度算符式 (1.19) 对易, 第一次能量投影测量不会改变系统的初始状态. 首次测量得到能量本征值是 $\varepsilon_m(\lambda_0)$ 的概率为

$$P_m(0) = \frac{e^{-\beta \varepsilon_m(\lambda_0)}}{Z(\lambda_0)}. \tag{1.21}$$

第一次测量结束后, 量子系统立刻脱离和环境的作用并在外参数 λ 的操控下做幺正演化直到终止时刻 t_f, 在结束的那一刻再做第二次能量投影测量. 当收集了足够多的量子轨迹和量子功后, 我们计算这些功的指数值并求它们对轨迹出现概率的平均:

$$
\begin{aligned}
\langle \mathrm{e}^{-\beta W} \rangle &= \int \mathrm{d}W \mathrm{e}^{-\beta W} P(W) \\
&= \sum_{m,n} \mathrm{e}^{-\beta W_{nm}} P_{nm}(t_f) \\
&= \mathrm{Tr} \left[\mathrm{e}^{-\beta H(\lambda_{t_f})} U(t_f) \mathrm{e}^{\beta H(\lambda_0)} \rho_{\mathrm{eq}}(0) U^{\dagger}(t_f) \right],
\end{aligned} \tag{1.22}
$$

第一个等式是平均的定义, 第二个等式应用了式 (1.8) 中 Dirac 函数的积分性质, 最后一个等式是代入式 (1.13) 和式 (1.15) 的结果. 容易看到, 因为这里特殊的正则系综初始条件, 上式的平均简单地等于终止时刻和初始时刻量子系统热平衡态的配分函数之比, 写成自由能的表示就是

$$
\langle \mathrm{e}^{-\beta W} \rangle = \mathrm{e}^{-\beta \Delta F}, \tag{1.23}
$$

右边的指数项是量子系统热平衡态的自由能的增加,

$$
\Delta F = k_{\mathrm{B}} T [-\ln Z(\lambda_{t_f}) + \ln Z(\lambda_0)], \tag{1.24}
$$

$Z(\lambda_{t_f})$ 是外参数 λ_{t_f} 下的配分函数, 它的表示和式 (1.20) 相同, 只是那里的下标 0 换成 t_f. 需要强调的是, 除了开始前系统处在外参数等于 λ_0 的热平衡态外, 第一次测量结束后的整个实验中系统和环境没有发生任何热接触①. 式 (1.23) 被称为量子版本的 Jarzynski 等式 [6,7]. Kurchan 最早提出了该式 [1], 并被若干实验验证 [8,9]. Jarzynski 等式的重要意义有两点. 首先, 该等式在任意的非平衡过程的功和热力学平衡态的自由能之间建立了一个严格的数学定理. 该定理具有高度普适性, 和量子系统以及操控方式无关. 其次, 根据 Jensen 不等式, 任何下凸函数的平均值大于或者等于自变量平均值的函数. 因为指数函数就是一个下凸函数, 所以式 (1.23) 蕴含了一个不等式,

$$
\langle W \rangle \geqslant \Delta F. \tag{1.25}
$$

它是熵增原理在等温不可逆过程的一个表述: 外界对热力学系统所做的功总是大于或者等于系统自由能的增加 [10]. 即使如此, 式 (1.25) 给出了一个之前未曾注

---

① 物理上恰当的理解应该是量子系统和环境之间的相互作用如此之弱, 以至于它们之间的热交换被忽略不计.

意到的情况: 热力学教科书中要求等温不可逆过程在过程结束的时刻系统处在热平衡态, 而根据 Jarzynski 等式导出的不等式没有这样的限制, 也就是说, 在过程结束的时刻系统可以处在远离平衡的状态. 两者并没有矛盾, 这是因为我们可以安排处在非平衡态的系统再次和温度等于 T 的环境发生热交换, 只要固定外参数在 λ_{t_f} 上, 外界不再对系统做功, 等待系统弛豫到热平衡态, 不等式 (1.25) 就是传统的等温不可逆过程的结论. 值得指出的是, 式 (1.23) 要求在实验中量子系统和热环境之间没有任何热交换, 这个条件似乎限制了该等式的物理价值, 但是在后面的几章中, 我们将证明, 即使量子开系统和恒温的环境一直保持热交换, 只要它们之间的相互作用足够弱, 量子 Jarzynski 等式依然精确地成立.

1.2.2 量子轨迹功定理

量子 Jarzynski 等式是量子功概率分布非平凡性质的一个体现. 根据式 (1.8), 这个性质最终追溯到量子轨迹出现概率的特征. 为了阐释这个结论, 我们先引入一些必要的术语. 我们称一个由时变外参数 λ_t 控制的量子非平衡过程为正向过程, 而其逆向过程指的是相同的量子系统, 但是对它的操控由时间反转后的外参数

$$\overline{\lambda}_s = \lambda_t \tag{1.26}$$

实现, 其中

$$s + t = t_f, \tag{1.27}$$

外参数是时间函数的事实已经通过加上时间下标的方式明显地表示出来. 为了区分逆向和正向过程, 在和前者相关的物理量的上方加上横线. 另外, 我们约定用字母 s 表示逆向过程的时间. 假设我们感兴趣的量子闭系统满足时间反演不变性 (time-reversal-invariance). 具体说来, 正向过程量子系统的 Hamilton 算符是 $H(\lambda_t)$, 那么逆向过程的 Hamilton 算符为

$$\overline{H}(\overline{\lambda}_s) = \Theta H(\overline{\lambda}_s)\Theta^{-1} = H(\overline{\lambda}_s) = H(\lambda_t), \tag{1.28}$$

Θ 是时间反演算符[①].

逆向和正向过程没有本质的区别, 它们的划分完全是人为的. 比如, 后者可以看成是逆向操控前者外参数 $\overline{\lambda}_s$ 的逆过程, 当然, 更简单地是认为逆向过程就是一

---

① 如果外参数包括磁场, 式 (1.26) 需要做适当地修改, 比如参考文献 [11] 中的式 (4.3.11).

个在新的外参数

$$\overline{\lambda}_t = \lambda_{t_f - t} \tag{1.29}$$

操控下的正向过程. 这些观察提醒我们, 之前提及的两次能量投影测量、量子轨迹、量子功定义等都适用于逆向过程. 比如, 完成一次二次能量投影测量实验, 发现前后两个能量本征值分别是 $\overline{\varepsilon}_n(\overline{\lambda}_0)$ 和 $\overline{\varepsilon}_m(\overline{\lambda}_{t_f})$ 的一条逆向过程的量子轨迹的概率

$$\overline{P}_{mn}(t_f) = \overline{P}_{m|n}(t_f)\overline{P}_n(0), \tag{1.30}$$

其中

$$\overline{P}_n(0) = \mathrm{Tr}[\overline{\mathcal{P}}_n(\overline{\lambda}_0)\overline{\rho}(0)\overline{\mathcal{P}}_n(\overline{\lambda}_0)], \tag{1.31}$$

$$\overline{P}_{m|n}(t_f) = \mathrm{Tr}[\overline{\mathcal{P}}_m(\overline{\lambda}_{t_f})\overline{U}(t_f)\overline{\rho}_n(\overline{\lambda}_0)\overline{U}^{\dagger}(t_f)\overline{\mathcal{P}}_m(\overline{\lambda}_{t_f})], \tag{1.32}$$

$\overline{\rho}(0)$ 是逆过程量子闭系统在第一次测量前的密度算符, 我们还没有指定它的具体形式. $\overline{\rho}_n(\overline{\lambda}_0)$ 是第一次投影测量后的密度算符,

$$\overline{\rho}_n(\overline{\lambda}_0) = |\overline{\varepsilon}_n(\overline{\lambda}_0)\rangle\langle\overline{\varepsilon}_n(\overline{\lambda}_0)|, \tag{1.33}$$

能量投影算符为

$$\overline{\mathcal{P}}_n(\overline{\lambda}) = |\overline{\varepsilon}_n(\overline{\lambda})\rangle\langle\overline{\varepsilon}_n(\overline{\lambda})|. \tag{1.34}$$

因为我们已经设定 Hamilton 算符具有时间反演不变性, 它的瞬时能量本征态又不简并, 所以

$$\overline{\varepsilon}_n(\overline{\lambda}_s) = \varepsilon_n(\lambda_t), \tag{1.35}$$

$$|\overline{\varepsilon}_n(\overline{\lambda}_s)\rangle = \Theta|\varepsilon_n(\lambda_t)\rangle = |\varepsilon_n(\lambda_t)\rangle. \tag{1.36}$$

我们想知道, 这样一条逆向过程的量子轨迹和在第 1.2 节提到的正向过程的一条量子轨迹, 其第一次和第二次测得的能量本征分别是 $\varepsilon_m(\lambda_0)$ 和 $\varepsilon_n(\lambda_{t_f})$, 它们出现的概率之间有什么样的定量关系. 根据式 (1.35), 因为这两条量子轨迹的能量本征值出现的顺序相反, 所以称它们互为逆轨迹.

量子轨迹出现的概率由观察到第一个能量本征值的概率和从该本征值对应的本征态出发么正演化到终止时刻再次测量得到另一个能量本征值的条件概率相乘

得到. 因此, 为了回答上面的问题, 需要先确定正向和逆向过程的初始密度算符. 我们设定在 0 时刻这两个密度算符是在各自外参数下的倒数温度都等于 β 的热平衡态, 此时正向过程第一次测量得到能量本征值 $\varepsilon_m(\lambda_0)$ 的概率已经由式 (1.13) 给出, 而逆向过程首次测得的能量本征值是 $\bar{\varepsilon}_n(\bar{\lambda}_0)$ 的概率为

$$
\begin{aligned}
\overline{P}_n(0) &= \frac{\mathrm{e}^{-\beta\bar{\varepsilon}_n(\bar{\lambda}_0)}}{\mathrm{Tr}[\mathrm{e}^{-\beta\overline{H}(\bar{\lambda}_0)}]} \\
&= \frac{\mathrm{e}^{-\beta\varepsilon_n(\lambda_{t_f})}}{Z(\lambda_{t_f})}.
\end{aligned}
\tag{1.37}
$$

第二个等式用到了式 (1.28) 和式 (1.35). 接下来我们证明正向和逆向过程的两条互逆量子轨迹的条件概率相等. 为此, 利用求迹的循环不变性以及密度算符式 (1.33) 等同于特定量子数的投影算符式 (1.34) 的观察, 重新写出式 (1.32):

$$
\begin{aligned}
\overline{P}_{m|n}(t_f) &= \mathrm{Tr}[\overline{U}^\dagger(t_f)\overline{\mathcal{P}}_m(\bar{\lambda}_{t_f})\overline{U}(t_f)\bar{\rho}_n(\bar{\lambda}_0)] \\
&= \mathrm{Tr}[\mathcal{P}_n(\lambda_{t_f})\overline{U}^\dagger(t_f)\rho_m(\lambda_0)\overline{U}(t_f)\mathcal{P}_n(\lambda_{t_f})].
\end{aligned}
\tag{1.38}
$$

接下来的关键一步是证明

$$
U(t_f) = \Theta\overline{U}^\dagger(t_f)\Theta^{-1}.
\tag{1.39}
$$

证明细节见附录 B. 将式 (1.39) 代入式 (1.38), 再根据式 (1.36), 我们立刻看到

$$
\begin{aligned}
\overline{P}_{m|n}(t_f) &= \mathrm{Tr}[\mathcal{P}_n(\lambda_{t_f})\Theta^{-1}U(t_f)\Theta\rho_m(\lambda_0)\Theta^{-1}U^\dagger(t_f)\Theta\mathcal{P}_n(\lambda_{t_f})] \\
&= \mathrm{Tr}[\mathcal{P}_n(\lambda_{t_f})U(t_f)\rho_m(\lambda_0)U^\dagger(t_f)\mathcal{P}_n(\lambda_{t_f})] \\
&= P_{n|m}(t_f).
\end{aligned}
\tag{1.40}
$$

综合式 (1.21)、式 (1.37) 和式 (1.40), 我们得到一个量子轨迹功定理:

$$
P_{nm}(t_f) = \overline{P}_{mn}(t_f)\mathrm{e}^{\beta(W_{nm}-\Delta F)}.
\tag{1.41}
$$

这个定理表明, 从平衡态出发的正向和逆向过程的两条互逆量子轨迹的出现概率不相等. 因为系统演化中没有出现任何不可逆因素, 不相等的轨迹概率应该被归结为起始时刻状态分布的差异.

1.2.3　Crooks 等式

根据量子轨迹功定理, 我们容易得到一个关于正向和逆向过程量子功分布的数学定理:

$$P(W) = e^{\beta(W-\Delta F)}\overline{P}(-W), \tag{1.42}$$

右边的 $\overline{P}(-W)$ 是逆过程所有量子功等于 $-W$ 的量子轨迹的出现概率之和, 见式 (1.8). 上述等式通常被称为 Crooks 等式, 由 Crooks 在 1999 年发现, 当时他研究的是经典 Markov 随机过程 [12]. 式 (1.42) 的证明如下:

$$\begin{aligned}
P(W) &= \sum_{n,m} \delta(W - W_{nm})P_{nm}(t_f) \\
&= \sum_{m,n} \delta(W - W_{nm})\overline{P}_{mn}(t_f)e^{\beta(W_{nm}-\Delta F)} \\
&= e^{\beta(W-\Delta F)} \sum_{m,n} \delta(W + W_{mn})\overline{P}_{mn}(t_f) \\
&= e^{\beta(W-\Delta F)}\overline{P}(-W).
\end{aligned} \tag{1.43}$$

从 Crooks 等式出发再证明 Jarzynski 等式几乎是平凡的: 首先在式 (1.42) 的两边同时乘以指数项 $\exp(-\beta W)$, 然后对所有的功值进行求和即得到式 (1.23). 当然我们也可以从量子轨迹功定理直接证明 Jarzynski 等式: 在式 (1.41) 的两边同时乘以指数项 $\exp(-\beta W_{nm})$ 并对所有的量子轨迹进行求和也得到式 (1.23). 从推导的角度看, 因为 Jarzynski 等式和 Crooks 等式都能从式 (1.41) 得到, 所以量子轨迹功定理具有 "母" 定理的地位.

1.3　功特征算符

和概率分布函数等价的一个数学表示是分布的特征函数 (characteristic function), 即分布函数的 Fourier 变换, 见附录 C. 因为量子功是经典随机变量, 所以我们设量子功的特征函数为

$$\begin{aligned}
\Phi(\eta) &= \int_{-\infty}^{+\infty} e^{i\eta W}P(W)\mathrm{d}W \\
&= \sum_{n,m} e^{i\eta W_{nm}}P_{nm}(t_f),
\end{aligned} \tag{1.44}$$

η 是任意的实数, 第二个等式用到了式 (1.8) 中 Dirac 函数的积分性质. Talkner 和其合作者 [13-15] 利用特征函数技术研究了量子功的统计性质. 特征函数 $\Phi(\eta)$ 具有以下几个特点. 首先, 式 (1.44) 中不再出现 Dirac 函数, 对它的计算或者分析比概率分布函数式 (1.8) 相对容易. 其次, 如果先得到了特征函数, 那么对其做反 Fourier 变换就得到了功的概率分布. 最后, 如果把量子轨迹出现的概率式 (1.13) ∼ 式 (1.15) 以及特定的初始密度算符 (1.19) 代入式 (1.44), 我们得到特征函数的一个求迹表示[①]:

$$\Phi(\eta) = \text{Tr}\left[e^{i\eta H(\lambda_t)}U(t)e^{-i\eta H(\lambda_0)}\rho_{\text{eq}}(0)U^\dagger(t_f)\right]. \tag{1.45}$$

可以看到, 如果令 $\eta = i\beta$, 也就是做 $\Phi(\eta)$ 的虚轴延拓, 特征函数就是量子 Jarzynski 等式的左边, 见式 (1.22). 量子功特征函数的求迹表示启发我们把式 (1.45) 右边方括号内的整项看成是一个新的算符 [16,17],

$$K(t,\eta) = e^{i\eta H(\lambda_t)}U(t)e^{-i\eta H(\lambda_0)}\rho_{\text{eq}}(0)U^\dagger(t), \tag{1.46}$$

我们把它命名为量子功特征算符. 根据该定义, $K(t,\eta)$ 满足一个简单的演化方程,

$$\begin{aligned}\partial_t K =& -i[H(\lambda_t),K] + \partial_t\left[e^{i\eta H(\lambda_t)}\right]e^{-i\eta H(\lambda_t)}K \\ \equiv& -i[H(\lambda_t),K] + \mathcal{W}(t,\eta)K,\end{aligned} \tag{1.47}$$

初始条件是 $\rho_{\text{eq}}(0)$, Planck 常数 $\hbar$ 已经被设定为 1. 这里我们还引进了一个超算符, $\mathcal{W}(t,\eta)$, 它对其右边算符的作用等于从左边向右边做简单的乘积. 如果解出式 (1.47), 对其取迹就得到功特征函数, 即

$$\Phi(\eta) = \text{Tr}[K(t,\eta)]. \tag{1.48}$$

接下来我们对量子功特征算符和其满足的方程做进一步的讨论. 首先, 形式上式 (1.47) 和 von Neumann 方程类似. 的确, 如果取 η 为 0, 根据功特征算符的定义, 它自动退化为系统的密度算符 $\rho(t)$. 这提醒我们, 如果定义算符

$$\hat{\rho}(t,\eta) = U(t)e^{-i\eta H(\lambda_0)}\rho_{\text{eq}}(0)U^\dagger(t), \tag{1.49}$$

---

① Talkner 等的特征函数和式 (1.45) 有细微的差别, 他们的形式是 $\Phi(\eta) = \text{Tr}[U^\dagger(t_f)\exp[i\eta H(\lambda_t)]U(t)\exp[-i\eta H(\lambda_0)]\rho_{\text{eq}}(0)]$. 虽然这两个式子都给出了相同的特征函数, 但是这个差异可能是他们没有继续寻找演化式 (1.47) 的原因.

那么式 (1.45) 还有一个新的表述:

$$\Phi(\eta) = \mathrm{Tr}[\mathrm{e}^{\mathrm{i}\eta H(\lambda_t)} \hat{\rho}(t_f, \eta)]. \tag{1.50}$$

和功特征算符不同, $\hat{\rho}(t, \eta)$ 满足标准的 von Neumann 方程, 只是它的初始条件为

$$\hat{\rho}(0, \eta) = \mathrm{e}^{-\mathrm{i}\eta H(\lambda_0)} \rho_{\mathrm{eq}}(0), \tag{1.51}$$

特征函数参数 η 出现在初始条件而非演化方程中. 显然,

$$K(t, \eta) = \mathrm{e}^{\mathrm{i}\eta H(\lambda_t)} \hat{\rho}(t, \eta). \tag{1.52}$$

我们称 $\hat{\rho}(t, \eta)$ 为热特征算符. 考虑到在闭系统情况下不存在和热相关的物理因素, 取这个名称没有实际的含义. 需要指出的是, 无论是功特征算符还是热特征算符, 求解它们的方程实质上等价于计算量子闭系统的时间演化算符 $U(t)$. 因此, 我们不能期望得到这些特征算符会比用基于量子功的定义式 (1.4) 直接计算概率分布更容易. 它们的优势在研究量子开系统时才会显现出来. 其次, 如果我们把演化方程中的超算符 $\mathcal{W}(t, \eta)$ 看成是一个 "微扰" 项, 那式 (1.47) 有一个形式解,

$$
\begin{aligned}
K(t, \eta) =& U(t) \left[T_- \mathrm{e}^{\int_0^t \mathrm{d}\tau U^\dagger(\tau) \mathcal{W}(\tau, \eta) U(\tau)} \right] U^\dagger(0) \rho_{\mathrm{eq}}(0) U(0) U(t)^\dagger \\
\equiv& \mathcal{G}(t, 0)[\rho_{\mathrm{eq}}(0)],
\end{aligned} \tag{1.53}
$$

T_- 是从左边当前的 t 时刻到右边过去的 0 时刻的时间编序算符 (time-ordering operator). 在第二个等式中我们定义了一个超传播子 $\mathcal{G}(t, 0)$, 它作用于其右边所有的算符. 这个超传播子具有复合性质 (composition property),

$$\mathcal{G}(t, 0) = \mathcal{G}(t, s)\mathcal{G}(s, 0), \tag{1.54}$$

其中, s 是 0 和 t 之间任意一时刻. 只要注意到 $K(t, \eta)$ 的算符定义, 或者关系式 (1.52) 以及 $\hat{\rho}(t, \eta)$ 满足 von Neumann 方程的事实, 就能证明该性质. 由此我们也看到, 式 (1.53) 中的时间编序部分 (方括号部分) 事实上有一个简化的表示:

$$T_- \mathrm{e}^{\int_s^t \mathrm{d}\tau U^\dagger(\tau) \mathcal{W}(\tau, \eta) U(\tau)} = \mathrm{e}^{\mathrm{i}\eta[U^\dagger(t) H(\lambda_t) U(t)]} \mathrm{e}^{-\mathrm{i}\eta[U^\dagger(s) H(\lambda_s) U(s)]}. \tag{1.55}$$

右边指数项中的括号部分实际上就是 Hamilton 算符在 t 和 s 时刻的 Heisenberg 图像算符. 因为量子闭系统是幺正的演化, 所以超传播子也有一个逆超传播子:

$$\mathcal{G}^{-1}(s, t)\mathcal{G}(t, s) = \mathcal{G}(t, s)\mathcal{G}^{-1}(s, t) = 1. \tag{1.56}$$

不难写出这个逆超传播子的具体表示:

$$K(s,\eta) = U(s)\left[T_+ e^{-\int_s^t \mathrm{d}\tau U(\tau)^\dagger \mathcal{W}(\tau,\eta)U(\tau)}\right]U^\dagger(t)K(t,\eta)U(t)U^\dagger(s)$$

$$= \mathcal{G}^{-1}(s,t)K(t,\eta), \tag{1.57}$$

其中, T_+ 是从左边过去的 s 时刻到右边当前的 t 时刻的时间编序算符, 而且

$$T_+ e^{-\int_s^t \mathrm{d}\tau U^\dagger(\tau)\mathcal{W}(\tau,\eta)U(\tau)} = e^{\mathrm{i}\eta[U^\dagger(s)H(\lambda_s)U(s)]}e^{-\mathrm{i}\eta[U^\dagger(t)H(\lambda_t)U(t)]}. \tag{1.58}$$

虽然这些很形式化的式子不会为量子功的计算带来实质性的帮助, 但是在某些情况下, 它们的灵活运用能够简化形式的推导, 在第 3 章将会用到它们. 最后, 如果我们延拓式 (1.47) 到虚轴, 取 $\eta = \mathrm{i}\beta$, 则它有一个平凡的算符解:

$$K(t,\mathrm{i}\beta) = \frac{\mathrm{e}^{-\beta H(\lambda_t)}}{Z(\lambda_0)}, \tag{1.59}$$

代入式 (1.48), 我们再次得到量子 Jarzynski 等式.

我们在第 1.2.3 节证明了正向和逆向过程的量子功分布满足 Crooks 等式. 考虑到特征函数和概率分布函数在数学上的等价性, 我们想知道 Crooks 等式对正向和逆向过程的功特征函数有什么特殊的意义. 根据特征函数的定义, 我们有

$$\Phi(\eta) = \int_{-\infty}^{+\infty} \mathrm{d}W \mathrm{e}^{\mathrm{i}\eta W} \mathrm{e}^{\beta(W-\Delta F)}\overline{P}(-W)$$

$$= \mathrm{e}^{-\beta\Delta F}\int_{-\infty}^{+\infty} \mathrm{d}W \mathrm{e}^{\mathrm{i}(\eta-\mathrm{i}\beta)W}\overline{P}(-W)$$

$$= \mathrm{e}^{-\beta\Delta F}\int_{-\infty}^{+\infty} \mathrm{d}W \mathrm{e}^{\mathrm{i}(-\eta+\mathrm{i}\beta)W}\overline{P}(W)$$

$$= \mathrm{e}^{-\beta\Delta F}\overline{\Phi}(\mathrm{i}\beta - \eta). \tag{1.60}$$

我们称上式为量子功的特征函数等式. Talkner 等 [13,14] 最早得到了该结果. 从量子轨迹功定理也能证明式 (1.60):

$$\Phi(\eta) = \mathrm{e}^{-\beta\Delta F}\sum_{mn} \mathrm{e}^{\mathrm{i}(\eta-\mathrm{i}\beta)W_{nm}}\overline{P}_{mn}(t_f)$$

$$= \mathrm{e}^{-\beta\Delta F}\sum_{mn} \mathrm{e}^{\mathrm{i}(\mathrm{i}\beta-\eta)W_{mn}}\overline{P}_{mn}(t_f)$$

$$= \mathrm{e}^{-\beta\Delta F}\overline{\Phi}(\mathrm{i}\beta - \eta). \tag{1.61}$$

相比之下, 第一个证明方法的优点在于它和系统是量子还是经典没有直接的联系, 只要 Crooks 等式成立, 就自动成立. 不难理解, 如果特征函数满足等式 (1.60), 式 (1.42) 也成立, 所以它们互为充分和必要条件. 最后, 只要令 $\eta = \mathrm{i}\beta$, 功特征函数等式 (1.60) 立即退化为量子 Jarzynski 等式.

到目前为止, 我们已经介绍了不少和量子功相关的定义以及各种定理. 为了对它们有一个清晰的全局认识, 我们用图 1.2 展示了它们之间的联系.

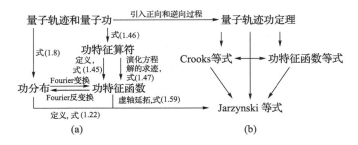

图 1.2 (a) 量子闭系统的量子轨迹、量子功、功分布、功特征算符、功特征函数之间的定义关系. 从功分布和功特征函数出发都能直接证明 Jarzynski 等式, 而不必引入正向和逆向过程. (b) 量子轨迹功定理, Crooks 等式、功特征函数等式、Jarzynski 等式之间的推导关系, 箭头示意了推导的方向. 从中可以清楚地看到量子轨迹功定理确实是 "母" 定理

1.4 两个例子

我们用两个物理模型说明前几节的若干结果. 首先考虑一个含时的二能级量子系统, 它的 Hamilton 算符为

$$H(t) = \frac{1}{2}\hbar\omega_0\sigma_z + \frac{1}{2}\hbar\omega_1(\mathrm{e}^{\mathrm{i}\omega t}\sigma_- + \mathrm{e}^{-\mathrm{i}\omega t}\sigma_+), \tag{1.62}$$

其中, $\hbar\omega_0$ 是二能级的宽度, ω_1 是 Rabi 频率, 这里重新写出了 Planck 常数. 一个典型的物理实现是磁共振实验中在纵向静态磁场和横向旋转磁场同时作用下的自旋为 $1/2$ 的粒子[18], 也可以是单频谐变电场作用下电偶极子的哈密度算符在做了旋波近似之后的结果[19]. 这个模型的瞬时能量本征态和本征值, 任意初始条件下的系统波函数都能解析地得到. 因为任意时刻的 Hamilton 算符的瞬时本征值为

$$\varepsilon_\pm = \pm\frac{\hbar}{2}\sqrt{\omega_0^2 + \omega_1^2} = \pm\frac{\hbar}{2}\Omega, \tag{1.63}$$

所以这个系统量子功的取值只有三个, $0, \pm\hbar\Omega$. 简单的计算表明, 这些功值的概率分别是

$$P(0) = P_{+|+}(t)P_+(0) + P_{-|-}(t)P_-(0), \tag{1.64}$$

$$P(-\hbar\Omega) = P_{-|+}(t)P_+(0), \tag{1.65}$$

$$P(+\hbar\Omega) = P_{+|-}(t)P_-(0), \tag{1.66}$$

初始概率和条件概率分别为

$$P_+(0) = \frac{\mathrm{e}^{-\beta\hbar\Omega/2}}{Z(0)}, \qquad P_-(0) = \frac{\mathrm{e}^{\beta\hbar\Omega/2}}{Z(0)}, \tag{1.67}$$

$$P_{+|-}(t) = P_{-|+}(t) = \sin^2(\theta - \tilde{\theta})\sin^2\left(\frac{\tilde{\Omega}t}{2}\right), \tag{1.68}$$

$$P_{+|+}(t) = P_{-|-}(t) = 1 - P_{+|-}(t), \tag{1.69}$$

其中

$$Z(0) = \mathrm{e}^{-\beta\hbar\Omega/2} + \mathrm{e}^{\beta\hbar\Omega/2}, \tag{1.70}$$

$$\tan\theta = \frac{\omega_1}{\omega_0}, \qquad \tan\tilde{\theta} = \frac{\omega_1}{\delta}, \tag{1.71}$$

$$\tilde{\Omega} = \sqrt{\delta^2 + \omega_1^2}, \tag{1.72}$$

$\delta = \omega_0 - \omega$ 是失谐频率. 式 (1.64)$\sim$ 式 (1.66) 给出了四条不同量子轨迹出现的概率. 把它们代入 Jarzynski 等式 (1.23) 的左边, 我们有

$$\langle \mathrm{e}^{-\beta W} \rangle = \mathrm{e}^0 P(0) + \mathrm{e}^{-\beta\hbar\Omega}P(+\hbar\Omega) + \mathrm{e}^{\beta\hbar\Omega}P(-\hbar\Omega) = 1. \tag{1.73}$$

因为瞬时能量本征值式 (1.63) 和时间无关, Jarzynski 等式的右边原本等于 1, 所以在这个模型中该等式严格地成立. 二能级模型有一个有趣的观察: 当取共振条件 $\omega = \omega_0$ 时, 外界对系统所做量子功的平均值并没有达到最大值, 这是因为

$$\langle W \rangle = 0P(0) + \hbar\Omega P(+\hbar\Omega) - \hbar\Omega P(-\hbar\Omega)$$

$$= \hbar\Omega\tanh\left(\frac{\hbar\Omega\beta}{2}\right)\sin^2(\theta - \tilde{\theta})\sin^2\left(\frac{\tilde{\Omega}t}{2}\right), \tag{1.74}$$

当它的振幅达到极大时, 对应的旋转频率为

$$\omega = \omega_0 + \frac{\omega_1^2}{\omega_0}. \tag{1.75}$$

另外, 式 (1.74) 总是大于或者等于零.

　　第二个例子是量子活塞模型, 见示意图 1.3. 它由气缸、活塞及一个质量等于 M 的量子粒子组成, 粒子在气缸中自由地运动. 模型的外参数是气缸的宽度. 因为粒子无法进入左边的器壁和右边的活塞, 我们把它们建模成无限高的势垒. 如果活塞的位置固定, 那么这个模型就是量子力学最基础的一维无限深方势阱. 因为没有复杂的势能函数, 它似乎是说明量子功性质很好的一个教学案例.

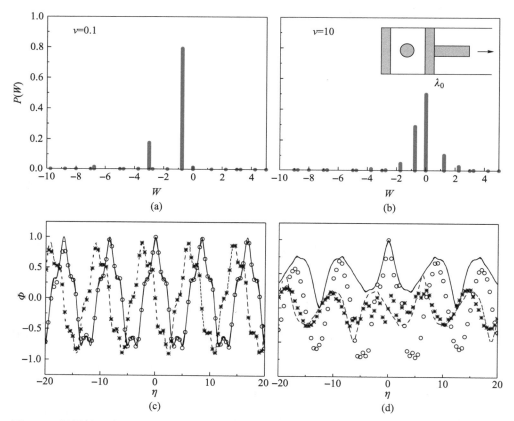

图 1.3　插图是一个量子活塞的示意图. 过程开始前, 气缸和 $\beta = 1$ (单位 $\varepsilon_1(\lambda_0)$) 的环境处在热平衡, 活塞停留在气缸宽度等于 λ_0 的位置. 过程开始前的瞬间, 气缸和热环境脱离, 在完成第一次能量测量后, 活塞以常速率移动到新的位置并做第二次能量测量. 假设过程结束的时刻, 气缸宽度变为原来的 2 倍, 即 $\lambda_{t_f} = 2\lambda_0$. 第一行的两个小图是两个膨胀速率下的量子功分布 (单位 $\varepsilon_1(\lambda_0)$): 左小图和右小图的速率分别为 0.1 和 10 (单位 $\lambda_0\varepsilon_1(\lambda_0)/\hbar$), 它们基于定义式 (1.8) 直接得到. 第二行的两个小图是上一行功分布做 Fourier 变换后的功特征函数, 函数的实部和虚部分别用黑色实线和黑色虚线表示. 圆圈和星号是通过解式 (1.47) 得到的功特征函数的实部和虚部. 灰色的实线和虚线通过计算热特征算符得到的功特征函数的实部和虚部, 它们和黑色的实线、虚线完全重叠以致难以分辨. 在得到数值时已经取 $\varepsilon_1(\lambda_0) = \lambda_0 = \hbar = 1$

然而已有的研究表明, 量子活塞模型并没有想象中的那么简单. 比如, 当气缸以极快的速率膨胀或者压缩时, 曾有学者质疑过量子 Jarzynski 等式的正确性[20]. Quan 和 Jarzynski 就这个挑战给出过详细的分析[21]①.

我们首先说明量子功分布的计算过程[21]. 带活塞的气缸相当于是一个可移动势阱壁的一维无限深方势阱. 当活塞以均匀速度 v 移动时, Doescher 和 Rice[22] 已经得到了该系统形式精确的波函数:

$$\psi(x, t) = \sum_{n=1} c_n^0 \Phi_n(x, t), \tag{1.76}$$

$\{\Phi_n(x, t)\}$ 是一组正交完备基,

$$\Phi_n(x, t) = \sqrt{\frac{2}{\lambda_t}} \exp\left[\frac{\mathrm{i}Mx^2\dot{\lambda}_t}{2\hbar\lambda_t} - \frac{\mathrm{i}\pi^2 n^2 \hbar f(t)}{2M} \right] \sin\left(\frac{n\pi x}{\lambda_t} \right), \tag{1.77}$$

式中符号上方的点表示对时间的导数, 函数

$$f(t) = \left(\frac{1}{\lambda_0} - \frac{1}{\lambda_t} \right) \frac{1}{\dot{\lambda}_t}, \tag{1.78}$$

$\lambda_t = \lambda_0 + vt$ 是 t 时刻气缸或者势阱的宽度,

$$c_n^0 = \int_0^{\lambda_0} \Phi_n(x, t)^* \psi(x, 0)\mathrm{d}x. \tag{1.79}$$

根据量子功的定义, 当完成首次测量后, 系统波函数 $\psi(x, 0)$ 是气缸宽度等于 λ_0 的某个能量本征态, 假设是第 m 个瞬时本征态:

$$\langle x | \varepsilon_m(\lambda_0) \rangle = \sqrt{\frac{2}{\lambda_0}} \sin\left(\frac{n\pi x}{\lambda_0} \right). \tag{1.80}$$

在经过时间为 t_f 的幺正演化, 在完成第二次能量投影测量后, 我们发现系统处在瞬时能量本征态 $|n(\lambda_{t_f})\rangle$ 的概率为

$$P_{n|m}(t) = \left| \int_0^{\lambda_{t_f}} \langle x | \varepsilon_n(\lambda_{t_f}) \rangle^* \psi_m(x, t_f)\mathrm{d}x \right|^2. \tag{1.81}$$

① 设第一次能量投影测量后系统处在初始阱宽的本征态 $|\varepsilon_m(\lambda_0)\rangle$. 当活塞移动的速度极快以至于系统波函数停滞在这个本征态上没有来得及发生演化, 在此情况下再对系统做第二次能量投影测量, 设测得能量本征态 $|\varepsilon_n(\lambda_{t_f})\rangle$, Teifel 和 Mahler 发现, 因为初始和终止时刻各自本征态的物理空间不重合, 由此得到的条件概率不满足归一性质, 即 $\sum_n \lim_{v \to \infty} P_{n|m}(t_f) = \sum_n |\langle \varepsilon_n(\lambda_{t_f}) | \varepsilon_m(\lambda_0) \rangle|^2 \neq 1$, 这导致 Jarzynski 等式不再成立. 然而 Quan 和 Jarzynski 指出, 如果先取量子数 n 求和, 再取活塞移动速度为无穷大时归一性质总成立.

这里, 系统波函数的下标 m 表示其初始波函数是第 m 个瞬时本征态式 (1.80). 这样一次实验结束后我们就得到了一个量子功的值:

$$W_{nm} = \varepsilon_n(\lambda_{t_f}) - \varepsilon_m(\lambda_0), \tag{1.82}$$

瞬时能量本征值为

$$\varepsilon_n(\lambda_t) = \frac{1}{2M}\left(\frac{n\hbar\pi}{\lambda_t}\right)^2. \tag{1.83}$$

根据式 (1.8), 只要再考虑到初始热平衡态的分布权重, 就能得到完整的量子功分布. 虽然上述描述看似精确, 但是因为无法把式 (1.79) 和式 (1.81) 的积分表示成基本函数, 为了实际计算量子功的分布, 我们不得不用到数值的积分方法. 图 1.3(a) 和 (b) 给出了在两个不同膨胀速率下的量子功的分布函数. 在经典物理中, 气缸膨胀意味着外界对系统做负功. 图中的分布却表明, 量子功可以取正值, 特别是当活塞的移动速率较大时更为显著, 这意味着量子的粒子对活塞产生了吸引的作用.

我们不准备在这里重复 Quan 和 Jarzynski 的分析. 我们感兴趣的是式 (1.47) 是否适用于量子活塞模型. 该问题来自超算符 $\mathcal{W}(t,\eta)$ 的定义: 因为无限深方势阱中粒子的 Hamilton 算符为

$$H = \frac{p^2}{2M}, \tag{1.84}$$

算符中没有明显地出现势阱宽度, 按定义这个超算符等于零, 由此得到的功特征算符不再和 η 有关, 所以也就得不到任何有意义的量子功的概率分布. 相反, 如果应用热特征算符的演化方程却不会出现这个问题. 因为式 (1.84) 没有包括势垒的能量贡献, 计算方法的不自洽应该只是表面上的. 如果描述活塞的势垒有限高, 就能很容易地想到这一点 [23]. 即使如此, 对于无限高的奇异势垒, 如何写成合适的 Hamilton 算符并对其求导数却非显而易见. 量子力学里一个非常类似的问题是如何定义无限深方势阱的力算符 [24]. 按通常的理解, 力算符是粒子 Hamilton 算符对势阱宽度的导数, 这样做的后果是也会遇到前面提到的困难. 事实上在经典统计物理学里, 如果想计算经典气缸-活塞模型的理想气体的压强涨落, 还会出现相同的困难 [25-27]. 20 世纪 30 年代, Fowler 已经注意到这一点 [28].

我们认为, 解决超算符 $\mathcal{W}(t,\eta)$ 为零的疑问的关键是不能把 Hamilton 算符简单地看成是数学符号, 必须把它表示在具体物理系统的 Hilbert 空间里. 利用量

子活塞模型的瞬时能量表象, Hamilton 算符的指数有如下谱表示:

$$\mathrm{e}^{\mathrm{i}\eta H} = \sum_n \mathrm{e}^{\mathrm{i}\eta\varepsilon_n(\lambda)}|\varepsilon_n(\lambda)\rangle\langle\varepsilon_n(\lambda)|, \tag{1.85}$$

对它求势阱宽度 λ 的导数显然不等于零. 同样的做法也适用于定义无限深方势阱的力算符, 见附录 D 的讨论. 将上述结果代入式 (1.47), 在瞬时能量表象中数值解出功特征算符 $K(t,\eta)$, 再对其求迹, 我们就得到了功特征函数 $\Phi(\eta)$. 图 1.3(c) 和 (d) 展示了两个不同膨胀速率下的结果. 在那里我们也给出了根据量子功分布做 Fourier 变换后得到的功特征函数. 可以看到, 当活塞移动较慢时, 根据功特征算符得到的结果和直接 Fourier 变换得到的结果非常吻合. 当活塞移动较快时, 两个结果出现了明显的偏离, 这应该来自数值求解微分方程时的数值误差. 另外, 如果采用热特征算符, 因为 $\hat\rho(t,\eta)$ 的演化是 von Neumann 方程, 和参数 η 无关, 数值结果相当稳定. 由此得到的功特征函数也显示在相同的图中. 我们看到, 它们和根据量子功分布做 Fourier 变换得到的特征函数非常一致.

1.5 量子部分功

功度量了闭系统和外界交换能量的大小, 然而系统和外界的不同划分会引入不同的功. 以图 1.1 为例, 如果我们感兴趣的系统是由弹簧 k_1 和质点 m 组成的, 那么外界对该系统所做的功是

$$\int_0^t k_2[\lambda - x(\tau)]\mathrm{d}x(\tau), \tag{1.86}$$

因为积分变量的不同, 它不等于式 (1.1). 物理上后者做功的后果是引起了弹簧 k_1、弹簧 k_2、质点 m 的总机械能的增加, 而式 (1.86) 只引起了弹簧 k_1 和质点 m 的总机械能的增加. 因此, 当一个过程结束后, 前者减去后者恰好是弹簧 k_2 势能的增加. 简单的数学推导就能证实这一点. 在量子领域里也有类似的观察. 设物理对象的 Hamilton 算符由两部分组成, 即

$$H(\lambda) = H_0 + H_1(\lambda), \tag{1.87}$$

我们称 H_0 为 "自由" 系统, 而 $H_1(\lambda)$ 代表自由系统和外界耦合的相互作用项, 时变外参数 λ 只出现在其中. 一个常见的量子力学例子是时变外电场作用下电偶极子的哈密度算符 [29]. 本书中我们都设定 H_1 在初始时刻等于零. 假设我们有

能力在一次非平衡量子实验的开始和结束时刻分别对自由系统做两次能量投影测量. 我们也称这样的一次测量 — 演化 — 测量的历史为量子自由系统的一条量子轨迹, 并且定义沿着这条轨迹外界对自由系统所做的量子功为

$$W_{nm}^0 = \varepsilon_n - \varepsilon_m, \tag{1.88}$$

$|\varepsilon_n\rangle$ 和 ε_n 是自由 Hamilton 算符 H_0 的能量本征态和本征值,

$$H_0|\varepsilon_n\rangle = \varepsilon_n|\varepsilon_n\rangle. \tag{1.89}$$

需要强调的是, 因为外参数 λ 仅出现在算符 H_1 中, 上述两个式子中都没有外参数. 考虑到式 (1.88) 只和 Hamilton 算符式 (1.87) 的一部分相关, 我们称这样的功为量子部分功 (exclusive work). 为了区别于量子功定义式 (1.4), 我们给它加上了标记 0. 严格说来, 前者的全称是量子全功 (inclusive work), Jarzynski 设计了这两个英文术语 [30].

我们形式地写出量子部分功的分布:

$$P_0(W) = \sum \delta(W - W_{nm}^0)P_{nm}^0(t_f), \tag{1.90}$$

其中, 量子轨迹出现的概率为

$$P_{nm}^0(t_f) = P_{n|m}^0(t)P_m(0), \tag{1.91}$$

$P_m(0)$ 表示初始时刻测得自由系统 H_0 的能量本征值为 ε_m 的概率, 条件概率为

$$P_{n|m}^0(t_f) = \mathrm{Tr}[\mathcal{P}_n U(t_f)(|\varepsilon_m\rangle\langle\varepsilon_m|)U^\dagger(t_f)\mathcal{P}_n], \tag{1.92}$$

投影算符 $\mathcal{P}_n = |\varepsilon_n\rangle\langle\varepsilon_n|$. 注意, 我们已经设定了 $H_1(\lambda_0) = 0$. 除非量子非平衡过程在结束时刻算符 H_1 也等于零, 一般情况下式 (1.8) 不等于式 (1.90). 另外, 当首次能量投影测量不改变系统原来的初始密度算符 $\rho(0)$ 时, 我们同样定义量子部分功的特征算符,

$$K_0(t,\eta) = \mathrm{e}^{\mathrm{i}\eta H_0}U(t)\mathrm{e}^{-\mathrm{i}\eta H_0}\rho(0)U^\dagger(t), \tag{1.93}$$

特征函数 $\Phi_0(\eta)$ 和热特征算符 $\hat{\rho}_0(t,\eta)$ 等之间的关系如下:

$$\begin{aligned}\Phi_0(\eta) &= \mathrm{Tr}[K_0(t_f,\eta)] \\ &= \mathrm{Tr}[\mathrm{e}^{\mathrm{i}\eta H_0}\hat{\rho}_0(t_f,\eta)].\end{aligned} \tag{1.94}$$

热特征算符依然满足 von Neumann 方程, 初始条件等于 $\exp(-\mathrm{i}\eta H_0)\rho(0)$, 而量子部分功的特征算符满足演化方程:

$$\partial_t K_0 = -\mathrm{i}[H(\lambda_t), K_0] - \mathrm{i}[\mathrm{e}^{\mathrm{i}\eta H_0}, H_1(\lambda_t)]\mathrm{e}^{-\mathrm{i}\eta H_0}K_0$$
$$= -\mathrm{i}[H(\lambda_t), K_0] + \mathcal{W}_0(t, \eta)K_0, \tag{1.95}$$

初始条件为 $\rho(0)$, $\mathcal{W}_0(t, \eta)$ 是一个简单的向右乘的超算符. 对于初始密度算符是热平衡态的特殊情况, 如果对式 (1.95) 做虚轴的延拓, $\eta = \mathrm{i}\beta$, 它有一个平凡的算符解:

$$K_0(t, \mathrm{i}\beta) = \frac{\mathrm{e}^{-\beta H_0}}{\mathrm{Tr}[\mathrm{e}^{-\beta H_0}]}. \tag{1.96}$$

对照量子部分功的特征算符的定义式 (1.93), 这是显然的. 再考虑到特征函数和概率分布的关系, 我们立即得到了一个关于量子部分功的数学定理:

$$\langle \mathrm{e}^{-\beta W_0} \rangle = 1. \tag{1.97}$$

它和量子 Jarzynski 等式 (1.23) 非常相似. 的确, 如果量子非平衡过程在结束时刻 $H_1(\lambda_t)$ 精确地等于零, 这两个等式完全重合. 20 世纪 70 年代末苏联学者 Bochkov 和 Kuzovlev 在推广涨落-耗散定理 (fluctuation-dissipation theorem)[11] 到非线性区域时得到了该定理的经典版本 [31–33], 因此式 (1.97) 也常被称为量子 Bochkov-Kuzovlev 等式. 根据 Jensen 不等式, 量子部分功定理蕴含了一个不等式:

$$\langle W_0 \rangle \geqslant 0. \tag{1.98}$$

它是热力学第二定律 Kelvin-Planck 表述的一个具体实现 [10]. 该表述指出不可能从单一热源吸热对外做正功而不引起其他变化. 和不等式 (1.25) 的情况类似, 式 (1.98) 也不要求在非平衡过程结束的时刻自由系统必须处在热平衡态, 也就是说自由系统可以不必恢复到初始时刻的热平衡状态. 这一点和标准 Kelvin-Planck 表述没有冲突. 实际上, 我们可以设想在过程的结束时刻安排自由系统和温度等于 T 的热环境再次发生热接触, 只要同时撤除相互作用项 $H_1(\lambda_t)$, 等待足够长的时间后自由系统会自发地弛豫到初始时刻的热平衡态, 即系统状态恢复. 因为在弛豫过程中外界没有再对系统做功, 式 (1.98) 就是标准表述的数学形式.

我们同样引入在第 1.2.2 节定义的正向和逆向过程, 证明量子部分功的 Crooks 等式和特征函数等式. 然而, 为了使逆向过程的量子部分功有意义, 我们必然要求在正向过程的结束时刻 Hamilton 算符 $H_1(\lambda_{t_f})$ 等于零. 这意味着总 Hamilton 算符在初始和终止时刻完全相同, 此时的量子部分功和量子全功不再有区别. 因此, 不需要再做额外的推导, 我们就能知道量子部分功的 Crooks 等式和功特征函数等式成立, 它们就是式 (1.43) 和式 (1.60), 只是那里的 ΔF 等于零而已.

最后, 我们给出几个和式 (1.54)~ 式 (1.58) 类似的公式. 首先, 如果把式 (1.95) 中的 $\mathcal{W}_0(t,\eta)$ 看成是一个 "微扰" 项, 那么该式有一个时间编序算符表示的形式解:

$$
\begin{aligned}
K_0(t,\eta) =& U(t)\left[T_-\mathrm{e}^{\int_0^t \mathrm{d}\tau U^\dagger(\tau)\mathcal{W}_0(\tau,\eta)U(\tau)}\right]U^\dagger(0)\rho_{\mathrm{eq}}(0)U(0)U(t)^\dagger \\
\equiv& \mathcal{G}_0(t,0)[\rho_{\mathrm{eq}}(0)].
\end{aligned} \tag{1.99}
$$

超传播子 $\mathcal{G}_0(t,0)$ 满足复合性质:

$$
\mathcal{G}_0(t,0) = \mathcal{G}_0(t,s)\mathcal{G}_0(s,0), \tag{1.100}
$$

s 是 0 到 t 之间的任意一个时刻. 比较量子部分功的特征算符的定义可知, 式 (1.99) 中的时间编序部分有一个简化的表示:

$$
T_-\mathrm{e}^{\int_s^t \mathrm{d}\tau U^\dagger(\tau)\mathcal{W}_0(\tau,\eta)U(\tau)} = \mathrm{e}^{\mathrm{i}\eta[U^\dagger(t)H_0 U(t)]}\mathrm{e}^{-\mathrm{i}\eta[U^\dagger(s)H_0 U(s)]}. \tag{1.101}
$$

其次, 超传播子 $\mathcal{G}_0$ 有一个逆超传播子:

$$
\mathcal{G}_0^{-1}(s,t)\mathcal{G}_0(t,s) = \mathcal{G}_0(t,s)\mathcal{G}_0^{-1}(s,t) = 1, \tag{1.102}
$$

而且

$$
\begin{aligned}
K_0(s,\eta) =& U(s)\left[T_+\mathrm{e}^{-\int_s^t \mathrm{d}\tau U(\tau)^\dagger\mathcal{W}_0(\tau,\eta)U(\tau)}\right]U^\dagger(t)K_0(t,\eta)U(t)U^\dagger(s) \\
=& \mathcal{G}_0^{-1}(s,t)K_0(t,\eta),
\end{aligned} \tag{1.103}
$$

其中时间编序算符部分是

$$
T_+\mathrm{e}^{-\int_s^t \mathrm{d}\tau U^\dagger(\tau)\mathcal{W}_0(\tau,\eta)U(\tau)} = \mathrm{e}^{\mathrm{i}\eta[U^\dagger(s)H_0 U(s)]}\mathrm{e}^{-\mathrm{i}\eta[U^\dagger(t)H_0 U(t)]}. \tag{1.104}
$$

式 (1.101) 的一个简单应用是推导涨落耗散定理, 见参考附录 E. 我们看到上面这些公式和量子全功的式 (1.54)~ 式 (1.58) 对应, 可以形式地认为它们只是在后一组式子中去掉外参数 λ_t 再适当地加下标或者上标 0 得到. 虽然量子部分功和全功在物理上不同, 但是从数学的角度看它们没有实质的区别, 这是由于它们的特征算符满足相同结构的式 (1.47) 和式 (1.95) 的结果. 这些结论也适用于我们将要研究的量子开系统的情况.

1.6 量子-经典对应

在统计热力学里研究量子-经典对应原理的一个重要例子是量子和经典系综自由能的关系. 在 Wigner 1932 年的一篇论文里, 报道了他对这个问题的研究结果 [34]. 著名的 Wigner 函数出现在同一篇论文里. 本节我们尝试从相同角度考察量子闭系统功的定义和计算 [35]. 我们的理论动机有两点. 首先是想确认量子功定义式 (1.4) 在 Planck 常数 $\hbar$ 趋于零的极限下是否是熟悉的经典功定义式 (1.1). 其次, 如果对应原理成立, 能否得到高阶 $\hbar$ 的量子修正项. 如果有的话, 这相当于有了一个分析或者计算量子功分布的半经典方法. 得到量子功分布的标准方法是求解 Schrödinger 方程, 在一般情况下这是一个很困难的任务. 相比之下, 现在已经有了很多高效的求解经典系统动力学的方法, 如分子动力学模拟等.

1.6.1 Feynman-Kac 公式

我们的讨论从量子功特征算符 $K(t, \eta)$ 满足的式 (1.47) 开始. 受 Wigner 的思想启发, 我们首先把这个算符方程写到量子闭系统的相空间表象中. 为此引入了 Weyl 符号 [36]:

$$O_w(z) = \int \mathrm{d}\xi \left\langle x + \frac{\xi}{2} \left| \hat{O} \right| x - \frac{\xi}{2} \right\rangle \mathrm{e}^{\mathrm{i}p\xi}, \tag{1.105}$$

其中, $\hat{O}$ 是任意一个量子力学算符, $z = (x, p)$ 是系统相空间的相点, x 是坐标, p 是动量. 为了说明的简单, 我们只考虑一维的单粒子系统. 虽然加上帽子 "∧" 和下标 w 有助于区分是算符还是相坐标的函数, 但是只要不引起混乱, 我们尽量都会把它们省去不写. 令功特征算符的相空间函数是 $K(z, t, \eta)$, 不难证明它在相空间中满足的演化方程是①

$$\partial_t K = -\frac{2}{\hbar} H \sin\left(\frac{\hbar \Lambda}{2}\right) K + \Omega \exp\left(\frac{-\mathrm{i}\hbar}{2}\Lambda\right) K, \tag{1.106}$$

Λ 是辛算符, 也就是 Poisson 括号的负号 [36]. 因为要用到 $\hbar$ 的展开, 所以我们明显地写出了 Planck 常数. 函数 $\Omega(z, t)$ 是超算符 $\mathcal{W}(t, \eta)$ 的 Weyl 符号, 它的形式比较复杂:

$$\Omega(z, t) = \left[\partial_t \mathrm{e}^{\mathrm{i}\eta H(\lambda_t)}\right]_w \exp\left(\frac{-\mathrm{i}\hbar}{2}\Lambda\right) \left[\mathrm{e}^{-\mathrm{i}\eta H(\lambda_t)}\right]_w. \tag{1.107}$$

---

① 得到这个方程的关键是写出 von Neumann 方程的相空间表示. 考虑到这个推导过程已经是很多教材的标准内容, 而且推导的篇幅过长, 我们只能留给读者自行查阅, 比如 Schleich 一书的附录 D [37].

指数 Hamilton 算符的 Weyl 符号并不简单. 为了研究量子和经典正则系综自由能的对应问题, Wigner 利用 $\hbar$ 展开的技术得到了这个关键公式 [34]. 虽然在他的原文里 Hamilton 算符之前的系数是倒数温度 β, 但是如果把它换成纯虚数, 推广 Wigner 的结论并没有什么额外的困难. 因此我们有

$$\left[\mathrm{e}^{-\mathrm{i}\eta H(\lambda)}\right]_w = \mathrm{e}^{-\mathrm{i}\eta H(z,\lambda)}\left[1 + (\mathrm{i}\hbar)^2 f(\mathrm{i}\eta, z, t) + o(\hbar^2)\right], \tag{1.108}$$

其中

$$f(\mathrm{i}\eta, z, t) = \frac{(\mathrm{i}\eta)^2}{8m}\left[\partial_x^2 U - \frac{\mathrm{i}\eta}{3}(\partial_x U)^2 - \frac{\mathrm{i}\eta}{3m}p^2\partial_x^2 U\right]. \tag{1.109}$$

为了确保式 (1.106)∼ 式 (1.109) 的成立, 我们要求系统的 Hamilton 算符具有如下形式:

$$H(\lambda) = \frac{\hat{p}^2}{2m} + U(\hat{x}, \lambda), \tag{1.110}$$

其中, m 是粒子的质量. 如果能顺利地解出式 (1.106), 利用积分

$$\Phi(\eta) = \int_{-\infty}^{+\infty} \mathrm{d}z K(z, t_f, \eta) \tag{1.111}$$

就得到了量子功精确的特征函数.

将式 (1.108) 代入式 (1.106) 的右边并展开到 $\hbar^2$ 阶, 我们发现 $K(z, t, \eta)$ 满足方程

$$\begin{aligned}\partial_t K = {}& -H\Lambda K + \mathrm{i}\eta\partial_t HK \\ & + \frac{\mathrm{i}\hbar}{2}\left[(\mathrm{i}\eta)^2(\partial_t H\Lambda H) - \mathrm{i}\eta\partial_t H\Lambda\right]K + (\mathrm{i}\hbar)^2(\cdots K\cdots),\end{aligned} \tag{1.112}$$

$H(z, \lambda)$ 是量子系统对应的经典系统的 Hamilton 函数. 考虑到 $\hbar^2$ 的系数很长, 我们把它留在附录 F 中介绍. 同样展开 K 函数到 Planck 常数的二阶:

$$K = K^{(0)} + (\mathrm{i}\hbar)K^{(1)} + (\mathrm{i}\hbar)^2 K^{(2)} + \cdots, \tag{1.113}$$

代入式 (1.112)，收集不同 $\hbar$ 阶的系数，我们得到如下一系列方程：

$$\partial_t K^{(0)} = -H\Lambda K^{(0)} + \mathrm{i}\eta\partial_t H K^{(0)}, \tag{1.114}$$

$$\begin{aligned} \partial_t K^{(1)} = &-H\Lambda K^{(1)} + \mathrm{i}\eta\partial_t H K^{(1)} \\ &+ \frac{1}{2}\left[(\mathrm{i}\eta)^2\left(\partial_t H\Lambda H\right) - \mathrm{i}\eta\partial_t H\Lambda\right] K^{(0)}, \end{aligned} \tag{1.115}$$

$$\begin{aligned} \partial_t K^{(2)} = &-H\Lambda K^{(2)} + \mathrm{i}\eta\partial_t H K^{(2)} \\ &+ \frac{1}{2}\left[(\mathrm{i}\eta)^2\left(\partial_t H\Lambda H\right) - \mathrm{i}\eta\partial_t H\Lambda\right] K^{(1)} \\ &+ \left(\cdots K^{(0)}\cdots\right), \end{aligned} \tag{1.116}$$

它们的初始条件分别是

$$K^{(0)}(z,0,\eta) = P_{\mathrm{eq}}(\beta,z,0), \tag{1.117}$$

$$K^{(1)}(z,0,\eta) = 0, \tag{1.118}$$

$$K^{(2)}(z,0,\eta) = P_{\mathrm{eq}}(\beta,z,0)\delta f(\beta,z,0), \tag{1.119}$$

其中

$$P_{\mathrm{eq}}(\beta,z,0) = \mathrm{e}^{-\beta[H(z,\lambda_0)-F_c(0)]}, \tag{1.120}$$

$F_c(0)$ 是初始时刻的经典自由能，它等于

$$-k_{\mathrm{B}}T\ln\left[\int_{-\infty}^{+\infty}\mathrm{d}z\,\mathrm{e}^{-\beta H(z,\lambda_0)}\right], \tag{1.121}$$

以及

$$\delta f(\beta,z,0) = f(\beta,z,0) - \langle f(0)\rangle_{\mathrm{eq}}, \tag{1.122}$$

式中的 $\langle\cdots\rangle_{\mathrm{eq}}$ 是函数 $f(\beta,z,0)$ 对热平衡分布式 (1.120) 的平均. 初始条件式 (1.119) 是 0 时刻正则量子系综按 $\hbar$ 展开时引进的量子修正项.

式 (1.114) 正好是关于经典功

$$W_c(t) = \int_0^t \mathrm{d}\lambda\,\partial_\lambda H[z(\tau),\lambda] \tag{1.123}$$

的 Feynman-Kac 公式 [38]：如果预先知道经典系统的动力学解，式 (1.114) 的解形式地写成

$$\begin{aligned} K^{(0)}(z,t,\eta) &= \left\langle \mathrm{e}^{\mathrm{i}\eta W_c(t)}\delta(z-z(t))\right\rangle \\ &= \mathrm{e}^{\mathrm{i}\eta[H(z,t)-H(\psi_0^{-1}(z,t),0)]}P_{\mathrm{eq}}(\beta,\psi_0^{-1}(z,t),0). \end{aligned} \tag{1.124}$$

附录 G 详细介绍了经典 Feynman-Kac 公式. 在上式的第二个等式中我们引入了一个映射 ψ_0^{-1}, 它是经典系统动力学解

$$z(t) = \psi_t(z_0, 0) \tag{1.125}$$

的逆映射. 该式的物理含义是指 0 时刻的相点 z_0 和 t 时刻的相点 z 处在相空间的同一条轨迹上, 该轨迹用映射 ψ_t 表示. 式 (1.124) 的重要意义在于它证明了两次能量投影测量定义的量子闭系统的量子功和我们熟悉的经典闭系统的功满足量子-经典对应原理. 这为量子功定义的合理性提供了一个证据.

类似的, 式 (1.115) 的形式解是

$$
\begin{aligned}
&K^{(1)}(z, t, \eta) \\
&= \int_0^t \mathrm{d}t' \mathrm{e}^{\mathrm{i}\eta[H(z,\lambda_t) - H(z',\lambda'_t)]} \frac{1}{2} \left\{ (\mathrm{i}\eta)^2 \left[\partial_{t'} H(z', \lambda'_t) \Lambda' H(z', \lambda'_t) \right] \right. \\
&\quad \left. - \mathrm{i}\eta \partial_{t'} H(z', \lambda'_t) \Lambda' \right\} K_0(z', t') \Big|_{z' = \psi_{t'}^{-1}(z,t)},
\end{aligned}
\tag{1.126}
$$

Λ' 是关于 x' 和 p' 的辛算符. 我们还可以继续写出 $K^{(2)}(z, t, \eta)$ 的形式解, 它和初始条件式 (1.119), $K^{(0)}$ 和 $K^{(1)}$ 的解都有关. 因为它过于冗长, 而且也不准备用到它, 所以我们没有继续写出 $K^{(2)}(z, t)$ 的形式解.

基于上述结果, 我们得到量子功特征函数按 $\hbar$ 阶数展开的形式解:

$$\Phi(\eta) = \Phi^{(0)}(\mathrm{i}\eta) + (\mathrm{i}\hbar)\Phi^{(1)}(\mathrm{i}\eta) + (\mathrm{i}\hbar)^2 \Phi_2(\mathrm{i}\eta) + \cdots, \tag{1.127}$$

其中

$$
\begin{aligned}
\Phi^{(0)}(\mathrm{i}\eta) &= \left\langle \mathrm{e}^{\mathrm{i}\eta W_c(t)} \right\rangle, \tag{1.128} \\
\Phi^{(1)}(\mathrm{i}\eta) &= \frac{(\mathrm{i}\eta)(\mathrm{i}\eta + \beta)}{2} \int \mathrm{d}z\, \mathrm{e}^{\mathrm{i}\eta[H(\psi_t(z,0),\lambda_t) - H(z,\lambda_0)]} P_{\mathrm{eq}}(\beta, z, 0) \\
&\quad \int_0^t \mathrm{d}t'\, \partial_{t'} H(\psi_{t'}(z,0), \lambda'_t) \Lambda H(z, 0) \\
&= \frac{(\mathrm{i}\eta)(\mathrm{i}\eta + \beta)}{2} \left\langle \mathrm{e}^{\mathrm{i}\eta W_c(t)} \int_0^t \mathrm{d}s\, \partial_s H(z(s), \lambda_s) \Lambda H(z(0), \lambda_0) \right\rangle. \tag{1.129}
\end{aligned}
$$

在推导这些公式时, 我们用了 Liouville 定理 [10]. 另外, 为了凸显特征函数中虚数 i 和参数 η 同时出现的事实, 式 (1.127) 的右边全部写成了 iη 的函数. 考虑到当 Planck 常数趋于零时, 量子功特征算符的演化方程 (1.47) 退化为经典 Feynman-Kac 公式, 而且构建该方程的基本思想和建立经典 Feynman-Kac 公

式的思想一致, 我们把式 (1.47) 命名为量子 Feynman-Kac 公式 [16]①. 最后, 因为自由能 ΔF 的 $\hbar^0$ 阶对应着经典系统的自由能之差 ΔF_c, 上面的结果也表明, 量子 Jarzynski 等式 (1.23) 的经典对应是

$$\left\langle \mathrm{e}^{-\beta W_c} \right\rangle = \mathrm{e}^{-\beta \Delta F_c}. \tag{1.130}$$

1997 年还在 Los Alamos 国家实验室工作的 Jarzynski 首次发现了该等式 [6,7]. 上述等式能用经典 Hamilton 系统的 Liouville 定理以及经典功定义式 (1.123) 容易地证明②.

1.6.2 $\hbar^2$-量子修正

相较于纯粹的量子功-经典功对应, 我们真正感兴趣的还是量子功的量子特性. 因此, 我们想得到量子功特征函数的 Planck 常数非零次的修正项, 如式 (1.129). 然而, 如果 $\Phi^{(1)}(\mathrm{i}\eta)$ 不等于零, 根据特征函数和矩的数学关系, 见附录 C 的式 (1.169), 所有量子功的矩都可能是复数, 在物理上这当然没有意义. 因此, $\hbar^1$ 阶修正项 $\Phi^{(1)}(\eta)$ 必须为零. 因为式 (1.126) 的解显然不等于零, 能看出这一点并不容易. 在仔细检查式 (1.114) ~ 式 (1.116) 后, 我们发现,

$$K^{(1)} = -\frac{\mathrm{i}\eta}{2} H \Lambda K^{(0)}. \tag{1.131}$$

因为 Poisson 括号的相空间积分恒等于零, 所以和我们预期的那样, 式 (1.129) 的确精确为零. 这也意味着, 如果想得到有意义的量子修正, 量子功特征函数至少要展开到 $\hbar^2$ 阶. 原则上式 (1.116) 的解已经给出想要的答案, 但是这个式子看起来如此冗长, 我们需要寻找另一个更有效的解决方案.

之前我们曾经提到, 计算量子功特征函数还有一个等价的途径是应用热特征算符 $\hat{\rho}(\eta, t)$, 它满足 von Neumann 方程:

$$\partial_t \hat{\rho} = \frac{1}{\mathrm{i}\hbar} [H(\lambda_t), \hat{\rho}], \tag{1.132}$$

初始条件是式 (1.51), 根据式 (1.50) 也能得到特征函数. 上述方程中没有 Hamilton 算符指数项. 设 $\hat{\rho}(t, \eta)$ 的 Weyl 符号为 $P(z, t, \eta)$, 那么在 $\hbar$ 展开式 (1.132) 的

---

① 式 (1.95) 也是一个量子 Feynamn-Kac 公式, 它的经典对应是 $\partial_t K_0^{(0)} = -H\Lambda K_0^{(0)} - (H_0 \Lambda H_1) K_0^{(0)}$, 其中出现的物理量都是相空间的函数.

② 证明过程和式 (1.22) 相同, 感兴趣的读者可自行完成.

相空间表示是

$$\partial_t P = -\frac{2}{\hbar} H \sin\left(\frac{\hbar \Lambda}{2}\right) P$$

$$= -H\Lambda P + (\mathrm{i}\hbar)^2 \frac{1}{24} \partial_x^3 U \partial_p^3 P + \cdots, \tag{1.133}$$

初始条件为

$$P(z, 0, \eta) = P_{\mathrm{eq}}(\mathrm{i}\eta + \beta, z, 0) + (\mathrm{i}\hbar)^2 P_{\mathrm{eq}}(\mathrm{i}\eta + \beta, z, 0)\delta f(\mathrm{i}\eta + \beta, z, 0), \tag{1.134}$$

右边最后一项 $\delta f(\cdots)$ 等于

$$f(\mathrm{i}\eta + \beta, z, 0) - \langle f(0)\rangle_{\mathrm{eq}}, \tag{1.135}$$

注意它和式 (1.122) 的区别. 如果解出式 (1.133), 那么量子功特征函数的计算等价于以下相空间的积分

$$\Phi(\eta) = \int_{-\infty}^{+\infty} \mathrm{d}z \left[\mathrm{e}^{\mathrm{i}\eta H(\lambda_{t_f})}\right]_\omega P(z, t_f, \eta) \tag{1.136}$$

和前一节的情况类似, 直接求解一般动力学方程是一个几乎不可能完成的任务, 我们仍然需要求助于 $\hbar$ 展开技术. 因为初始条件和动力学方程都是 $\hbar$ 的偶数阶, 所以式 (1.133) 的解也只有偶数阶展开,

$$P(z, t, \eta) = P^{(0)}(z, t, \eta) + (\mathrm{i}\hbar)^2 P^{(2)}(z, t, \eta) + \cdots. \tag{1.137}$$

前两阶的形式解如下:

$$P^{(0)}(z, t, \eta) = P_{\mathrm{eq}}[\mathrm{i}\eta + \beta, \psi_0^{-1}(z, t), 0], \tag{1.138}$$

$$P^{(2)}(z, t, \eta) = P_{\mathrm{eq}}[\mathrm{i}\eta + \beta, \psi_0^{-1}(z, t), 0] \, \delta f[\mathrm{i}\eta + \beta, \psi_0^{-1}(z, t), 0]$$

$$+ \frac{1}{24} \int_0^t \mathrm{d}t' \partial_x^3 U \partial_{p'}^3 P^{(0)}(z', t') \Big|_{z' = \psi_{t'}^{-1}(z, t)} \,. \tag{1.139}$$

显然, 基于热特征算符和功特征算符得到的 $\hbar^0$ 阶特征函数完全一致, 见式 (1.128). 更为重要的是, 我们看到 $\hbar^2$ 阶的功特征函数自动分成了三部分:

$$\Phi^{(2)}(\eta) = \Phi_i^{(2)}(\eta) + \Phi_m^{(2)}(\eta) + \Phi_d^{(2)}(\eta), \tag{1.140}$$

它们分别是

$$\Phi_i^{(2)}(\eta) = \left\langle e^{i\eta W_c(t)} \delta f[i\eta + \beta, z(0), 0] \right\rangle, \tag{1.141}$$

$$\Phi_m^{(2)}(\eta) = \left\langle e^{i\eta W_c(t)} f[-i\eta, z(t), t] \right\rangle, \tag{1.142}$$

$$\Phi_d^{(2)}(\eta) = \left\langle e^{i\eta W_c(t)} \int_0^{t_f} \mathrm{d}s Q[z(s), s, i\eta + \beta] \right\rangle, \tag{1.143}$$

最后一个等式中的积分项

$$Q(z, s, i\eta + \beta) = \frac{1}{24} \partial_x^3 U \Bigg[-(i\eta + \beta) \partial_p^3 \widetilde{H} + 3(i\eta + \beta)^2 (\partial_p^2 \widetilde{H})(\partial_p \widetilde{H})$$
$$- (i\eta + \beta)^3 \left(\partial_p \widetilde{H} \right)^3 \Bigg], \tag{1.144}$$

且

$$\widetilde{H}(z, s) = H[\psi_0^{-1}(z, s), \lambda_0]. \tag{1.145}$$

式 (1.141) ∼ 式 (1.143) 看似复杂, 但是它们的物理起源很清楚: 第一项 $\Phi_i^{(2)}$ 是初始时刻量子正则系综引进的量子修正, 第二项 $\Phi_m^{(2)}$ 表示第二次能量投影测量引进的量子修正, 最后一项 $\Phi_d^{(2)}$ 来自系统动力学的量子修正. 虽然我们没有再写出更高阶的修正项, 但是式 (1.108) 和式 (1.137) 已经提醒我们一个重要的事实: 量子功特征函数的 $\hbar$ 展开只包含 $\hbar$ 偶数阶的修正项, 量子功的各阶矩也是如此. 这个观察和量子系综自由能的 $\hbar$ 展开完全一致. 所有结论成立的根本原因都要追溯到 Schrödinger 方程, 在那里虚数 i 和 $\hbar$ 总是成对出现.

1.6.3 模型验证

我们用两个简单模型验证式 (1.141) ∼ 式 (1.143) 的正确性. 第一个是力迫谐振子模型, 它的 Hamilton 算符为

$$\hat{H}(t) = \frac{\hat{p}^2}{2m} + \frac{m\omega^2 \hat{x}^2}{2} + F(t)\hat{x}, \tag{1.146}$$

ω 是谐振子的角频率, 外界驱动力 $F(t)$ 扮演外参数的角色, 我们设其在初始时刻等于零. Talkner 等已经解析地得到这个模型的量子功特征函数[39]:

$$\Phi_*(\eta) = \exp\left[-\frac{i\eta F(t)^2}{2m\omega^2} + c(t) \frac{e^{i\eta\hbar\omega} - 1}{\hbar\omega} - 4c(t) \frac{\sin(\hbar\omega\eta/2)^2}{\hbar\omega \left(e^{\beta\hbar\omega} - 1\right)} \right], \tag{1.147}$$

其中

$$c(t) = \frac{1}{2m\omega^2} \left| \int_0^t \mathrm{d}s \dot{F} \mathrm{e}^{\mathrm{i}\omega s} \right|^2, \tag{1.148}$$

符号 F 上方的点表示对其时间求导. 我们用星号下标表示量子功的精确结果. 直接对它做 $\hbar$ 的 Taylor 展开, 我们有

$$\Phi_*^{(0)}(\mathrm{i}\eta) = \exp\left[-\frac{\mathrm{i}\eta F(t)^2}{2m\omega^2} + \mathrm{i}\eta c(t) - \frac{\eta^2 c(t)}{\beta} \right], \tag{1.149}$$

$$\Phi_*^{(2)}(\mathrm{i}\eta) = \frac{(\beta + \mathrm{i}\eta)^2 \eta^2 \omega^2 c(t)}{12\beta} \Phi_*^{(0)}(\mathrm{i}\eta). \tag{1.150}$$

接下来验证式 (1.128) 和式 (1.140) 能否重新得到上述结论. 根据式 (1.124) 以及经典力迫谐振子的动力学解, 不难验证, $\hbar^0$ 阶特征函数 $\Phi^{(0)}(\mathrm{i}\eta)$ 就是式 (1.149). $\hbar^2$ 阶特征函数的计算相对复杂. 考虑到谐振子的势能

$$U(x,t) = \frac{m\omega^2 x^2}{2} + F(t)x \tag{1.151}$$

是坐标 x 的二次函数, 动力学修正项 $\Phi_d^{(2)}(\eta)$ 为零. 根据函数式 (1.109), 容易得到

$$\langle f(0) \rangle_{\mathrm{eq}} = \frac{\omega^2 \beta^2}{24}. \tag{1.152}$$

再利用式 (1.141) 和式 (1.142) 做直接运算, 这两个量子修正项的具体表达式如下:

$$\Phi_i^{(2)}(\mathrm{i}\eta) = \left\{ -\frac{\omega^2(\mathrm{i}\eta + \beta)^3 [2\beta - 2\eta^2 c(t)]}{24\beta^2} \right.$$
$$\left. + \frac{\omega^2(\mathrm{i}\eta + \beta)^2}{8} - \frac{\omega^2\beta^2}{24} \right\} \Phi_*^{(0)}(\mathrm{i}\eta). \tag{1.153}$$

$$\Phi_m^{(2)}(\mathrm{i}\eta) = \left\{ \frac{\omega^2(\mathrm{i}\eta)^3 [2\beta - 2\eta^2 c(t)]}{24\beta^2} + \frac{(\mathrm{i}\eta)^4 \omega^2 c(t)}{6\beta} \right.$$
$$\left. + \frac{\omega^2(\mathrm{i}\eta)^3 c(t)}{12} - \frac{\omega^2\eta^2}{8} \right\} \Phi_*^{(0)}(\mathrm{i}\eta). \tag{1.154}$$

上述两式之和正好是式 (1.150).

为了展示 $\hbar^2$ 阶量子修正项的重要性, 图 1.4 (a) 比较了谐振子量子功的特征函数、经典功的特征函数, 以及经典加二阶量子修正后的特征函数, 图 1.4 (b) 是它们相应功的二阶和三阶矩的比较, 这里选择了 $F(t) = Ct$. 我们看到, 虽然量子修正后的特征函数不能重新得到精确的结果, 但是在适中的温度区域, 它对矩的计算结果还是相当令人满意的.

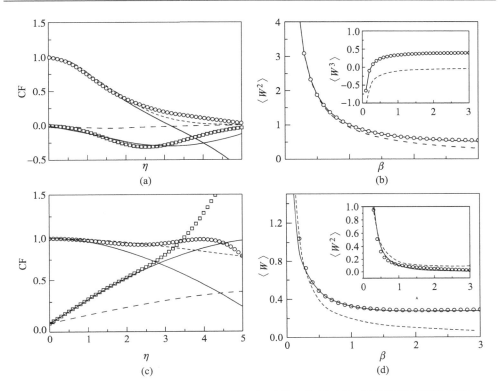

图 1.4 (a) 和 (c) 分别是力迫谐振子和四次方振子的功特征函数, 无量纲后的倒数温度 β 等于 2. 在这两个小图中, 实线分别是精确量子功特征函数的实部和虚部, 虚线分别是经典功特征函数的实部和虚部, 而空心圆圈和方格则代表量子修正后的特征函数的实部和虚部. (b) 和 (d) 是相应功特征函数的矩. 我们没有在图 (b) 中展示力迫谐振子的一阶矩 (平均功) 是因为所有特征函数都给出了相同的结果, 这是谐振子模型特有的性质. 在计算谐振子时我们已经令 $C = \omega = \hbar = 1$, 无量纲后的粒子质量等于 1. 在计算四次方振子时, 我们设 $A = B = \hbar = 1$, 无量纲后的粒子质量等于 1/2

第二个模型是力迫四次方振子[40]:

$$\hat{H}(t) = \frac{\hat{p}^2}{2m} + F(t)\hat{x}^4, \tag{1.155}$$

时间函数 $F(t) = A(1 + Bt)$. 到目前为止, 还没有文献报道过关于这个模型的量子功特征函数的解析公式. 我们不得不采用数值的方法求得数值精确的量子功特征函数, 然后利用式 (1.141) ~ 式 (1.143) 计算经典加量子修正后的功特征函数. 和谐振子模型相比, 四次方振子最有意义的一点是, 因为它的势能是 $\hat{x}$ 的四次方, 所以动力学修正项式 (1.143) 不再为零[①]. 图 1.4(c) 和 (d) 展示了计算的结果, 我

①数值结果表明该项有重要的修正页献.

们再次验证了功特征函数量子修正公式的正确性.

附录 A　量 子 测 量

设测量前系统的波函数是 $|\psi\rangle$, 则系统的密度算符为 $\rho = |\psi\rangle\langle\psi|$. 设我们感兴趣的物理观测量是 A, 该观测量具有完备的本征态和本征值:

$$A|n\rangle = n|n\rangle. \tag{1.156}$$

定义一组投影测量算符, $\{\mathcal{P}_n = |n\rangle\langle n|\}$. 根据 von Neumann 测量假设 [41], 在对系统测量物理量 A 之后, 我们将得到它的某个本征值, 如 m, 则测量后的系统塌缩到相应的本征态 $|m\rangle$, 用密度算符表示就是

$$\rho_m = \frac{\mathcal{P}_m \rho \mathcal{P}_m}{\mathrm{Tr}[\mathcal{P}_m \rho \mathcal{P}_m]}, \tag{1.157}$$

式中的分母是得到本征值 m 的概率:

$$p(m) = \mathrm{Tr}[\mathcal{P}_m \rho \mathcal{P}_m]. \tag{1.158}$$

这些投影算符不仅满足完备性, 而且它们之间相互正交, 也就是说,

$$\sum_n \mathcal{P}_m = I \tag{1.159}$$

$$\mathcal{P}_m \mathcal{P}_n = \delta_{mn} \mathcal{P}_m. \tag{1.160}$$

在现实的实验中很难实现严格的投影测量, 更一般的测量是 POV (positive-operator-valued) 测量 [41]. 和投影测量算符类似, 这类测量也用一组测量算符 Ω_n 表示, 下标 n 表示测量得到的值. 虽然这些测量算符还满足完备性:

$$\sum_n \Omega_m^\dagger \Omega_m = I, \tag{1.161}$$

但是它们之间不再要求正交. 对量子系统做 POV 测量后, 设得到值为 m, 那么测量后系统的密度算符以及相应的概率分别为

$$\rho_m = \frac{\Omega_m \rho \Omega_m^\dagger}{\mathrm{Tr}[\Omega_m \rho \Omega_m^\dagger]}, \tag{1.162}$$

$$p(m) = \mathrm{Tr}[\Omega_m \rho \Omega_m^\dagger]. \tag{1.163}$$

第二个式子的右边可以重新写成 $\mathrm{Tr}[\Omega_m^\dagger \Omega_m \rho]$. 因此, 我们把这个概率式子理解为是对正定算符

$$E_m = \Omega_m^\dagger \Omega_m \tag{1.164}$$

的平均值, 这是称这类测量为 POV 测量的原因. 根据式 (1.163), 得到特定观测值的概率和测量前的系统的状态有关. 因此, 通过产生满足概率分布式 (1.163) 的随机数, 在随机确定哪个可能的测量值后, 根据式 (1.162) 就得到测量后的密度算符. Neumark 定理 [42] 表明任何对系统的 POV 测量都可以通过扩展原系统状态空间到更大空间并执行 von Neumann 投影测量的方法实现. 第 4 章讨论的量子跳跃轨迹就是对量子开系统做 POV 测量的结果.

附录 B 式 (1.39) 的证明

该式是以下定理的一个特殊情况:

$$U(t) = \Theta \overline{U}(s) \overline{U}^\dagger(t_f) \Theta^{-1}, \tag{1.165}$$

选择时间 t 为终止时刻 t_f, 它就是式 (1.39). 为了证明该定理, 我们先写出逆向过程的时间演化算符 $\overline{U}(s)$ 的动力学方程:

$$\mathrm{i}\partial_s \overline{U}(s) = \overline{H}(\overline{\lambda}_s)\overline{U}(s). \tag{1.166}$$

利用式 (1.27), 将上式对时间 s 的求导替换成对 t 的求导, 同时从左侧对式子两边都乘以时间反演算符 Θ, 则有

$$\begin{aligned}
\mathrm{i}\partial_t[\Theta\overline{U}(s)] &= \Theta\overline{H}(\overline{\lambda}_s)\Theta^{-1}[\Theta\overline{U}(s)]\\
&= H(\lambda_t)[\Theta\overline{U}(s)].
\end{aligned} \tag{1.167}$$

第二个等式是因为 Hamilton 算符的时间反演不变性. 这个关于 $\Theta\overline{U}(s)$ 算符的动力学方程和正向过程时间演化算符 $U(t)$ 的动力学方程完全一致. 考虑到后者在 0 时刻等于单位算符 I, 我们再对式 (1.167) 的两边从右侧同时乘以 $\overline{U}^\dagger(t_f)\Theta^{-1}$. 因为这些算符和时间无关, 所以我们把它们放置到式子的方括号内, 这样就证明了式 (1.39).

附录 C　特征函数, 矩生成函数, 累积量生成函数

概率分布的特征函数就是分布函数的 Fourier 变换 [43]. 为了符号的简单, 我们只讨论一元随机变量, 多元变量的推广没有实质的困难. 假设随机变量是 x, 它的概率分布函数为 $f(x)$, 那么特征函数的定义是

$$\Phi(\xi) = \int_{-\infty}^{\infty} e^{i\xi x} f(x) dx \equiv \left\langle e^{i\xi x} \right\rangle. \tag{1.168}$$

因为概率分布函数具有大于或者等于零以及归一的性质, 它自动满足 Fourier 变换绝对可积的条件, 所以特征函数总能很好地定义. 特征函数的一个常见应用是通过对它求参数 ξ 的导数计算概率分布的各阶矩:

$$\langle x^m \rangle = \left. \frac{\partial^m}{\partial (i\xi)^m} \Phi(\xi) \right|_{\xi=0}. \tag{1.169}$$

当然, 上式还可以当成对特征函数做 $i\xi$ 的 Taylor 展开的结果:

$$\Phi(\xi) = \sum_{m=0}^{\infty} \frac{1}{m!} (i\xi)^m \langle x^m \rangle. \tag{1.170}$$

特征函数偶尔也被称为矩生成函数 (moment generation function). 因为特征函数的存在不能保证矩的存在, 这样的称呼不是很严格. 一个典型例子是 Cauchy-Lorentz 概率分布 [44],

$$f(x) = \frac{1}{\pi} \frac{b}{(x-a)^2 + b^2}. \tag{1.171}$$

应用复分析的留数定理能证明, 它的特征函数为

$$\Phi(\xi) = e^{i\xi a - b|\xi|}. \tag{1.172}$$

该函数在 $\xi = 0$ 并不可微, 这反映了 Lorentz 概率分布没有矩的事实.

矩生成函数 $M(\xi)$ 是概率分布函数 $f(x)$ 的双边 Laplace 变换:

$$M(\xi) = \int_{-\infty}^{\infty} e^{\xi x} f(x) dx \equiv \left\langle e^{\xi x} \right\rangle. \tag{1.173}$$

显然, 如果矩生成函数的定义有意义, 那么通过它对参数 ξ 的求导就能得到各阶矩. 我们可能会形式地认为 $M(\xi)$ 只是特征函数 $\Phi(\xi)$ 的复延拓, $\xi \to -i\xi$. 对很多概率分布函数确实如此. 然而, 相比于总能定义的特征函数, 因为概率分布函数和

指数函数的乘积不能保证其具有绝对可积的性质, 所以可能根本不存在有意义的矩生成函数. 一个例子就是上面提到的 Lorentz 概率分布函数. 这也说明了定义矩生成函数的意义所在.

矩生成函数的自然对数被称为累积量生成函数 (cumulant generation function), 如果用 $K(\xi)$ 表示, 则它和式 (1.173) 的关系是

$$K(\xi) = \ln M(\xi). \tag{1.174}$$

之所以取这个名称是因为概率分布函数 $f(x)$ 的各阶累积量能够从 $K(\xi)$ 求导得到:

$$K(\xi) = \sum_{n=0}^{\infty} \frac{1}{n!} \langle\langle x^n \rangle\rangle \xi^n, \tag{1.175}$$

$\langle\langle x^n \rangle\rangle$ 是概率分布 $f(x)$ 的各阶累积量, 前三阶分别为

$$\langle\langle x \rangle\rangle = \langle x \rangle, \tag{1.176}$$

$$\langle\langle x^2 \rangle\rangle = \langle x^2 \rangle - \langle x \rangle^2 = \sigma^2, \tag{1.177}$$

$$\langle\langle x^3 \rangle\rangle = \langle x^3 \rangle - 3\langle x^2 \rangle\langle x \rangle + 2\langle x \rangle^3. \tag{1.178}$$

我们计算两个简单概率分布函数的特征函数. 第一个是指数概率分布函数

$$f(x) = \frac{1}{\kappa} e^{-x/\kappa}, \tag{1.179}$$

$(x \leqslant 0)$. 参数 κ 是 x 的平均值, $\langle x \rangle = \kappa$. 直接把该指数函数代入特征函数的定义, 做简单的积分运算, 我们得到

$$\Phi(\xi) = \frac{1}{1 - i\xi\kappa}. \tag{1.180}$$

容易验证上述特征函数给出的各阶矩:

$$\langle x^n \rangle = n!\,\kappa^n. \tag{1.181}$$

由此看出, 指数分布函数的方差等于平均值的平方. 另一个例子是一维 Gauss 概率分布函数:

$$f(x) = \frac{1}{\sqrt{2\pi\sigma^2}} e^{-(x-m)^2/(2\sigma^2)}, \tag{1.182}$$

参数 m 和 σ^2 是这个分布函数的平均值和方差. 它的特征函数

$$
\begin{aligned}
\Phi(\xi) &= \frac{1}{\sqrt{2\pi\sigma^2}} \mathrm{e}^{\mathrm{i}\xi m + (\mathrm{i}\xi)^2 \sigma^2/2} \int_{-\infty}^{+\infty} \mathrm{e}^{-(x-m-\mathrm{i}\xi a)^2/(2\sigma^2)} \mathrm{d}x \\
&= \mathrm{e}^{(\mathrm{i}\xi)m + (\mathrm{i}\xi)^2 \sigma^2/2}.
\end{aligned}
\tag{1.183}
$$

为了得到最后的结果, 我们需要对上式第二个等式中的被积分函数做复空间的延拓并取适当路径进行积分. 根据式 (1.169), Gauss 函数的一阶矩和二阶矩分别是 m 和 $m^2 + \sigma^2$. 特别是当 $m = 0$ 时, 因为 $\Phi(\xi)$ 是 $(\mathrm{i}\xi)^2$ 的指数函数, 有

$$
\langle x^n \rangle = \begin{cases} (2k-1)!! \, \sigma^{2k}, & n = 2k, \\ 0, & n = 2k+1, \end{cases}
\tag{1.184}
$$

k 是任意的正整数. 根据累积量生成函数定义式 (1.174), 代入式 (1.183), 我们看到一维 Gauss 函数非零的累积量只有两项, 即 $\langle\langle x^1 \rangle\rangle = m$ 和 $\langle\langle x^2 \rangle\rangle = \sigma^2$.

附录 D   量子活塞的力算符

这里我们讨论一维无限深方势阱力算符的定义问题 [45,46]. 虽然和本书的主题没有关系, 但是它能用于支持在物理系统的 Hilbert 空间里理解 Hamilton 算符的观点. 另外, 一维无限深方势阱力算符的定义不时以量子力学的一个 "困难" 出现在文献中 [24,47], 这个问题需要彻底地加以澄清. Hamilton 算符 $H(\lambda)$ 在它的瞬时能量表象中有一个谱表示:

$$
H(\lambda) = \sum_n \varepsilon_n(\lambda) |\varepsilon_n(\lambda)\rangle \langle \varepsilon_n(\lambda)|.
\tag{1.185}
$$

根据传统的功定义式 (1.2), 右边的 Hamilton 算符对外参数 λ 的偏导数自然被解释为外界作用在量子系统上的力算符. 代入上式, 我们得到如下的力算符定义:

$$
\begin{aligned}
F(\lambda) &= \partial_\lambda H(\lambda) \\
&= \sum_n \varepsilon_n'(\lambda) |\varepsilon_n(\lambda)\rangle \langle \varepsilon_n(\lambda)| + \varepsilon_n(\lambda) |\varepsilon_n(\lambda)\rangle' \langle \varepsilon_n(\lambda)| \\
&\quad + \varepsilon_n(\lambda) |\varepsilon_n(\lambda)\rangle \langle \varepsilon_n(\lambda)|',
\end{aligned}
\tag{1.186}
$$

这里的撇号代表对 λ 的求导, 它们只作用在紧挨着它们前面的函数上. 这个平凡的力算符和量子力学中熟知的关系 [29]

$$
\overline{F} = \overline{\partial_\lambda H(\lambda)} = \partial_\lambda \overline{H(\lambda)}
\tag{1.187}
$$

一致. 为了一般起见, 我们用量子闭系统的密度算符 ρ 加以说明. 根据 Hamilton 算符平均值的定义, 在瞬时能量表象中,

$$
\begin{aligned}
\partial_\lambda \overline{H(\lambda)} &= \sum_n \varepsilon_n(\lambda)' \rho_{nn} + \varepsilon_n(\lambda) \rho_{nn}' \\
&= \sum_{mn} \varepsilon_n(\lambda)' \rho_{mn} \delta_{mn} + \varepsilon_n(\lambda) \langle \varepsilon_n(\lambda)|' \varepsilon_m(\lambda) \rangle \rho_{mn} \\
&\quad + \varepsilon_n(\lambda) \langle \varepsilon_m(\lambda)| \varepsilon_n(\lambda) \rangle' \rho_{nm} \\
&= \sum_{mn} [\varepsilon_n(\lambda)' \delta_{mn} + \varepsilon_n(\lambda) \langle \varepsilon_n(\lambda)|' \varepsilon_m(\lambda) \rangle \\
&\quad + \varepsilon_m(\lambda) \langle \varepsilon_n(\lambda)| \varepsilon_m(\lambda) \rangle'] \rho_{mn},
\end{aligned}
\tag{1.188}
$$

第二个等式用到了表示在瞬时能量表象中的 von Neumann 方程[①]. 最后一个等式正好是力算符 (1.186) 的平均值. 这个结论和具体的表象无关, 但是在瞬时能量表象中更容易证明.

对于特定的一维无限深方势阱, 外参数为势阱的宽度. 因为我们已经知道瞬时能量本征态的具体形式, 所以在瞬时能量表象中, 力算符有一个简洁的矩阵表示:

$$
[F(\lambda)]_{mn} = \frac{\hbar^2 \pi^2}{M \lambda^3} [n^2 \delta_{mn} + (-1)^{m+n} (1 - \delta_{mn}) mn].
\tag{1.189}
$$

为了得到该公式, 我们用到了一个简单结论:

$$
\langle \varepsilon_m(\lambda)|' \varepsilon_n(\lambda) \rangle = \frac{1}{\lambda} (-1)^{m+n} (1 - \delta_{mn}) \frac{2mn}{n^2 - m^2}.
\tag{1.190}
$$

我们看到这个力算符分成了对角和非对角两部分. 值得注意的是, 到目前为止我们还没有明确指定这个势阱宽度随时间的变化方式. 另外, 因为这个力算符是非对角的, 所以它和系统 Hamilton 算符不对易. 这意味着, 即使势阱壁固定不动, 只要量子系统处在能量本征态的叠加, 力算符的平均值就会随时间变化. 这一点把我们定义的力算符和一些文献中的定义区分开来 [24]. 为了展示力算符式 (1.189) 的一个应用, 假设无限深方势阱的阱壁固定不动, 系统的波函数为

$$
\psi(t) = \sum_n c_n(t) |\varepsilon_n(\lambda)\rangle,
\tag{1.191}
$$

---

① 这里假设作为时间函数的外参数存在逆函数.

也就是说密度算符的矩阵元是 $\rho_{mn} = c_m(t)c_n^\star(t)$. 代入平均力公式, 我们有

$$\overline{F}(\lambda) = \frac{2\overline{H}}{\lambda} + \frac{2}{\lambda} \sum_{n \neq m} c_m^\star(t)c_n(t)\sqrt{\varepsilon_m(\lambda)\varepsilon_n(\lambda)}. \tag{1.192}$$

$\overline{H}$ 是波函数式 (1.191) 的平均能量. 利用有限深方势阱的波函数计算平均力, 再取势垒高度趋于无穷大的方法, 张鹏飞等得到过类似的公式 [23]. 除非波函数为定态, 上述平均力确实是时间的函数. 因为平均力也分成了两部分, 它们分别来自密度算符的对角和非对角部分, 我们称它们为对角力和相干力. 如果一维无限深方势阱的阱壁做匀速移动, 关于这两个力的进一步讨论可以参考文献 [45] 和 [46].

附录 E　式 (1.101) 在线性响应理论的应用

设量子系统的 Hamilton 算符具有式 (1.87) 的形式. 我们用式 (1.101) 构造一个平凡的恒等式 [16]:

$$\mathrm{Tr}\left[O^H(t)T_-\mathrm{e}^{\int_0^t \mathrm{d}\tau U^\dagger(\tau)\mathcal{W}_0(\tau,\mathrm{i}\beta)U(\tau)}\rho_{\mathrm{eq}}(0)\right] = \mathrm{Tr}[O\rho_{\mathrm{eq}}(0)], \tag{1.193}$$

$O^H(t)$ 是物理量 O 在量子系统式 (1.87) 的 Heisenberg 图像算符. 只要把式子左边的指数项替换成式 (1.101) 就能确认该式成立, 特别是当 O 为单位算符时, 它退化为量子 Bochkov-Kuzovlev 等式. 从式 (1.193) 出发就能得到线性响应理论的 Kubo 公式 [48]. 设相互作用算符 $H_1(\lambda_t)$ 是微扰项, 保留其在等式中的线性项, 我们立刻建立了一个物理量的平均值在扰动前后的差和平衡态两点时间关联函数的联系①:

$$\begin{aligned}
&\mathrm{Tr}[O^H(t)\rho_0] - \mathrm{Tr}[\rho_0 O] \\
&= \int_0^t \mathrm{d}\tau \mathrm{Tr}\left[U_0^\dagger(t)OU_0(t)U_0^\dagger(\tau)\mathcal{W}_0(\tau,\mathrm{i}\beta)U_0(\tau)\rho_{\mathrm{eq}}(0)\right] + o(H_1), \tag{1.194}
\end{aligned}$$

$U_0(t)$ 是自由系统 H_0 的时间演化算符. 上式就是 Kubo 公式. 理解这一点的关键是注意到量子部分功相关的超算符 $\mathcal{W}_0$ 和 Kubo 等式 (Kubo identity)[48] 有着紧

---

① 线性响应理论的常规做法是先用微扰方法求得量子系统的密度算符, 然后再求物理量的平均值在扰动前后的差和平衡态涨落的关系.

密的联系:

$$\mathcal{W}_0(\tau, \mathrm{i}\beta) = -\mathrm{i}[\mathrm{e}^{-\beta H_0}, H_1(\lambda_\tau)]\mathrm{e}^{\beta H_0}$$

$$= -\mathrm{i}\int_0^\beta \mathrm{d}\chi \frac{\mathrm{d}}{\mathrm{d}\chi}\left[\mathrm{e}^{-\chi H_0}H_1(\lambda_\tau)\mathrm{e}^{\chi H_0}\right]$$

$$= \int_0^\beta \mathrm{d}\chi \mathrm{e}^{-\chi H_0}\dot{H}^1_{\lambda_\tau}\mathrm{e}^{\chi H_0}, \tag{1.195}$$

其中

$$\dot{H}^1_{\lambda_\tau} = -\mathrm{i}[H_1(\lambda_\tau), H_0] \tag{1.196}$$

是 $H_1(\lambda_\tau)$ 在自由系统的 Heisenberg 图像算符在 0 时刻的时间求导. 把式 (1.195) 代入式 (1.194) 就是标准的 Kubo 公式:

$$\mathrm{Tr}[O^{\mathrm{H}}(t)\rho_0] - \mathrm{Tr}[O\rho_0]$$

$$= \int_0^t \mathrm{d}\tau \int_0^\beta \mathrm{d}\chi \mathrm{Tr}\left[U_0^\dagger(t)OU_0(t)U_0^\dagger(\tau)\mathrm{e}^{-\chi H_0}\dot{H}^1_{\lambda_\tau}\mathrm{e}^{\chi H_0}U_0(\tau)\rho_{\mathrm{eq}}(0)\right]$$

$$= \int_0^t \mathrm{d}\tau \int_0^\beta \mathrm{d}\chi \left\langle O(t)\dot{H}^1_{\lambda_\tau}(\tau + \mathrm{i}\chi)\right\rangle, \tag{1.197}$$

算符后面的时间参量表明它们是自由量子系统 H_0 的 Heisenberg 图像算符.

附录 F　第 1.6 节中的一些公式

式 (1.112) 中 $\hbar^2$ 阶的系数 $(\cdots K \cdots)$ 比较复杂, 它来自交换算符 $[\cdots]$ 和 $\mathcal{W}_\eta(t)$ 中所有 $\hbar^2$ 的系数:

$$(\cdots K \cdots) = \frac{1}{24}\frac{\partial^3 U}{\partial x^3}\frac{\partial^3 K}{\partial p^3} + \left\{\frac{\mathrm{i}\eta}{8}\left(\frac{\partial H}{\partial t}\mathrm{e}^{\mathrm{i}\eta H}\right)\Lambda^2\left(\mathrm{e}^{-\mathrm{i}\eta H}\right)\right.$$

$$+ \mathrm{i}\eta\frac{\partial H}{\partial t}[f(\mathrm{i}\eta, z, t) + f(-\mathrm{i}\eta, z, t)] + \frac{\partial}{\partial t}f(-\mathrm{i}\eta, z, t)$$

$$\left. - \frac{(\mathrm{i}\eta)^2}{4}\left(\frac{\partial H}{\partial t}\Lambda H\right)\Lambda + \frac{\mathrm{i}\eta}{8}\frac{\partial H}{\partial t}\Lambda^2\right\}K, \tag{1.198}$$

其中

$$\Lambda^2 = \overleftarrow{\partial_p^2}\overrightarrow{\partial_x^2} - 2\overleftarrow{\partial_x\partial_p}\overrightarrow{\partial_p\partial_x} + \overleftarrow{\partial_x^2}\overrightarrow{\partial_p^2}, \tag{1.199}$$

偏导符号上方的箭头标记了它们作用的方向.

式 (1.131) 还有另一种解释. 我们知道 $\hat{K}$ 和 $\hat{\rho}$ 具有如下联系:

$$\hat{\rho} = \mathrm{e}^{\mathrm{i}\eta \hat{H}(t)}\hat{K}, \tag{1.200}$$

也见式 (1.52). 把它写到相空间表象中并展开到 $\hbar^2$ 阶, 我们有

$$P^{(0)}(z,t) + (\mathrm{i}\hbar)^2 P^{(2)}(z,t) + \cdots$$

$$=\mathrm{e}^{-\mathrm{i}\eta H(z,t)}K^{(0)}(z,t)$$

$$+ (\mathrm{i}\hbar)\mathrm{e}^{-\mathrm{i}\eta H(z,t)}\left[K^{(1)} + \frac{\mathrm{i}\eta}{2}H(z,t)\varLambda K^{(0)}(z,t)\right] + \cdots \tag{1.201}$$

因为左边 $\hbar^1$ 阶的项为零, 我们重新得到了式 (1.131). 当然, 这是由 von Neumann 方程以及特定的初始条件所决定.

最后我们给出几个力迫谐振子模型的有用公式. 经典谐振子的 Hamilton 量为

$$H(z,t) = \frac{p^2}{2m} + \frac{m\omega^2 x^2}{2} + F(t)x, \tag{1.202}$$

它的动力学解是

$$x(t) =x_0 \cos(\omega t) + \frac{p_0}{m\omega}\sin(\omega t) - l(t), \tag{1.203}$$

$$p(t) = -m\omega x_0 \sin(\omega t) + p_0 \cos(\omega t) - m\dot{l}(t), \tag{1.204}$$

函数

$$l(t) = \frac{1}{m\omega}\int_0^t F(s)\sin\left[\omega(t-s)\right]\mathrm{d}s. \tag{1.205}$$

容易验证, 在同一条相轨迹上的两个相点的 Hamilton 函数之差为

$$H(z(t),t) - H(z_0,0) = a(t)x_0 + b(t)p_0 + c(t) - \frac{F(t)^2}{2m\omega^2}, \tag{1.206}$$

其中

$$a(t) =m\omega \sin(\omega t)\dot{l}(t) - m\omega^2 \cos(\omega t)l(t) + F(t)\cos(\omega t), \tag{1.207}$$

$$b(t) = -\cos(\omega t)\dot{l}(t) - \omega \sin(\omega t)l(t) + \frac{F(t)}{m\omega}\sin(\omega t). \tag{1.208}$$

推导这个结论时, 我们用到公式

$$c(t) =\frac{[F(t) - m\omega^2 l(t)]^2}{2m\omega^2} + \frac{m\dot{l}(t)^2}{2}$$

$$=\frac{mb(t)^2}{2} + \frac{a(t)^2}{2m\omega^2}, \tag{1.209}$$

在推导 $\Phi_i^{(2)}(\eta)$ 和 $\Phi_m^{(2)}(\eta)$ 时会用它的第二个等式.

量子谐振子的功特征函数已经由 Talkner 等[39] 得到, 这里我们不重复他们的推导过程, 而是展示一个利用相空间表象的计算方法. 式 (1.133) 的初始条件是

$$\frac{1}{Z(\lambda_0)}\left[\mathrm{e}^{-(\mathrm{i}\eta+\beta)H(\lambda_0)}\right]_\omega. \tag{1.210}$$

对于特定的量子谐振子式 (1.146), Hillery 等人已经得到了指数哈密顿算符的 Wely 符号[49]:

$$\left[\mathrm{e}^{\mathrm{i}\eta\hat{H}(t)}\right]_w = \mathrm{sech}\left(\frac{-\mathrm{i}\eta\hbar\omega}{2}\right)\exp\left[\frac{-\mathrm{i}\eta F^2(t)}{2m\omega^2}\right]$$
$$\exp\left\{-\frac{2}{\hbar\omega}\tanh\left(\frac{-\mathrm{i}\eta\hbar\omega}{2}\right)\left[H(x,p,t)+\frac{F^2(t)}{2m\omega^2}\right]\right\}. \tag{1.211}$$

谐振子势的特殊之处在于, 因为式 (1.133) 没有量子修正项, 所以它的解只是简单地把初始条件中的相点换成映射 $\psi_0^{-1}(z,t)$. 不难看出, 初始条件式 (1.210) 的函数形式和式 (1.211) 相似, 前者可以利用后者做简单地替换得到: $\mathrm{i}\eta \to -(\mathrm{i}\eta+\beta)$, $t \to 0$, 归一系数

$$Z(0) = \frac{1}{2\sinh\left(\frac{\beta\hbar\omega}{2}\right)}. \tag{1.212}$$

注意这里已经用了条件 $F(0) = 0$. 接下来就是将这些结果代入式 (1.136), 应用经典谐振子的动力学解式 (1.203) 和 (1.204) 并做整个相空间的积分, 我们能重新得到 Talkner 等的结论. 在推导过程中我们会用到式 (1.209) 和二元高斯型积分

$$\int_{-\infty}^{+\infty}\int_{-\infty}^{+\infty}\mathrm{d}x_1\mathrm{d}x_2\exp\left[-\frac{1}{2}\sum_{i,j=1}^2 x_iA_{ij}x_j-\sum_{i=1}^2 B_ix_i\right]$$
$$=\frac{2\pi}{\sqrt{\mathrm{Det}[A]}}\exp\left[\frac{1}{2}\sum_{i,j=1}^2 B_i(A^{-1})_{ij}B_j\right], \tag{1.213}$$

其中 A^{-1} 是矩阵 $A = (A_{ij})_{i,j=1}^2$ 的逆矩阵.

附录 G　Brown 粒子的 Feynman-Kac 公式

1949 年美国数学家 Kac[38] 提出了一个问题: 假设一个经典 Brown 粒子的运动轨迹是 $x(t)$, 轨迹的一个泛函为

$$w(t) = \int_0^t V(x(\tau))\mathrm{d}\tau \tag{1.214}$$

是连续随机变量, 它的概率分布函数如何计算? 他的研究表明, 和这个概率分布函数等价的矩生成函数[①]

$$M(\eta) = \left\langle e^{\eta w(t)} \right\rangle \tag{1.215}$$

可以通过先求解一个偏微分方程, 再对该解做 x 的空间积分得到. 因为这个偏微分方程和量子力学的 Schrödinger 方程在形式上类似, 而且 Kac 把他的结论归结于受 Feynman 应用路径积分方法推导 Schrödinger 方程启发而来, 后人称该方程为 Feynman-Kac 公式. 在几乎任何一本随机过程的数学教材中都会有专门的章节介绍该公式. 在这里我们给出它的一个简单推导, 一方面是为了本书内容自治性的考虑; 另一方面也是因为很多随机过程的数学书籍里, 在论证上通常要求先掌握 Ito 随机分析. 虽然在数学的表述上非常严格, 但是对非数学专业的读者不容易掌握.

假设一个经典过阻尼 Brown 粒子的 Langevian 方程是[43]

$$\frac{\mathrm{d}x}{\mathrm{d}t} = -\frac{U'(x,\lambda)}{\xi} + \frac{F(t)}{\xi}, \tag{1.216}$$

$U' = \partial U(x,\lambda)/\partial x$, 加上它前面的负号表示粒子在 x 处受到的力, $U(x,\lambda)$ 是势能函数, λ 为外参数, 它可以是时间的函数; ξ 是粒子的摩擦系数; $F(t)$ 是热环境的随机力. 假设这个随机力为平均值等于零的高斯白噪声,

$$\langle F(t)F(t')\rangle = 2B\delta(t-t'). \tag{1.217}$$

如果在固定的 λ 下等待足够长时间后, 粒子的位置满足 Boltzmann 分布, 则随机力强度 B 和摩擦系数 ξ 满足一个涨落耗散定理[43]:

$$B = \xi k_{\mathrm{B}}T, \tag{1.218}$$

其中, T 为热环境的温度.

轨迹泛函式 (1.214) 的时间求导为

$$\frac{\mathrm{d}w}{\mathrm{d}t} = V(x). \tag{1.219}$$

我们把式 (1.219) 和式 (1.216) 看成是一个 "相空间" 坐标为 (w,x) 系统的动力学方程组, 这样就可以通过模仿统计力学中关于概率分布函数满足的 Liouville 方

---

① 原文是 Laplace 变换, 和矩生成函数没有本质区别.

程的整个推导过程, 得到关于泛函 w 和粒子位置 x 的概率分布函数满足的动力学方程. 因为环境力的随机特性, 我们还需要对得到的动力学方程求力 $F(t)$ 的平均, 见 Zwanzig 的教材 [50]. 实际上, 如果注意到这里的动力学方程组和欠阻尼 Brown 粒子的动力学方程组一一对应, 上述看似复杂的推导过程完全可以避免, 结论是

$$\frac{\partial}{\partial t} p = -\frac{\partial}{\partial w}\left(V(x)p\right) - \frac{\partial}{\partial x}\left(-\frac{U'(x)}{\xi}p\right) + \frac{\partial}{\partial x}\left(\frac{B}{\xi^2}\frac{\partial}{\partial x}p\right), \tag{1.220}$$

$p(w, x, t)$ 是 t 时刻粒子在 x 处同时泛函等于 w 的联合概率分布函数. 根据 Kac 的想法, 如果我们只关注随机泛函 $w(t)$ 的矩生成函数, 即

$$M(\eta) = \int_{-\infty}^{+\infty} \mathrm{d}w \mathrm{e}^{\eta w} \int_{-\infty}^{+\infty} p(w, x, t) \mathrm{d}x, \tag{1.221}$$

那么它的确可以写成对一个关于 x 的函数 $K(x, t, \eta)$ 的空间积分, 其中

$$K(x, t, \eta) = \int_{-\infty}^{+\infty} \mathrm{d}w p(w, x, t) \mathrm{e}^{\eta w}. \tag{1.222}$$

根据式 (1.220), 简单的推导表明,

$$\frac{\partial}{\partial t} K = -\frac{\partial}{\partial x}\left(-\frac{U'(x)}{\xi}K\right) + \frac{\partial}{\partial x}\left(\frac{B}{\xi^2}\frac{\partial}{\partial x}K\right) + \eta V(x)K. \tag{1.223}$$

这就是过阻尼 Brown 运动的 Feynman-Kac 公式. 当 $\eta = 0$ 时, 上式退化为 Fokker-Planck 方程. 如果没有势能出现, 即 $U(x, \lambda) = 0$, 粒子只做简单的扩散运动, 涨落耗散定理式 (1.218) 成立时, 式 (1.223) 简化为

$$\frac{\partial}{\partial t} K = D \frac{\partial^2}{\partial x^2} K + \eta V(x) K, \tag{1.224}$$

其中, $D = k_{\mathrm{B}}T/\xi$ 是扩散系数. 式 (1.224) 相当于是虚时间的一维 Schrödinger 方程. 可以证明, 对于其他 Markov 随机过程 [51,52], 包括在第 1.6.1 节的决定性 Hamilton 动力学, 都有一个和式 (1.223) 类似的 Feynman-Kac 公式, 它们的区别只出现在 Markov 动力学部分里, 即式 (1.223) 右边和 η 无关的项.

在随机轨迹热力学中, Feynman-Kac 公式的一个有趣应用是证明经典 Jarzynski 等式 [51-56]. 设随机过程的泛函恰好是功,

$$W_c(t) = \int_0^t \partial_\lambda U(x(\tau), \lambda) \mathrm{d}\lambda. \tag{1.225}$$

代入式 (1.223), 如果涨落耗散定理 (1.218) 成立, 取 $\eta = -\beta$, 我们立刻发现该偏微分方程有一个平凡的解:

$$K(x, t, -\beta) = \frac{e^{-\beta U(x, \lambda_t)}}{\displaystyle\int_{-\infty}^{+\infty} e^{-\beta U(x', \lambda_0)} \mathrm{d}x'}. \tag{1.226}$$

当 $t = 0$ 时, $K(x, 0, -\beta)$ 是外参数 λ_0 下的热平衡态. 因为此时 $K(x, t, -\beta)$ 的空间积分恰好是在两个外参数下的自由能差的指数函数, 根据矩生成函数的含义, 这意味着 Jarzynski 等式的成立, 即

$$\left\langle e^{-\beta \int_0^{t_f} \partial_\lambda U(x(\tau), \lambda) \mathrm{d}\lambda} \right\rangle = e^{-\beta \Delta F_C}, \tag{1.227}$$

平均是对从初始热平衡态分布出发的所有随机轨迹的平均. 利用 Feynman-Kac 公式证明 Jarzynski 等式最早由 Jarzynski 自己给出, 只是当时他没有意识到有这样一个公式的存在 [7]. 不难看出, 我们构建量子 Feynman-Kac 公式 (1.47) 的思路和经典情况完全一致.

参 考 文 献

[1] Kurchan J. A quantum fluctuation theorem. Arxiv: cond-mat/0007360, 2000

[2] Allahverdyan A E, Nieuwenhuizen Th M. Fluctuations of work from quantum subensembles: The case against quantum work-fluctuation theorems. Phys. Rev. E, 2005, 71: 066102

[3] Allahverdyan A E. Nonequilibrium quantum fluctuations of work. Phys. Rev. E, 2014, 90: 032137

[4] Perarnau-Llobet M, Bäumer E, Hovhannisyan K V, et al. No-go theorem for the characterization of work fluctuations in coherent quantum systems. Phys. Rev. Lett., 2017, 118: 070601

[5] Lostaglio M. Quantum fluctuation theormes, contextuality, and work quasiprobabilities. Phys. Rev. Lett., 2018, 120: 040602

[6] Jarzynski C. Nonequilibrium equality for free energy differences. Phys. Rev. Lett., 1997, 78: 2690

[7] Jarzynski C. Equilibrium free-energy differences from nonequilibrium measurements: A master-equation approach. Phys. Rev. E, 1997, 56: 5018

[8] Batalhão T B, Souza A M, Mazzola L, et al. Experimental reconstruction of work distribution and study of fluctuation relations in a closed quantum system. Phys. Rev. Lett., 2014, 113: 140601

[9] An S M, Zhang J N, Um M, et al. Experimental test of the quantum Jarzynski equality with a trapped-ion system. Nat. Phys., 2015, 11: 193

[10] 汪志诚. 热力学统计物理. 第四版. 北京: 高等教育出版社, 2008

[11] Kubo R, Toda M, Hashitsume N. Statistical Physics II:Nonequilibrium Statistical Mechanics. Berlin: Springer-Verlag, 1991

[12] Crooks G E. Entropy production fluctuation theorem and the nonequilibrium work relation for free energy differences. Phys. Rev. E, 1999, 60: 2721

[13] Talkner P, Lutz E, Hänggi P. Fluctuation theorems: Work is not an observable. Phys. Rev. E, 2007, 75: 050102

[14] Talkner P, Lutz E, Hänggi P. The Tasaki-Crooks quantum fluctuation theorem. J. Phys. A: Math. Theor., 2007, 40: F569

[15] Campisi M, Hänggi P, Talkner P. Quantum fluctuation relations: Foundations and applications. Rev. Mod. Phys., 2011, 83: 771

[16] Liu F. Derivation of quantum work equalities using a quantum Feynman-Kac formula. Phys. Rev. E, 2012, 86: 010103

[17] Liu F, Ouyang Z C. Nonequilibrium work equalities in isolated quantum systems. Chinese Phys. B, 2014, 23: 070512

[18] Cohen-Tannoudji C, Diu B, Laloë F. Quantum Mechanics. Vol 1. New York: John Wiley & Sons, 1977

[19] Scully M O, Zubariry M S. Quantum Optics. Cambridge: Cambridge University Press, 1997

[20] Teifel J, Mahler G. Limitations of the quantum Jarzynski estimator: Boundary switching processes. Eur. Phys. J. B, 2010, 75: 275

[21] Quan H T, Jarzynski C. Validity of nonequilibrium work relations for the rapidly expanding quantum piston. Phys. Rev. E, 2012, 85: 031102

[22] Doescher S W, Rice M H. Infinite square-well potential with a moving wall. Am. J. Phys., 1969, 37: 1246

[23] 张鹏飞, 阮图南, 朱栋培, 等. 量子力学习题解答与剖析. 北京: 科学出版社, 2011

[24] Nakamura K, Avazbaev S K, Sobirov Z A, et al. Ideal quantum gas in an expanding cavity: Nature of nonadiabatic force. Phys. Rev. E, 2011, 83: 041133

[25] Zubarev D N. Nonequilibrium Statistical Thermodynamics. New York: Consultants Bureau, 1974

[26] Ray J R. Pressure fluctuations in statisitcal physics. Am. J. Phys., 1982, 50: 1035

[27] Rudoy Y, Sukhanov A D. Thermodynamic fluctuations within the Gibbs and Einstein approaches. Physics-Uspekhi, 2000, 43: 1169

[28] Fowler R H. Statisitical Mechanics. Cambridge: Cambridge University, 1936

[29] 曾谨言. 量子力学 I. 第四版. 北京: 科学出版社, 2007

[30] Jarzynski C. Comparison of far-from-equilibrium work relations. C. R. Phys., 2007, 8: 495

[31] Bochkov G N, Kuzovlev Yu E. General theory of thermal fluctuations in nonlinear systems. Sov. Phys. JETP, 1977, 45: 125

[32] Bochkov G N, Kuzovlev Yu E. Nonlinear fluctuation-dissipation relations and stochastic models in nonequilibrium thermodynamics: I. generalized fluctuation-dissipation theorem. Physica A, 1981, 106: 443

[33] Bochkov G N, Kuzovlev Yu E. Fluctuation-dissipation relations: achievements and misunderstandings. ArXiv:1208.1202, 2012

[34] Wigner E. On the quantum correction for thermodynamic equilibrium. Phys. Rev., 1932, 40: 749

[35] Fei Z Y, Quan H T, Liu F. Quantum corrections of work statistics in closed quantum systems. Phys. Rev. E, 2018, 98: 012132

[36] Polkovnikov A. Phase space representation of quantum dynamics. Ann. phys., 2010, 325: 1790

[37] Schleich W P. Qauntum Optics in Phase Space. Berlin: Wiley-VCH, 2001

[38] Kac M. On distributions of certain Wiener functionals. Trans. Am. Math. Soc., 1949, 65:1

[39] Talkner P, Burada P S, Hänggi P. Statistics of work performed on a forced quantum oscillator, 2008, 78: 011115

[40] Jarzynski C, Quan H T, Rahav S. Quantum-classical correspondence principle for work distributions. Phys. Rev. X, 2015, 5: 031038

[41] Nielsen M A, Chuang I L. Quantum Computation and Quantum Information. Cambridge: Cambridge University Press, 2000

[42] 张永德. 量子信息原理. 北京: 科学出版社, 2008

[43] Van Kampen N G. Stochastic Processes in Physics and Chemistry. Amsterdam: North-Holland, 2007

[44] 《现代应用数学手册》编委会. 现代应用数学手册: 概率统计与随机过程卷. 北京: 清华大学出版社, 1999

[45] 柳飞, 赵路, 胡磊. 一维无限深方势阱的力算符. 大学物理, 2019, 38(1):1

[46] 柳飞, 钱亦袅, 章鹏慧. 一维无限深方势阱的力公式及在费米气体中的应用. 大学物理, 2019, 38(7):1

[47] Babajanova G, Matrasulov J, Nakamura K. Quantum gas in the fast forward scheme of adiabatically expanding cavities: Force and equation of state. Phys. Rev. E., 2018, 97: 042104

[48] Kubo R. Statistical mechanical theory of irreversible processes. I. general theory and simple applications to magnetic and conduction. J. Phys. Soc. Jap., 1957, 12: 570

[49] Hillery M, O'Connell R F, Scully M O, et al. Distribution functions in physics: fundamentals. Phys. Rep., 1984, 106:121

[50] Zwanzig R. Nonequilibrium Statistical Mechanics. Oxford: Oxford University Press, 2001

[51] Hummer G, Szabo A. Free energy reconstruction from nonequilibrium single-molecule pulling experiments. Proc. Natl. Acad. Sci. U.S.A., 2001, 98: 3658

[52] Liu F, Luo Y P. Huang M C, et al. A generalized integral fluctuation theorem for general jump processes. J. Phys. A: Math. Theor., 2009, 42: 332003

[53] Liu F, Ouyang Z C. Generalized integral fluctuation theorem for diffusion processes. Phys. Rev. E, 2009, 79: 060107

[54] Imparato A, Peliti L. Work and heat probability distributions in out-of-equilibrium systems. C. R. Phys., 2007, 8: 556

[55] Ge H, Jiang D Q. Generalized Jarzynski's equality of inhomogeneous multidimensional diffusion processes. J. Stat. Phys., 2008, 131: 675

[56] Ao P. Emerging of stochastic dynamical equalities and steady state thermodynamics from Darwinian dynamics. Commun. Theor. Phys., 2008, 49: 1073

第 2 章　量子主方程

现实中没有真正的量子闭系统, 我们需要研究量子开系统和外界交换能量的性质. 本书只考虑由两个量子系统组成的量子体系. 我们称其中一个被限制在空间的有限区域内且具有有限多个自由度的系统为量子开系统. 和开系统相关的物理量通常用加了字母 A 的符号表示. 另一个量子系统围绕在开系统的周围, 它具有大量的自由度, 我们称其为环境 (environment). 加了字母 B 的符号通常是和环境相关的物理量. 在初始时刻, 量子开系统和环境之间没有任何相互作用或者关联. 不仅如此, 我们还设定在它们发生作用前环境处在一个倒数温度等于 β 的热平衡态. 这样的环境也常被称为热库 (heat reservoir). 在可能的外界驱动、两个子系统之间的相互作用、以及自身的 Hamilton 算符的共同影响下, 量子开系统的演化可以非常复杂. 处理这类问题的一个常规思路是把开系统和它周围的环境当成一个更大的复合系统. 因为这是一个闭系统, 其动力学遵循 von Neumann 方程:

$$\partial_t \rho(t) = -\mathrm{i}[H(t), \rho(t)], \tag{2.1}$$

其中, $\rho(t)$ 是复合系统的密度算符, Planck 常数 $\hbar$ 被设为 1. 总的 Hamilton 算符为

$$H(t) = H_A(t) + H_B + V, \tag{2.2}$$

其中, $H_A(t)$ 和 H_B 是开系统和环境各自的 Hamilton 算符; V 是两个量子子系统之间的相互作用算符:

$$V = \sum_a A_a \otimes B_a, \tag{2.3}$$

其中, A_a 和 B_a 是开系统和环境各自的相互作用物理量. 因为已经设定在初始时刻开系统和环境之间没有任何关联, 初始密度算符为

$$\rho(0) = \rho_A(0) \otimes \rho_B = \rho_A(0) \otimes \frac{\mathrm{e}^{-\beta H_B}}{Z_B}, \tag{2.4}$$

$\rho_A(0)$ 和 ρ_B 是两个子系统的初始密度算符, 后者具有正则系综形式,

$$Z_B = \mathrm{Tr}_B[e^{-\beta H_B}] \tag{2.5}$$

是环境的配分函数, Tr_B 表示对环境自由度的求迹. 本书中总是用 Tr 加下标的形式表示对下标部分自由度的求迹运算. 如果能够解出式 (2.1), 那么在任意 t 时刻量子开系统的密度算符就能通过对环境的求迹得到, 也就是说,

$$\rho_A(t) = \mathrm{Tr}_B[\rho(t)], \tag{2.6}$$

因此 $\rho_A(t)$ 也常被称为约化密度算符 (reduced density operator).

我们对量子开系统而非环境感兴趣. 一个理想情形是我们不仅能够约去环境的自由度只保留其对量子开系统的影响, 而且这样的影响仅和开系统当前的状态有关. 这意味着量子开系统的演化是 Markov 类型. 然而, 已有的研究表明, 为了实现这样的理想情形, 开系统和环境的相互作用算符和它们自身的 Hamilton 算符相比必须是一个微扰项. 除此以外, 外界对开系统的驱动方式远非任意. 到目前为止, 除了具有恒定 Hamilton 算符的量子开系统外, 成功得到过 Markov 型描述的含时开系统只包括弱驱动、周期驱动和慢驱动等.

本书讨论的量子主方程就局限在上述提及的四类情况. 粗看起来, 这些方程的成立条件非常苛刻, 自然会认为它们的应用范围也非常狭窄. 然而, 实际上这些方程广泛地出现在不同的研究领域里: 第一类是具有恒定 Hamilton 算符的量子主方程 [1,2], 它们经常被用于量子不可逆热力学的研究, 比如量子开系统的弛豫现象 [3]. 对这类方程的数学研究具有相当长的历史 [4-7]. 第二类方程具有随时间变化的 Hamilton 动力学部分, 而和环境相互作用而引起的耗散部分与时间无关. 这类方程主要出现在量子光学领域里 [8,9], 比如, 描述一个和电磁环境耦合的二能级系统同时又受到电场驱动的荧光共振模型 [10]. 它们的物理合理性来自外驱动如此之弱, 以至于外驱动引起的耗散相比于系统的耗散可以忽略不计. 最后两类主方程的 Hamilton 动力学部分和耗散部分都和时间有关 [11-14]. 它们的应用主要集中量子热力学 [15-18]、量子绝热计算 [19-22] 等. 即使是在量子开系统和环境之间有强相互作用, 外界的驱动非常一般, 量子 Markov 主方程被认为失效的情况下 [23], 它们也提供了面对这些复杂情形的最简单近似和理解 [20].

本章的内容是推导这四类量子 Markov 主方程. 一方面是为对该领域不熟悉的读者准备必要的量子开系统的知识; 另一方面, 也为接下来考察量子开系统的随

机热力学做好必要的数学准备. 因为构建含时量子主方程的思想是从恒定 Hamil-
ton 算符的开系统推广而来, 对第一类主方程的介绍比较详细. 在推导过程中, 我
们会观察到这些方程具有高度一致的数学结构. 这绝非偶然. 在本章的最后一节,
我们将说明这是要求量子主方程具备 Markov 性质的一个必然结果.

2.1　恒定开系统

我们称具有时间不变 Hamilton 算符的量子开系统为恒定开系统. 首先把
式 (2.1) 写到相互作用图像中,

$$\partial_t \widetilde{\rho}(t) = -\mathrm{i}[\widetilde{V}(t), \widetilde{\rho}(t)] \equiv \widetilde{\mathcal{V}}(t)\widetilde{\rho}(t). \tag{2.7}$$

如果没有专门的说明, 带弯的符号表示它们是关于"自由" Hamilton 算符 $H_A +$
H_B 的相互作用图像算符: 对任意的算符 O,

$$\widetilde{O}(t) = U_0^\dagger(t)OU_0(t), \tag{2.8}$$

$U_0(t)$ 是自由复合系统的时间演化算符:

$$U_0(t) = U_A(t) \otimes U_B(t), \tag{2.9}$$

$U_A(t)$ 和 $U_B(t)$ 是开系统和环境各自的时间演化算符.

根据 Nakajima-Zwanzig 方法 [7,24,25], 我们引入投影超算符:

$$\mathcal{P}O = \mathrm{Tr}_B[O] \otimes \rho_B, \tag{2.10}$$

$$\mathcal{Q}O = (1 - \mathcal{P})O. \tag{2.11}$$

为了推导的简单, 假设相互作用算符环境部分 B_a 的热平衡态平均值等于零 [①]:

$$\mathrm{Tr}_B[B_a\rho_B] = \sum_k \langle \chi_k | B_a | \chi_k \rangle P_k = 0, \tag{2.12}$$

其中, P_k 是正则分布:

$$P_k = \frac{\mathrm{e}^{-\beta\chi_k}}{Z_B}, \tag{2.13}$$

---

① 如果不为零, 总可以通过调整开系统 H_A 算符和相互作用算符 V 的定义使其为零, 见 Cohen-
Tannoudji 等 [1] 的专著 p.264.

$|\chi_k\rangle$ 和 χ_k 是环境 Hamilton 算符的能量本征态和本征值,

$$H_B|\chi_k\rangle = \chi_k|\chi_k\rangle. \tag{2.14}$$

因为这个假设对任意的环境温度都成立, 式 (2.12) 意味着在任意一个环境能量本征态上算符 B_a 的平均值等于零. 在此假设下, 容易证明,

$$\mathcal{P}\widetilde{\mathcal{V}}(t)\mathcal{P} = 0. \tag{2.15}$$

对式 (2.7) 的两边分别作用 $\mathcal{P}$ 和 $\mathcal{Q}$. 根据式 (2.15), 我们得到两个式子:

$$\partial_t \mathcal{P}\widetilde{\rho}(t) = \mathcal{P}\widetilde{\mathcal{V}}(t)\mathcal{Q}\widetilde{\rho}(t), \tag{2.16}$$

$$\partial_t \mathcal{Q}\widetilde{\rho}(t) = \mathcal{Q}\widetilde{\mathcal{V}}(t)\mathcal{Q}\widetilde{\rho}(t) + \mathcal{Q}\widetilde{\mathcal{V}}(t)\mathcal{P}\widetilde{\rho}(t). \tag{2.17}$$

第二个式子有一个形式解:

$$\mathcal{Q}\widetilde{\rho}(t) = \mathcal{G}(t,0)\mathcal{Q}\widetilde{\rho}(0) + \int_0^t \mathrm{d}s \mathcal{G}(t,s)\mathcal{Q}\widetilde{\mathcal{V}}(s)\mathcal{P}\widetilde{\rho}(s), \tag{2.18}$$

其中超传播子为

$$\mathcal{G}(t,s) \equiv T_- \mathrm{e}^{\int_s^t \mathrm{d}u \mathcal{Q}\widetilde{\mathcal{V}}(u)}. \tag{2.19}$$

不难看出, 对于开系统和环境完全无关联的初始条件式 (2.4),

$$\mathcal{Q}\widetilde{\rho}(0) = 0, \tag{2.20}$$

所以式 (2.18) 右边的第一项精确为零. 另外, 考虑到 von Neumann 方程 (2.1) 是一个幺正方程, 任何两个不同时刻的密度算符都可以按照以下方式联系在一起:

$$\begin{aligned}\widetilde{\rho}(s) &= U_V(s)U_V^\dagger(t)\widetilde{\rho}(t)U_V(t)U_V^\dagger(s) \\ &\equiv \widetilde{\mathcal{U}}^{-1}(s,t)\widetilde{\rho}(t), \end{aligned} \tag{2.21}$$

时间 $s \leqslant t$, $U_V(t) = U_0^\dagger(t)U(t)$ 是相互作用算符 $\widetilde{V}(t)$ 的时间演化算符:

$$U_V(t) = T_- \mathrm{e}^{-\mathrm{i}\int_0^t \mathrm{d}s \widetilde{V}(s)}, \tag{2.22}$$

而 $\widetilde{\mathcal{U}}^{-1}(s,t)$ 是式 (2.7) 超传播子的逆:

$$\widetilde{\mathcal{U}}^{-1}(s,t) = T_+ \mathrm{e}^{-\int_s^t \mathrm{d}u \widetilde{\mathcal{V}}(u)}. \tag{2.23}$$

将式 (2.18) 和式 (2.21) 代入式 (2.16)，我们得到

$$\partial_t \mathcal{P}\widetilde{\rho}(t) = \int_0^t ds \mathcal{P}\widetilde{\mathcal{V}}(t)\mathcal{G}(t,s)\mathcal{Q}\widetilde{\mathcal{V}}(s)\mathcal{P}\widetilde{\mathcal{U}}^{-1}(s,t)\widetilde{\rho}(t). \tag{2.24}$$

我们看到上式的右边只和当前 t 时刻而非过去更早时刻的密度算符有关.

到目前为止，所有的推导和量子开系统的 Hamilton 算符是否依赖时间没有关系，形式上这些公式都是精确的. 然而为了简化式 (2.24) 中复杂的时间积分，我们必须引入若干关键的近似. 首先，我们把相互作用算符 V 重新定义为 αV，无量纲参数 α 代表了量子开系统和环境之间相互作用的强度. 设 α 是一个小量，展开式 (2.24) 到它的二阶，我们有

$$\partial_t \mathcal{P}\widetilde{\rho}(t) = \alpha^2 \int_0^t ds \mathcal{P}\widetilde{\mathcal{V}}(t)\widetilde{\mathcal{V}}(t-s)\mathcal{P}\widetilde{\rho}(t) + o(\alpha^2). \tag{2.25}$$

已经做了变量替换 $s \to t - s$ 以及近似

$$\widetilde{\mathcal{U}}^{-1}(s,t)\widetilde{\rho}(t) = \widetilde{\rho}(t) + o(\alpha^0). \tag{2.26}$$

之所以保留到 α^2 阶是因为它是最低阶的非零微扰项，这也是接下来所有保留微扰阶数的基本原则. 将 $\mathcal{P}$ 和 $\widetilde{\mathcal{V}}$ 的具体公式代入式 (2.25)，约去两边共同的 ρ_B，我们得到

$$\begin{aligned}
\partial_t \widetilde{\rho}_A(t) =& \alpha^2 \sum_{a,b} \int_0^t ds \widetilde{A}_b(t-s)\widetilde{\rho}_A(t)\widetilde{A}_a^\dagger(t)\mathrm{Tr}_B[\widetilde{B}_a(t)\widetilde{B}_b(t-s)\rho_B] \\
& - \alpha^2 \sum_{a,b} \int_0^t ds \widetilde{A}_a^\dagger(t)\widetilde{A}_b(t-s)\widetilde{\rho}_A(t)\mathrm{Tr}_B[\widetilde{B}_a(t)\widetilde{B}_b(t-s)\rho_B] \\
& + \alpha^2 \sum_{a,b} \int_0^t ds \widetilde{A}_a^\dagger(t)\widetilde{\rho}_A(t)\widetilde{A}_b(t-s)\mathrm{Tr}_B[\widetilde{B}_b(t-s)\widetilde{B}_a(t)\rho_B] \\
& - \alpha^2 \sum_{a,b} \int_0^t ds \widetilde{\rho}_A(t)\widetilde{A}_b(t-s)\widetilde{A}_a^\dagger(t)\mathrm{Tr}_B[\widetilde{B}_b(t-s)\widetilde{B}_a(t)\rho_B],
\end{aligned} \tag{2.27}$$

这里的 $\widetilde{\rho}_A(t) = \mathrm{Tr}_B[\widetilde{\rho}(t)]$，初始条件为 $\rho_A(0)$. 我们看到，式 (2.27) 右边的第一项和第三项，第二项和第四项是互为 Hermite 共轭的关系. 另外，在式中 A_a 是 Hermite 算符，它们相互作用图像算符的 Hermite 共轭还是它们自己，本来不需要再加上 Hermite 共轭的符号 ($\dagger$)，保留它们是为了接下来推导的方便.

因为量子开系统被限制在空间一个有限的区域内，它的 Hamilton 算符具有离散的能量本征态和本征值，

$$H_A|\varepsilon_n\rangle = \varepsilon_n|\varepsilon_n\rangle, \tag{2.28}$$

我们进一步认为这些本征态没有简并. 如果没有环境的作用, 量子开系统自身的时间演化算符

$$U_A(t) = \mathrm{e}^{-\mathrm{i}tH_A} = \sum_n |\varepsilon_n\rangle\langle\varepsilon_n|\mathrm{e}^{-\mathrm{i}t\varepsilon_n}. \tag{2.29}$$

将上式代入相互作用算符 $\widetilde{A}_a(t)$ 的定义里, 可把后者写成一个和 Fourier 级数求和类似的形式:

$$\widetilde{A}_a(t) = \sum_\omega A_a(\omega)\mathrm{e}^{-\mathrm{i}\omega t} = \sum_\omega A_a^\dagger(\omega)\mathrm{e}^{\mathrm{i}\omega t}, \tag{2.30}$$

ω 是所有不同的能量本征值之差, 我们称它们为 Bohr 频率. 注意这些频率可正可负, 除了可能的零频率外, 正负频率总是成对出现. 式 (2.30) 的分量分别为

$$A_a(\omega) = \sum_{n,m} \delta_{\omega,\varepsilon_n-\varepsilon_m}\langle\varepsilon_m|A_a|\varepsilon_n\rangle|\varepsilon_m\rangle\langle\varepsilon_n|, \tag{2.31}$$

$$A_a^\dagger(\omega) = \sum_{n,m} \delta_{\omega,\varepsilon_n-\varepsilon_m}\langle\varepsilon_n|A_a|\varepsilon_m\rangle|\varepsilon_n\rangle\langle\varepsilon_m|, \tag{2.32}$$

δ 是 Kronecker 符号. 上述两个式子表明 $A_a(\omega)$ 和 $A_a^\dagger(\omega)$ 互为 Hermite 共轭算符, 而且

$$A_a^\dagger(-\omega) = A_a(\omega). \tag{2.33}$$

从算符的定义就能看出该关系, 当然它们也是 $\widetilde{A}_a(t)$ 为 Hermite 算符的自然结果[1]. 因为式 (2.30) 和 Fourier 级数类似, 我们称其为谱展开, 而称 $A_a(\omega)$ 或者 $A_a^\dagger(\omega)$ 为谱分量.

谱分量和量子开系统的能量转移有着密切的联系. 首先, 因为

$$[H_A, A_a^\dagger(\omega)] = \omega A_a^\dagger(\omega), \quad [H_A, A_a(\omega)] = -\omega A_a(\omega), \tag{2.34}$$

所以谱分量也被称为 H_A 算符的本征算符. 这两个式子和谐振子能量算符对升降算符的作用完全相同. 的确, 如果 Bohr 频率为正, 而且 $A_a(\omega)$ 作用在 H_A 的一个能量本征态上非零, 那么新得到的波函数依然是 H_A 的能量本征态, 只是它的能量本征值比原来的减少 ω, 因此算符 $A_a(\omega)$ 具有降低开系统能量的效果. 类似的, 算符 $A_a^\dagger(\omega)$ 对一个能量本征态的作用等效于把它转移到一个新的能量本征态

---

[1] 类似于实的周期函数做 Fourier 级数展开后, 展开系数中负频率的分量的复共轭等于正频率的分量.

上, 新的能量本征值比原先的增加了 ω. 需要指出的是, 如果 Bohr 频率 ω 是负的, 根据式 (2.33), $A_a(\omega)$ 和 $A_a^\dagger(\omega)$ 分别等于 $A_a^\dagger(|\omega|)$ 和 $A_a(|\omega|)$, 所以它们作用的效果相当于把刚才提及的 "减少" 和 "增加" 做了交换, 而 ω 换成 $|\omega|$.

将式 (2.30) 代入式 (2.27), 我们有

$$
\begin{aligned}
\partial_t \widetilde{\rho}_A(t) ={}& \alpha^2 \sum_{a,b,\omega,\omega'} \mathrm{e}^{\mathrm{i}(\omega'-\omega)t} A_b(\omega) \widetilde{\rho}_A(t) A_a^\dagger(\omega') \int_0^t \mathrm{d}s \mathrm{e}^{\mathrm{i}\omega s} \mathrm{Tr}_B[\widetilde{B}_a(s) B_b \rho_B] \\
&- \alpha^2 \sum_{a,b,\omega,\omega'} \mathrm{e}^{\mathrm{i}(\omega'-\omega)t} A_a^\dagger(\omega') A_b(\omega) \widetilde{\rho}_A(t) \int_0^t \mathrm{d}s \mathrm{e}^{\mathrm{i}\omega s} \mathrm{Tr}_B[\widetilde{B}_a(s) B_b \rho_B] \\
&+ \alpha^2 \sum_{a,b,\omega,\omega'} \mathrm{e}^{\mathrm{i}(\omega'-\omega)t} A_a^\dagger(\omega') \widetilde{\rho}_A(t) A_b(\omega) \int_0^t \mathrm{d}s \mathrm{e}^{\mathrm{i}\omega s} \mathrm{Tr}_B[\widetilde{B}_b(-s) B_a \rho_B] \\
&- \alpha^2 \sum_{a,b,\omega,\omega'} \mathrm{e}^{\mathrm{i}(\omega'-\omega)t} \widetilde{\rho}_A(t) A_b(\omega) A_a^\dagger(\omega') \int_0^t \mathrm{d}s \mathrm{e}^{\mathrm{i}\omega s} \mathrm{Tr}_B[\widetilde{B}_b(-s) B_a \rho_B],
\end{aligned}
\tag{2.35}
$$

其中用到了两点时间关联函数具有时间平移不变的性质,

$$
\mathrm{Tr}_B[\widetilde{B}_a(t) \widetilde{B}_b(t-s) \rho_B] = \mathrm{Tr}_B[\widetilde{B}_a(s) B_b \rho_B].
\tag{2.36}
$$

证明比较简单, 这里不再给出. 现在可以解释为什么在式 (2.27) 中保留 Hermite 共轭符号: 在写出式 (2.35) 时, 我们约定 $\widetilde{A}_b$ 算符用式 (2.30) 的第一个等式代替, 而 $\widetilde{A}_a^\dagger$ 用第二个等式代替.

除了近似到 α 的二阶外, 接下来我们还要引进两个新的近似. 第一个是将式 (2.35) 的积分上限 t 替换成正无穷极限 $+\infty$. 这个近似被称为 Markov 近似. 如果关联函数式 (2.36) 显著非零的时间区域仅在 $s=0$ 附近, Markov 近似是合理的. 这意味着开系统的演化时间比环境关联函数衰减的时间长得多. 形式上, 式 (2.35) 中的积分和 Fourier 积分类似, 因此我们把它们替换成后者, 比如,

$$
\int_0^{+\infty} \mathrm{d}s \mathrm{e}^{\mathrm{i}\omega s} \mathrm{Tr}_B[\widetilde{B}_a(s) B_b \rho_B] = \frac{1}{2} r_{ab}(\omega) + \mathrm{i} S_{ab}(\omega),
\tag{2.37}
$$

其中

$$
r_{ab}(\omega) = \int_{-\infty}^{+\infty} \mathrm{d}s \mathrm{e}^{\mathrm{i}\omega s} \mathrm{Tr}_B[\widetilde{B}_a(s) B_b \rho_B],
\tag{2.38}
$$

$$
S_{ab}(\omega) = \frac{1}{2\pi} P.V. \int_{-\infty}^{\infty} \mathrm{d}\omega' \frac{r_{ab}(\omega')}{\omega - \omega'},
\tag{2.39}
$$

P.V. 是积分的 Cauchy 主值, 其他积分项也有类似的表示, 一个简单地说明见附录 A. 两点时间关联函数的 Fourier 变换 $r_{ab}(\omega)$ 构成了一个以频率 ω 为参数的关于下标 (a, b) 的半正定 Hermite 矩阵. 因为环境是热平衡态, 它们满足 Kubo-Martin-Schwinger (KMS) 条件 [26,27],

$$r_{ab}(\omega) = r_{ba}(-\omega)\mathrm{e}^{\beta\omega}. \tag{2.40}$$

这两个性质的解释见附录 B. 我们会看到, 在证明各种涨落定理时式 (2.40) 扮演着关键的角色. 第二个是旋波近似 (rotating wave approximation). 在该近似下, 式 (2.35) 右边所有 ω 和 ω' 不相等的项都被舍去. 如果 $\omega' - \omega$ 的典型值比 t^{-1} 大得多, 求和项中这些指数项因为快速的振荡而给出了几乎为零的贡献, 这个近似也就相当的合理. 如果上述两个近似同时成立, 通过简单的公式组合和简化, 我们把式 (2.35) 写成一个简洁的形式:

$$\partial_t \widetilde{\rho}_A(t) = -\mathrm{i}[H_{LS}, \widetilde{\rho}_A(t)] + \sum_{\omega,a,b} r_{ab}(\omega)\Bigg[A_b(\omega)\widetilde{\rho}_A(t)A_a^\dagger(\omega)$$
$$- \frac{1}{2}\left\{ A_a^\dagger(\omega)A_b(\omega), \widetilde{\rho}_A(t) \right\} \Bigg]. \tag{2.41}$$

在上式中, 我们已经把小参数 α 重新吸收到相互作用算符里面, 花括号代表了反对易符号,

$$H_{LS} = \sum_{a,b,\omega} S_{ab}(\omega)A_a^\dagger(\omega)A_b(\omega) \tag{2.42}$$

被称为 Lamb 移动项 (Lamb shift), 它表示开系统和环境的相互作用而引起原系统 Hamilton 算符的修正, 不难验证, H_{LS} 和 H_A 对易. 值得指出, 如果取弱耦合极限, 也称 van Hove 极限, $\alpha \to 0$, $t \to \infty$, 同时保持 $\alpha^2 t$ 为常数, 能证明上述 Markov 和旋波近似同时成立 [4,6,7,20]. 附录 C 给出了一个简要的说明.

式 (2.41) 在相互作用图像中成立. 我们经常会用到它在 Schrödinger 图像中的形式. 这两个图像的密度算符的联系是

$$\partial_t \rho_A(t) = -\mathrm{i}[H_A, \rho_A(t)] + U_A(t)\partial_t\widetilde{\rho}_A(t)U_A(t)^\dagger. \tag{2.43}$$

将式 (2.41) 代入上式, 根据

$$U_A(t)A_a^\dagger(\omega)U_A^\dagger(t) = \mathrm{e}^{-\mathrm{i}\omega t}A_a^\dagger(\omega) \tag{2.44}$$

及其 Hermite 共轭, 可以看到, 除了那里所有的 $\tilde{\rho}_A(t)$ 被替换成 $\rho_A(t)$ 外, 式 (2.43) 右边的第二项和式 (2.41) 右边的项完全相同. 因此, 在 Schrödinger 图像中, 一个恒定量子开系统的 Markov 量子主方程是

$$
\begin{aligned}
\partial_t \rho_A(t) = & -\mathrm{i}[H_A + H_{LS}, \rho_A(t)] + \sum_{\omega, a, b} r_{ab}(\omega) \Big[A_b(\omega) \rho_A(t) A_a^\dagger(\omega) \\
& - \frac{1}{2} \big\{ A_a^\dagger(\omega) A_b(\omega), \rho_A(t) \big\} \Big].
\end{aligned}
\tag{2.45}
$$

通过上述讨论, 我们看到, 如果相互作用算符 A_a 有谱分解 (2.30), 只要上面提及的三个近似合理, 式 (2.35) ∼ 式 (2.42) 就会自动地成立. 这个观察将引导我们对含时量子主方程的讨论.

2.1.1　物理解释

为了理解 Markov 量子主方程式 (2.45) 的物理含义, 我们将其写在开系统 Hamilton 算符 H_A 的能量表象中. 为了简单, 我们假设相互作用算符式 (2.3) 只有一项, 即 $a = 1$. 另外, 我们还设定, 除了零频率外每一个 Bohr 频率只对应着唯一一组能量本征值. 令

$$
\rho_{nm}(t) = \langle \varepsilon_n | \rho_A(t) | \varepsilon_m \rangle.
\tag{2.46}
$$

对式 (2.45) 两边取矩阵元. 首先是对角元也就是开系统布居数 (population) 的演化方程,

$$
\frac{\mathrm{d}}{\mathrm{d}t} \rho_{nn}(t) = \sum_{m \neq n} W(n|m) \rho_{mm}(t) - \sum_{m \neq n} W(m|n) \rho_{nn}(t),
\tag{2.47}
$$

其中

$$
\begin{aligned}
W(n|m) &= \sum_\omega r_{11}(\omega) |\langle \varepsilon_n | A_1(\omega) | \varepsilon_m \rangle|^2 \\
&= r_{11}(\omega_{mn}) |\langle \varepsilon_n | A_1 | \varepsilon_m \rangle|^2 \\
&= \sum_{kl} P_k \delta[(\chi_k + \varepsilon_m) - (\chi_l + \varepsilon_n)] \\
&\quad 2\pi |\langle \chi_l | \langle \varepsilon_n | V | \varepsilon_m \rangle | \chi_k \rangle|^2,
\end{aligned}
\tag{2.48}
$$

$\omega_{mn} = \varepsilon_m - \varepsilon_n$. 系数 $W(n|m)$ 是量子开系统从本征态 $|\varepsilon_m\rangle$ 跃迁到 $|\varepsilon_n\rangle$ 的速率: 第三个等式是量子开系统和环境的复合系统在微扰 $V = A_1 \otimes B_1$ 作用下从复合

系统本征态 $|\varepsilon_m\rangle|\chi_k\rangle$ 跃迁到本征态 $|\varepsilon_n\rangle|\chi_l\rangle$ 的速率, 即 Fermi 黄金规则 (Fermi golden rule)[28]; 其中的 Dirac 函数确保跃迁前后体系的能量守恒; 因为只观察到量子开系统的状态跃迁, 所以需要对复合系统的跃迁速率以 P_k 为权重做求和平均. 因此, 量子开系统密度算符 ρ_A 对角元满足的演化方程就是熟悉的 Pauli 主方程. 根据 KMS 条件 (2.40) 和式 (2.48) 的第二个等式, 容易看出两个本征态之间的跃迁速率满足以下关系:

$$W(n|m)\mathrm{e}^{-\beta\varepsilon_m} = W(m|n)\mathrm{e}^{-\beta\varepsilon_n}. \tag{2.49}$$

该式被称为细致平衡条件 (detailed balance condition). 它确保在时间足够长的极限下, 因为量子开系统和热环境持续地相互作用, 开系统自发地弛豫到一个和环境热平衡的 Gibbs 态, 它在本征态 $|\varepsilon_n\rangle$ 上的布居数或概率具有 Boltzmann 形式:

$$(\rho_{\mathrm{eq}})_{nn} = \frac{\mathrm{e}^{-\beta\varepsilon_n}}{\sum_m \mathrm{e}^{-\beta\varepsilon_m}}. \tag{2.50}$$

然后是非对角元, 也就是相干元的演化方程:

$$\begin{aligned}
\frac{\mathrm{d}}{\mathrm{d}t}\rho_{nm}(t) = &- \mathrm{i}(\omega_{nm} + \Delta_{nm})\rho_{nm}(t) \\
&- \left(\frac{1}{2}\left[\sum_{a\neq m}W(a|m) + \sum_{a\neq n}W(a|n)\right] + K_{nm}\right)\rho_{nm}(t),
\end{aligned} \tag{2.51}$$

这里的量子数 n 和 m 不相等. $\Delta_{nm} = \Delta_n - \Delta_m$ 是量子开系统和环境相互作用而引起开系统 Bohr 频率 ω_{nm} 的移动,

$$\begin{aligned}
\Delta_n &= \sum_d S(\omega_{nd})|\langle\varepsilon_n|A_1|\varepsilon_d\rangle|^2 \\
&= P.V. \sum_k P_k \sum_{l,d} \frac{|\langle\chi_l|\langle\varepsilon_a|V|\varepsilon_n\rangle|\chi_k\rangle|^2}{(\chi_k + \varepsilon_n) - (\chi_l + \varepsilon_d)}.
\end{aligned} \tag{2.52}$$

在第二个等式中, 后一个求和项是复合开系统-环境体系的能量本征值 $(\chi_k+\varepsilon_n)$ 的二阶能量修正 [28]①, 而前一个求和是对这些能量修正的平均. 式 (2.51) 第二行 ρ_{nm} 前的系数是开系统相干元的衰减速率. 该速率可能起源于量子开系统本征态布居数的变化, 也可以和布居数变化无关. 前者表现在系数是 1/2 的方括号部分, 也就是跃迁速率的求和项, 后者包含在 K_{nm} 的公式里:

$$K_{nm} = \frac{r_{11}(0)}{2}\left(\langle\varepsilon_n|A_1|\varepsilon_n\rangle - \langle\varepsilon_m|A_1|\varepsilon_m\rangle\right)^2. \tag{2.53}$$

当算符 A_1 在能量表象中对角元都等于零时, K_{nm} 精确为零.

① 因为要求式 (2.12), 所以没有一阶的能量修正.

2.2　时变量子主方程

2.2.1　弱驱动开系统

最简单的含时情况是除了和环境相互作用外, 量子开系统还受到一个非常弱的外界驱动. "弱" 的准确含义是指外界驱动的强度和开系统-环境相互作用的强度在相同的量级. 此时量子体系总的 Hamilton 算符为

$$H(t) = H_A + \gamma H_1(t) + H_B + V, \tag{2.54}$$

算符 $H_1(t)$ 代表了外界对开系统的驱动作用, 无量纲参数 γ 表征了驱动的强度. 因为开系统对外界的反作用被认为忽略不计, 所以这里没有必要再明显地写出外界的 Hamilton 算符.

和 2.1 节相同, 我们仍然在自由 Hamilton 算符的相互作用图像下考虑量子主方程的推导, 这里的自由算符是指 $H_A + \gamma H_1(t) + H_B$. 根据之前的分析, 含时算符 $H_1(t)$ 的出现不会改变式 (2.27), 只是此时的相互作用图像算符

$$
\begin{aligned}
\widetilde{A}_a(t) &= T_+ \mathrm{e}^{\mathrm{i}\int_0^t \mathrm{d}\tau [H_A + \gamma H_1(\tau)]} A_a T_- \mathrm{e}^{-\mathrm{i}\int_0^t \mathrm{d}\tau [H_A + \gamma H_1(\tau)]} \\
&= U_A^\dagger(t) A_a U_A(t) + o(\gamma^0).
\end{aligned} \tag{2.55}
$$

在第二个等式中时间演化算符 $U_A(t)$ 的定义见式 (2.29). 因为 γ 是小量, 相互作用算符的最低阶近似是 $\mathcal{O}(\gamma^1)$. 将式 (2.55) 代入式 (2.27), 我们看到, 由于 γ 和开系统 – 环境相互作用强度 α 具有相同的量级, 该式右边的二阶项是 $\mathcal{O}(\alpha^2)$, 三阶项是 $\mathcal{O}(\alpha^2\gamma)$. 根据保留微扰阶数的基本原则, 三阶及以上的微扰项都被忽略不计, 因此在弱驱动下相互作用图像中量子开系统的密度算符演化方程仍然遵循式 (2.41). 如果把这个方程返回到 Schrödinger 图像, 根据式 (2.43), 将重新得到式 (2.45), 只是那里的 H_A 被替换成了 $H_A + \gamma H_1(t)$. 值得一提的是, 如果按照保留微扰阶数的原则, 因为环境的贡献比外界驱动还小一阶, 前者的贡献应该忽略不计. 然而, 考虑到开系统和环境的相互作用引起了开系统的能量耗散和或者去相干效应, 它们和外界驱动的作用效果完全不同, 从物理的角度看需要保留这些效应.

2.2.2　周期驱动开系统

弱驱动量子主方程的适用范围有很大的局限性. 首先, 我们必须要求量子开系统和外界驱动的时变部分有明确的划分, 但是在不少情况下外界驱动可能出现

在开系统的物理参数里, 如二能级系统的能隙宽度、谐振子的本征频率等. 其次, 弱驱动要求外界的驱动强度足够弱以致不会直接出现在耗散项中, 这当然不适用于一般强度的驱动. 为了克服这些局限, 同时又能保留量子 Markov 主方程的优点, 在本节和 2.2.3 节里我们考察另外两类含时的量子主方程. 考虑到时变部分可能出现在开系统的物理参数里的情况, 接下来我们把和环境自由度相关部分之外的所有项统称为量子开系统. 按此约定, 2.2.1 节弱驱动情况的量子开系统应该是 $H_A + \gamma H_1(t)$. 为了区分, 我们称原先 H_A 描述的开系统为自由开系统.

第一类量子开系统的 Hamilton 算符随时间做周期变化,

$$H_A(t) = H_A(t + \mathcal{T}). \tag{2.56}$$

周期 $\mathcal{T} = 2\pi/\Omega$, Ω 是驱动的频率. 根据周期线性微分方程的 Floquet 定理 [29,30], 含时 Schrödinger 方程

$$[H_A(t) - \mathrm{i}\partial_t] |\Psi(t)\rangle = 0 \tag{2.57}$$

存在一组完备正交的被称为 Floquet 态的解:

$$|\Psi_n(t)\rangle = \mathrm{e}^{-\mathrm{i}\epsilon_n t}|\epsilon_n(t)\rangle, \tag{2.58}$$

$n = 1, \cdots$. 满足式 (2.57) 的一般波函数是这些态的线性叠加,

$$|\Psi(t)\rangle = \sum_n c_n |\Psi_n(t)\rangle, \tag{2.59}$$

c_n 是时间无关的常数, 由系统的初始波函数决定:

$$c_n = \langle \Psi_n(0) | \Psi(t) \rangle. \tag{2.60}$$

出现在式 (2.58) 指数函数中的 ϵ_n 是时间无关的实数, 因为式 (2.59) 和恒定 Hamilton 量子系统的定态展开类似, 它们常被称为准能量 (quasi-energy). 准能量和固体物理中周期势场能量本征态问题中的准动量 (quasi-momentum) 相当. $|\epsilon_n(t)\rangle$ 被称为 Floquet 基. 它们都是频率等于 Ω 的周期函数, 且满足本征方程

$$[H_A(t) - \mathrm{i}\partial_t]|\epsilon_n(t)\rangle = \epsilon_n |\epsilon_n(t)\rangle. \tag{2.61}$$

上式左边方括号的部分也常被称为 Floquet-Hamilton 算符, 记作 $\mathcal{H}(t)$. 不难看出, 如果 $|\epsilon_n(t)\rangle$ 是准能量等于 ϵ_n 的 Floquet 基, 那么给定任意一个整数 q,

$$|\epsilon_{n,q}(t)\rangle = \mathrm{e}^{\mathrm{i}q\Omega t}|\epsilon_n(t)\rangle \tag{2.62}$$

也是式 (2.61) 的一个 Floquet 基, 它的准能量和原先基的准能量相比多了一个常数项,

$$\epsilon_{n,q} = \epsilon_n + q\Omega. \tag{2.63}$$

有些文献中把式 (2.63) 联系着的所有 Floquet 基命名为一个族, 由此所有的基都被划入没有交集的各个族之中 [13]. 因为

$$\mathrm{e}^{-\mathrm{i}\epsilon_{n,q}t}|\epsilon_{n,q}(t)\rangle = \mathrm{e}^{-\mathrm{i}\epsilon_n t}|\epsilon_n(t)\rangle|, \tag{2.64}$$

族中所有基的 Floquet 态没有物理的不同, 所以我们可以选择族中任意一个基作为族的代表. 常见的选择方式是挑选那些准能量处在某个指定区间宽度等于 Ω 的基, 比如 $[-\Omega/2, \Omega/2)$, $[0, \Omega)$ 区间等. 式 (2.59) 的准能量求和范围也应该如此理解. 接下来我们提及的准能量都认为处在预先给定的一个区间里.

Floquet 态的正交完备性质赋予周期驱动量子系统的时间演化算符一个谱展开,

$$\begin{aligned} U_A(t_2, t_1) &= \sum_n |\Psi_n(t_2)\rangle\langle\Psi_n(t_1)| \\ &= \sum_n |\epsilon_n(t_2)\rangle\langle\epsilon_n(t_1)|\mathrm{e}^{-\mathrm{i}\epsilon_n(t_2-t_1)}, \end{aligned} \tag{2.65}$$

$t_1 \leqslant t_2$ 是任意两个时刻. 式 (2.65) 和式 (2.29) 在结构上高度类似. 因此, 周期的 Hamilton 算符 $H_A(t)$ 的相互作用图像算符 $\widetilde{A}_a(t)$ 也有一个和式 (2.30) 几乎相同的谱展开:

$$\widetilde{A}_a(t) = \sum_\omega A_a(\omega, 0)\mathrm{e}^{-\mathrm{i}\omega t} = \sum_\omega A_a^\dagger(\omega, 0)\mathrm{e}^{\mathrm{i}\omega t}, \tag{2.66}$$

这里谱分量的定义和关系如下:

$$A_a(\omega, 0) = \sum_{n,m,q} \delta_{\omega, \epsilon_{n,q}-\epsilon_m}\langle\langle\epsilon_m|A_a|\epsilon_{n,q}\rangle\rangle|\epsilon_m(0)\rangle\langle\epsilon_{n,q}(0)|, \tag{2.67}$$

$$A_a^\dagger(\omega, 0) = \sum_{n,m,q} \delta_{\omega, \epsilon_{n,q}-\epsilon_m}\langle\langle\epsilon_{n,q}|A_a|\epsilon_m\rangle\rangle|\epsilon_{n,q}(0)\rangle\langle\epsilon_m(0)|, \tag{2.68}$$

$$A_a^\dagger(\omega, 0) = A_a(-\omega, 0), \tag{2.69}$$

其中和时间无关的系数

$$\langle\langle\epsilon_{n,q}|A_a|\epsilon_m\rangle\rangle = \frac{1}{\mathcal{T}}\int_0^{\mathcal{T}} \mathrm{d}s\, \mathrm{e}^{-\mathrm{i}q\Omega s}\langle\epsilon_n(s)|A_a|\epsilon_m(s)\rangle \tag{2.70}$$

是时间周期函数 $\langle\epsilon_n(t)|A_a|\epsilon_m(t)\rangle$ 的各个 Fourier 系数, q 是任意的整数. 我们看到, 周期驱动下的 Bohr 频率 ω 由 Floquet 基的准能量之差 $\omega_{nm} = \epsilon_n - \epsilon_m$ 以及高次谐频 $q\Omega$ 组合而成. 因此, 同一组 Floquet 基 $\{|\epsilon_n(t)\rangle, |\epsilon_m(t)\rangle\}$, 只要算符 A_a 在它们之间的矩阵元有若干个非零 Fourier 系数, 就会得到相同个数的不同 ω 值. 不难看出, 所有的 Bohr 频率以原点对称的方式分布在实数轴上. 图 2.1 示例了有三个 Floquet 基的 Bohr 频率. 在式 (2.67) 和式 (2.68) 中, 按定义式 (2.62), $|\epsilon_{n,q}(0)\rangle$ 就是 $|\epsilon_n(0)\rangle$. 之所以写成这样的表示, 一方面是为了方便在不同图像间的转换, 很快就会看到这一点. 另外, 如果用时间 t 替换两个式子中的 0, 就得到算符 $A_a(\omega, t)$ 和 $A_a^\dagger(\omega, t)$. 不难证明, 这些算符是 Floquet-Hamilton 算符的本征算符:

$$[\mathcal{H}(t), A_a(\omega, t)] = -\omega A_a(\omega, t), \quad [\mathcal{H}(t), A_a^\dagger(\omega, t)] = \omega A_a^\dagger(\omega, t). \tag{2.71}$$

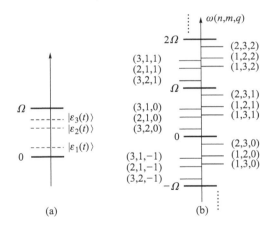

图 2.1　(a) 虚线表示的三个 Floquet 基. 它们的准能量被为设置在 $[0, \Omega)$ 区间. (b) 相应的 Bohr 频率. 我们设计准能量的间距以使得所有 Bohr 频率 (mod $\Omega \neq 0$) 没有简并. 在此情况下 $\omega = \epsilon_{n,q} - \epsilon_m$ 能用准能量和 Fourier 指标 (n, m, q) 唯一地指定. 这些频率出现与否依赖于式 (2.70) 是否非零

它们的含义和式 (2.34) 类似. 比如, 设 $A_a(\omega, t)$ 作用在基 $|\epsilon_n(t)\rangle$ 上. 根据定义 (2.67), 除非作用后等于零, 不然得到的是一个准能量:

$$\epsilon_m = \epsilon_{n,q} - \omega \tag{2.72}$$

的基 $|\epsilon_m(t)\rangle$. $A_a(\omega, t)$ 的作用效果可以看成是将基 $|\epsilon_n(t)\rangle$ 转移到 $|\epsilon_{m,-q}(t)\rangle$, 或者

从基 $|\epsilon_{n,q}(t)\rangle$ 转移到基 $|\epsilon_m(t)\rangle$, 原先的准能量都下降了 ω[①].

将这些新的谱展开代入式 (2.27), 并做和恒定量子开系统相同的推导和近似, 最后得到一个周期驱动量子开系统的 Markov 主方程:

$$\partial_t \rho_A(t) = -\mathrm{i}[H_A(t) + H_{LS}(t), \rho_A(t)]$$
$$+ \sum_{a,b,\omega} r_{ab}(\omega) \bigg[A_b(\omega, t) \rho_A(t) A_a^\dagger(\omega, t)$$
$$- \frac{1}{2} \big\{ A_a^\dagger(\omega, t) A_b(\omega, t), \rho_A(t) \big\} \bigg], \tag{2.73}$$

这里的 Lamb 移动项为

$$H_{LS}(t) = \sum_{a,b,\omega} S_{ab}(\omega) A_a^\dagger(\omega, t) A_b(\omega, t). \tag{2.74}$$

为了从相互作用图像转回到 Schrödinger 图像, 我们用到了以下公式:

$$U_A(t) A_a(\omega, 0) U_A^\dagger(t) = A_a(\omega, t) \mathrm{e}^{\mathrm{i}\omega t}, \tag{2.75}$$
$$U_A(t) A_a^\dagger(\omega, 0) U_A^\dagger(t) = A_a^\dagger(\omega, t) \mathrm{e}^{-\mathrm{i}\omega t}. \tag{2.76}$$

根据式 (2.65) 和谱分量的定义式 (2.67) 和 (2.68), 不难验证上述结果. 这里也回答了为什么在谱分量的定义式中保留左边的 0 以及 $|\epsilon_{n,q}(0)\rangle$ 的形式. 我们看到, 和恒定量子开系统的演化方程 (2.45) 不同, 除了 Hamilton 动力学部分, 环境对开系统的作用效果也和时间相关. 这种时间依赖性通过算符 $A_a(\omega, t)$ 和 $A_a^\dagger(\omega, t)$ 发生, 但和时间关联函数的 Fourier 系数 $r_{ab}(\omega)$ 无关.

在 Floquet 基表象中, 式 (2.73) 有一个清晰的矩阵元表示. 为了说明的简单, 我们假设 ω (mod $\Omega \neq 0$) 没有简并. 令

$$\rho_{nm}(t) = \langle \epsilon_n(t)|\rho_A(t)|\epsilon_m(t)\rangle, \tag{2.77}$$

则量子开系统在 Floquet 基 $|\epsilon_n(t)\rangle$ 的布居数 ρ_{nn} 满足一个和式 (2.47) 完全相同

---

① 给定 Bohr 频率 ω 和 Floquet 基的指标 n 就能唯一地确定指标 m. 假如不成立, 则有 $\epsilon_n - \epsilon_{m_1} + q_1\Omega = \epsilon_n - \epsilon_{m_2} + q_2\Omega$. 因为 $|\epsilon_{m_2} - \epsilon_{m_1}|$ 总小于 Ω, 除非 $m_1 = m_2$, 该等式无法成立.

形式的方程, 只是基之间的跃迁速率

$$
\begin{aligned}
W(n|m) &= \sum_{\omega} r_{11}(\omega)|\langle \epsilon_n(t)|A_1(\omega,t)|\epsilon_m(t)\rangle|^2 \\
&= \sum_q \sum_{kl} P_k \delta[(\chi_k + \varepsilon_m) - (\chi_l + \varepsilon_n - q\Omega)] \\
&\quad 2\pi|\langle\chi_l|\langle\langle\epsilon_n(t)|V|\epsilon_{m,q}(t)\rangle\rangle|\chi_k\rangle|^2 .
\end{aligned} \tag{2.78}
$$

和恒定 Hamilton 算符的情况不同, 在周期驱动下即使给定了 Floquet 基, 不同的 ω 可以给出非零的 $\langle\epsilon_n(t)|A_1(\omega,t)|\epsilon_m(t)\rangle$, 上式的第二个等式明确地展示了这一点, 在那里原先对 ω 的求和已经换成了对 Fourier 指标 q 的求和. 因为这个原因, 在 Floquet 基的表象中, 除非只有一个 Bohr 频率, 通常情况下跃迁速率式 (2.78) 之间不满足细致平衡条件式 (2.49). 这意味着即使经过足够长的时间演化, Pauli 主方程预言量子开系统在 Floquet 基的表象中趋于一个稳态, 但是该稳态的占居数没有简单的 Boltzmann 分布 [31]. 对于 Floquet 基中的相干元, $\rho_{nm}(t)$ ($n \neq m$), 也能导出和式 (2.51) 形式上完全一样的方程. 只是那里的 Δ_m, K_{nm} 做如下修改:

$$
\begin{aligned}
\Delta_n &= \sum_{\omega,d} S_{11}(\omega)|\langle\epsilon_n(t)|A_1(\omega,t)|\epsilon_d(t)\rangle|^2, \\
K_{nm} &= \frac{1}{2}\sum_q r_{11}(q\Omega)\left[\langle\epsilon_n(t)|A_1(q\Omega,t)|\epsilon_n(t)\rangle\right. \\
&\quad \left. - \langle\epsilon_m(t)|A_1(q\Omega,t)|\epsilon_m(t)\rangle\right]^2 .
\end{aligned} \tag{2.79}
$$

2.2.3　慢驱动开系统

如果没有热环境, 当量子系统的 Hamilton 算符随时间极其缓慢地变化时, 根据量子绝热定理 [28], 量子系统的时间演化算符近似为

$$
U_A(t) \simeq \sum |\varepsilon_n(t)\rangle\langle\varepsilon_n(0)|\mathrm{e}^{-\mathrm{i}\mu_n(t)} . \tag{2.80}
$$

这里的 $|\varepsilon_n(t)\rangle$ 和 $\varepsilon_n(t)$ 是 $H_A(t)$ 算符的瞬时能量本征态和本征值, 右边指数函数中的相位

$$
\mu_n(t) = \int_0^t \mathrm{d}s[\varepsilon_n(s) - \mathrm{i}\langle\varepsilon_n(s)|\partial_s|\varepsilon_n(s)\rangle] . \tag{2.81}
$$

我们考察在该定理近似成立的条件下量子开系统的主方程. 此时算符 A_a 的相互作用图像也有一个谱展开:

$$
\begin{aligned}
\widetilde{A}_a(t) &= \sum_{nm} A_{a,nm}(t,0)\mathrm{e}^{-\mathrm{i}\mu_{nm}(t)} \\
&= \sum_{nm} A_{a,nm}^\dagger(t,0)\mathrm{e}^{\mathrm{i}\mu_{nm}(t)},
\end{aligned}
\tag{2.82}
$$

其中

$$
A_{a,nm}(t,0) = \langle \varepsilon_m(t)|A_a|\varepsilon_n(t)\rangle |\varepsilon_m(0)\rangle\langle\varepsilon_n(0)|, \tag{2.83}
$$

$$
A_{a,nm}^\dagger(t,0) = \langle \varepsilon_n(t)|A_a|\varepsilon_m(t)\rangle |\varepsilon_n(0)\rangle\langle\varepsilon_m(0)|, \tag{2.84}
$$

$$
\mu_{nm}(t) = \mu_n(t) - \mu_m(t), \tag{2.85}
$$

$$
A_{a,mn}(t,0) = A_{a,nm}^\dagger(t,0). \tag{2.86}
$$

有意思的是, 这里缓慢驱动的情况下仍然有两个和式 (2.34) 类似的公式:

$$
[H_A(t), A_{a,nm}(t)] = -\omega_{nm}(t)A_{a,nm}(t), \tag{2.87}
$$

$$
[H_A(t), A_{a,nm}^\dagger(t)] = \omega_{nm}(t)A_{a,nm}^\dagger(t), \tag{2.88}
$$

其中, $A_{a,nm}(t)$ 是 $A_{a,nm}(t,t)$ 的简写, Bohr 频率

$$
\omega_{nm}(t) = \varepsilon_n(t) - \varepsilon_m(t), \tag{2.89}
$$

它们通常是时间的函数. 为了讨论的简单, 我们认为 μ_{nm} 和 ω_{nm} 由量子数 (n,m) 唯一地确定.

按照先前的思路, 接下来我们应该将式 (2.82) 代入式 (2.27) 并做适当的近似. 然而, 只由分解 (2.82) 还不足以导出量子 Markov 主方程, 我们需要一个额外的近似 [22],

$$
U_A(t-s) \approx \mathrm{e}^{\mathrm{i}sH_A(t)}U_A(t), \tag{2.90}
$$

以此导出在 $t-s$ 时刻相互作用图像算符的谱分解:

$$
\begin{aligned}
\widetilde{A}_a(t-s) &= \sum_{n,m} A_{a,nm}(t,0)\mathrm{e}^{-\mathrm{i}\mu_{nm}(t)+\mathrm{i}s\omega_{nm}(t)} \\
&= \sum_{n,m} A_{a,nm}^\dagger(t,0)\mathrm{e}^{\mathrm{i}\mu_{nm}(t)-\mathrm{i}s\omega_{nm}(t)}.
\end{aligned}
\tag{2.91}
$$

如果量子开系统的 Hamilton 算符在时间间隔 $(t-s,t)$ 内几乎不变, 式 (2.90) 自然是一个合理的近似, s 越接近于 0, 这个近似越精确. 值得注意的是, 因为式 (2.27) 中两点时间关联函数随时间快速衰减为零, 也就是说它们非零的贡献只在 $s=0$ 附近, 这个精确性的要求显然满足. 另外, 为了确保绝热定理精确成立, 原则上量子开系统的 Hamilton 算符以无限缓慢的方式变化. 因此, 在有限的时间间隔 $(t-s,t)$ 内, 即使 s 不等于零, 把 Hamilton 算符看成是恒定算符也完全合理.

将式 (2.82) 和式 (2.91) 代入式 (2.27), 重复之前的推导, 我们得到了在相互作用图像下量子开系统的量子主方程:

$$
\begin{aligned}
\partial_t \widetilde{\rho}_A(t) = &- \mathrm{i}[H_{LS}(t,0), \widetilde{\rho}_A(t)] \\
&+ \sum_{a,b,m,n} r_{ab}(\omega_{mn}(t)) \Big[A_{b,mn}(t,0) \widetilde{\rho}_A(t) A_{a,mn}^\dagger(t,0) \\
&- \frac{1}{2} \left\{ A_{a,mn}^\dagger(t,0) A_{b,mn}(t,0), \widetilde{\rho}_A(t) \right\} \Big],
\end{aligned} \tag{2.92}
$$

这里的 Lamb 移动项为

$$
\widetilde{H}_{LS}(t,0) = \sum_{a,b,m,n} S_{ab}(\omega_{mn}(t)) A_{a,mn}^\dagger(t,0) A_{b,mn}(t,0). \tag{2.93}
$$

又因为

$$
U_A(t) A_{a,mn}^\dagger(t) U_A^\dagger(t) = A_{a,mn}^\dagger(t) \mathrm{e}^{-\mathrm{i}\mu_{mn}(t)}, \tag{2.94}
$$

其中算符 $A_{a,mn}^\dagger(t)$ 就是式 (2.83) 定义的 $A_{a,mn}^\dagger(t,t)$, 返回到 Schrödinger 图像, 量子开系统密度算符满足演化方程

$$
\begin{aligned}
\partial_t \rho_A(t) = &- \mathrm{i}[H_A(t) + H_{LS}(t), \rho_A(t)] \\
&+ \sum_{a,b,m,n} r_{ab}(\omega_{mn}(t)) \Big[A_{b,mn}(t) \rho_A(t) A_{a,mn}^\dagger(t) \\
&- \frac{1}{2} \left\{ A_{a,mn}^\dagger(t) A_{b,mn}(t), \rho_A(t) \right\} \Big].
\end{aligned} \tag{2.95}
$$

和前面几节的主方程不同, 在慢驱动情形下主方程中系数 $r_{ab}(\omega_{mn}(t))$ 通常是时间的函数.

式 (2.95) 在绝热态

$$
|\Phi_n(t)\rangle = U_A(t,0)|\varepsilon_n(0)\rangle = \mathrm{e}^{-\mathrm{i}\mu_n(t)}|\varepsilon_n(t)\rangle \tag{2.96}
$$

的表象中有简单的矩阵表示. 仍然考虑只有一个相互作用项的情况. 令

$$\rho_{nm}(t) = \langle \Phi_n(t) | \rho_A(t) | \Phi_m(t) \rangle. \tag{2.97}$$

容易验证, 在这个表象中布居数 ρ_{nn} 的演化方程和式 (2.47) 形式一致, 只是那里的跃迁速率式 (2.48) 变成了时间的函数:

$$W(n|m)(t) = r_{11}(\omega_{mn}(t)) |\langle \varepsilon_n(t) | A_1 | \varepsilon_m(t) \rangle|^2. \tag{2.98}$$

这相当于将之前恒定情形下的本征态、能量本征值和 Bohr 频率等分别替换成了瞬时本征态、瞬时能量本征值和含时的 Bohr 频率式 (2.89). 值得强调的是, 这些跃迁速率满足一个瞬时细致平衡条件:

$$W(n|m)(t)\mathrm{e}^{-\beta \varepsilon_m(t)} = W(m|n)(t)\mathrm{e}^{-\beta \varepsilon_n(t)}. \tag{2.99}$$

这个条件绝非意味着在任意时刻量子开系统总处在瞬时热平衡态

$$[\rho_{\mathrm{eq}}(t)]_{nn} = \frac{\mathrm{e}^{-\beta \varepsilon_n(t)}}{\displaystyle\sum_m \mathrm{e}^{-\beta \varepsilon_n(t)}}. \tag{2.100}$$

然而可以预期的是, 当外界驱动变化的时间尺度总是远大于量子开系统在瞬时外参数下的弛豫时间时, 开系统应该几乎总处在瞬时热平衡态上. 在第 6.3.1 节我们将用一个简单的模型说明这一点. 最后, 相干元的演化方程也和式 (2.51) 几乎一致. 除了要做刚提及的含时替换操作外, 后者右边的和 ω_{nm} 相关的项在这里不再出现, 这是由表象定义式 (2.97) 和 (2.46) 的差异引起的: 如果把恒定量子开系统的密度算符表示在定态 $\exp(-\mathrm{i}\varepsilon_n t)|\varepsilon_n\rangle$ 的表象中, 式 (2.51) 的 ω_{nm} 项也就消失了. 最后, 根据衰减速率的定义, 即使在当前情况下它们也可能是时间的函数, 因为总是非负, 所以量子开系统在绝热态中的相干元随时间不断地衰减.

2.3 一般数学结构

从上述四类量子 Markov 主方程的推导可以看出它们具有高度一致的数学结

构. 我们能把它们形式地统一写成

$$\partial_t \rho_A(t) = -\mathrm{i}[H_A + H_{LS}(t), \rho_A(t)]$$
$$+ \sum_{\omega_t, a, b} r_{ab}(\omega_t) \Bigg[A_b(\omega_t, t) \rho_A(t) A_a^\dagger(\omega_t, t)$$
$$- \frac{1}{2} \left\{ A_a^\dagger(\omega_t, t) A_b(\omega_t, t), \rho_A(t) \right\} \Bigg]$$
$$\equiv -\mathrm{i}[H_A + H_{LS}(t), \rho_A(t)] + D(t)[\rho_A(t)]$$
$$\equiv \mathcal{L}(t)[\rho_A(t)], \tag{2.101}$$

其中算符

$$A_a^\dagger(-\omega_t, t) = A_a(\omega_t, t). \tag{2.102}$$

除了可能的零频率外, 正和负的 Bohr 频率总是成对出现. 构成半正定 Hermite 矩阵的系数 $r_{ab}(\omega)$ 满足 KMS 条件式 (2.40). 第二个等式的符号 $D(t)$ 表示耗散 (dissipation) 和或者去相干 (decoherence) 超算符. 如果引入超传播子

$$G(t, 0) = T_- \mathrm{e}^{\int_0^t \mathrm{d}s \mathcal{L}(s)}, \tag{2.103}$$

则式 (2.101) 的解为

$$\rho_A(t) = G(t, 0)[\rho_A(0)]. \tag{2.104}$$

一般量子主方程 (2.101) 的出现并非偶然. 接下来我们说明, 虽然驱动方式的不同导致主方程的具体细节不同, 但是它们都是量子开系统被要求具备 Markov 性质的必然结果. 我们的论证主要引用了 Rivas 和 Huelga[7] 的结果, 整个论证的思想已经出现在 Gorini 等的论文 [6] 中. 首先, 我们把量子开系统和环境看成一个闭的量子体系. 引入 Hamilton 算符式 (2.2) 的时间演化算符

$$U(t, 0) = T_- \mathrm{e}^{-\mathrm{i}\int_0^t \mathrm{d}s H(s)}, \tag{2.105}$$

任意 t 时刻这个复合系统的密度算符总能写成

$$\rho(t) = U(t, 0)\rho(0)U^\dagger(t, 0). \tag{2.106}$$

根据式 (2.6), 在 t 时刻量子开系统的密度算符是复合闭系统密度算符对环境的求迹. 考虑到初始时刻这两个子系统之间没有关联, 见式 (2.4), 求迹后开系统的密

度算符有一个新的表述:

$$\rho_A(t) = \sum_{lk} K_{lk}(t,0)\rho_A(0)K_{lk}^\dagger(t,0)$$

$$\equiv \mathcal{M}(t,0)[\rho_A(0)], \tag{2.107}$$

其中

$$K_{lk}(t,0) = \sqrt{P_k}\langle\chi_l|U(t,0)|\chi_k\rangle, \tag{2.108}$$

被称为 Kraus 算符 [32], 而称 $\mathcal{M}(t,0)$ 为动力学映射 (dynamical map), 这里应用了初始时刻量子环境是正则系综的条件. Kraus 算符满足一个简单的恒等式:

$$\sum_{lk} K_{lk}^\dagger(t,0)K_{lk}(t,0) = 1. \tag{2.109}$$

根据量子算符表示定理 (representation theorem for quantum operators)[32], 映射 $\mathcal{M}(t)$ 具有三个重要的数学性质: 下凸线性 (convex-linear), 保迹 (trace-preserving), 完全正定性 (completely positivity)[2]. 关于这个著名定理的详细解释参考张永德 [33] 或者 Breuer 和 Petruccione 的专著①. 所有时刻的动力学映射构成了一个单参数集 (single parameter set) $\{\mathcal{M}(t,0)\}$. 虽然原则上这个集合完全地刻画了量子开系统的演化, 但是因为我们对时间演化算符 $U(t,0)$ 的细节所知甚少, 这个集合对了解量子开系统的动力学没有什么帮助. 受经典 Markov 过程的启发 [34], 能够设想的最简单的一类单参数集应该是它也具有 Markov 性质, 也就是说②,

$$\mathcal{M}(t_2,0) = \mathcal{M}(t_2,t_1)\mathcal{M}(t_1,0), \tag{2.110}$$

$0 \leqslant t_1 \leqslant t_2$, 这样的单参数集被称为量子动力学半群 (quantum dynamical semigroup). 和经典 Markov 过程的研究类似, 理解该半群的一个有效方法是在适当条件下推导出它的一个线性微分方程:

$$\partial_t\rho_A(t) = \lim_{\delta\to 0}\frac{[\mathcal{M}(t+\delta,t)-1]}{\delta}\rho_A(t)$$

$$\equiv \mathcal{L}(t)[\rho_A(t)]. \tag{2.111}$$

---

① 我们称具有式 (2.107) 结构的映射或者超算符为 Kraus 超算符. 这样的超算符作用在任意一个正定算符上得到的仍然是正定算符, 因此经常称 Kraus 超算符具有正定性. 比如, 一个 Kraus 超算符 S 作用在一个密度算符 O 是 $S(O) = KOK^\dagger$, 则对任意波函数 $|\psi\rangle$ 显然有 $\langle\psi|S(O)|\psi\rangle \geqslant 0$. 需要指出, Kraus 超算符的完全正定性要求比正定性的要求更高.

② 式 (2.110) 和经典情况中的 Chapman-Kolmogorov 方程相对应, 而和式 (2.111) 对应的一个特殊经典方程是 Fokker-Planck 方程.

超算符 $\mathcal{L}(t)$ 被称为半群生成元 (generator). 值得强调的是, 式 (2.110) 和式 (2.111) 是由经典 Markov 过程类比而来, 我们没有先验的理由相信量子开系统必然满足 Markov 性质. 对于一个有限 D 维的量子动力学半群, Rivas 和 Huelga 证明, 它的生成元的最一般形式是 [7]

$$\partial_t \rho_A(t) = - \mathrm{i}[H'_A(t), \rho_A(t)]$$
$$+ \sum_{a,b=1}^{M-1} \gamma_{ab}(t) \left[F_b \rho_A(t) F_a^\dagger - \frac{1}{2} \left\{ F_a^\dagger F_b, \rho_A(t) \right\} \right]. \tag{2.112}$$

$H'_A(t)$ 是量子开系统修正后的 Hamilton 算符, 因为开系统和环境的相互作用, 它不一定就是原系统的 Hamilton 算符. $\{F_a, a = 1, \cdots, M = D^2\}$ 是一组完备的正交算符基. 这些算符定义在开系统的算符空间里. 它们相互正交意味着对于任何两个算符基,

$$\langle F_a, F_b \rangle = \mathrm{Tr}[F_a^\dagger F_b] = \delta_{ab}, \tag{2.113}$$

符号 $\langle \cdots \rangle$ 是 Hilbert-Schmidt 内积. 矩阵 $\mathcal{A}(t) = [\gamma_{ab}(t)]_{a,b=1}^M$ 是半正定的 Hermite 矩阵. 习惯上称式 (2.112) 右边的对易部分为相干动力学项 (coherent dynamics), 而称剩余部分为耗散项. 因为 $\mathcal{A}(t)$ 是半正定矩阵, 我们总能引入一组新的算符 $\{E_a(t), a = 1, \cdots, M\}$ 代替 $\{F_a\}$, 以使得原式的耗散项 "对角" 化为 [①]

$$\partial_t \rho_A(t) = - \mathrm{i}[H'_A(t), \rho_A(t)] + \sum_{a=1}^{M-1} r_a(t) \Big[E_a(t) \rho_A(t) E_a^\dagger(t)$$
$$- \frac{1}{2} \left\{ E_a^\dagger(t) E_a(t), \rho_A(t) \right\} \Big], \tag{2.114}$$

系数 $r_a(t)$ 是矩阵 $\mathcal{A}(t)$ 的非负本征值. Gorini, Kossakowski 和 Sudarshan [6] 最早得到了不含时间 (或者齐次 (homogeneous)) 的式 (2.112). 几乎同一时间, Lindblad [35] 也独立得到了时间无关的无限维量子半群的式 (2.114), 在他的论文里, 生成元被设定为有界 (bounded generator). 后来的文献把式 (2.112) 和 (2.114) 统称为 GKSL (Gorini-Kossakowski-Sudarshan-Lindblad) 方程. Rivas 和 Huelga 将他们的结果推广到了含时 (或者非齐次 (inhomogeneous)) 的情况, 附录 E 给出了进一步的细节. 式 (2.101) 和式 (2.112) 的一致性是显然的.

需要强调的是, 在得到式 (2.114) 的过程中没有用到量子开系统, 系统和环境的相互作用, 以及驱动的具体形式, 甚至连近似都没有用到. 这和之前我们推导

---

① 对角化的具体做法见第 4 章的附录 B.

的四类量子主方程形成了鲜明的对比, 在那里我们用到了若干物理近似, 包括弱耦合近似、Markov 近似、旋波近似等. 因此, 从推导的角度看, GKSL 方程完全精确, 但这是在动力学映射上人为强加 Markov 性质的结果. 可以证明, 除非是量子闭系统, 并不存在任意驱动且严格 Markov 描述的量子开系统 [7]. 除此以外, 式 (2.114) 是抽象的形式结果. 如果不采用物理相关的微观模型并做适当的物理近似, 我们无法获知 F_k 和 $\gamma_{ab}(t)$ 的具体表达式, 也就无从探讨感兴趣的物理问题. 这当然不是本书感兴趣的情况, 所以接下来我们把注意力集中在式 (2.101) 上.

附录 A　两点时间关联函数的 Fourier 变换

引入阶梯函数 (step function) $\Theta(s)$: $s > 0$, $\Theta(s) = 1$, 否则为 0, 把式 (2.37) 左边的积分下限扩展成负无穷大,

$$\int_0^\infty \mathrm{d}s e^{\mathrm{i}\omega s} \mathrm{Tr}_B[\widetilde{B}_a(s) B_b \rho_B] = \int_{-\infty}^{+\infty} \mathrm{d}s e^{\mathrm{i}\omega s} \Theta(s) \mathrm{Tr}_B[\widetilde{B}_a(s) B_b \rho_B]. \tag{2.115}$$

设两点时间关联函数 $\mathrm{Tr}_B[\widetilde{B}_a(s) B_b \rho_B]$ 的 Fourier 变换是 $r_{ab}(\omega)$. 阶梯函数的 Fourier 变换

$$\int_{-\infty}^{+\infty} \mathrm{d}s e^{\mathrm{i}\omega s} \Theta(s) = \mathrm{i}P.V.\frac{1}{\omega} + \pi\delta(\omega). \tag{2.116}$$

根据频域卷积定理, 式 (2.115) 右边的 Fourier 变换等于 $r_{ab}(\omega)$ 和式 (2.116) 的卷积, 即

$$\frac{1}{2\pi} \int_{-\infty}^{+\infty} \left[\mathrm{i}P.V.\frac{1}{\omega - \omega'} + \pi\delta(\omega - \omega') \right] r_{ab}(\omega')\mathrm{d}\omega'$$
$$= \frac{1}{2} r_{ab}(\omega) + \mathrm{i}\frac{1}{2\pi} P.V. \int_{-\infty}^{+\infty} \mathrm{d}\omega' \frac{r_{ab}(\omega')}{\omega - \omega'}. \tag{2.117}$$

这正是式 (2.37) 右边的结果. 同样的讨论也得到

$$\int_0^\infty \mathrm{d}s e^{\mathrm{i}\omega s} \mathrm{Tr}_B[\widetilde{B}_b(-s) B_a \rho_B] = \frac{1}{2} r_{ab}^*(-\omega) - \mathrm{i}S_{ab}^*(-\omega), \tag{2.118}$$

其中用到了 $\mathrm{Tr}_B[\widetilde{B}_b(-s) B_a \rho_B]$ 的 Fourier 变换 $r_{ba}(-\omega)$ 等于 $r_{ab}^*(-\omega)$ 的结论. 该结论实际上来自 $r_{ab}(\omega)$ 是一个关于下标 (a, b) 为 Hermite 矩阵的性质, 其证明如

下:

$$
\begin{aligned}
r_{ab}^*(\omega) &= \int_{-\infty}^{+\infty} \mathrm{d}s\, \mathrm{e}^{-\mathrm{i}\omega s} \mathrm{Tr}_B[B_b \widetilde{B}_a(s)\rho_B] \\
&= \int_{-\infty}^{+\infty} \mathrm{d}s\, \mathrm{e}^{-\mathrm{i}\omega s} \mathrm{Tr}_B[\widetilde{B}_b(-s) B_a \rho_B] \\
&= \int_{-\infty}^{+\infty} \mathrm{d}s\, \mathrm{e}^{\mathrm{i}\omega s} \mathrm{Tr}_B[\widetilde{B}_b(s) B_a \rho_B] \\
&= r_{ba}(\omega).
\end{aligned}
\tag{2.119}
$$

附录 B　$r_{ab}(\omega)$ 矩阵的半正定性和 KMS 条件

两点时间关联函数 Fourier 变换后得到的 $r_{ab}(\omega)$ 是一个 Hermite 矩阵. 如果该矩阵具有半正定的性质, 那么它和任意一个给定向量 $v=(v_1,\cdots)$ 的二次型必须大于或者等于零, 即

$$
\begin{aligned}
\sum_{a,b} v_a^* r_{ab}(\omega) v_b &= \int_{-\infty}^{+\infty} \mathrm{d}s\, \mathrm{e}^{\mathrm{i}\omega s} \mathrm{Tr}_B\left[\left(\sum_a v_a^* \widetilde{B}_a(s)\right)\left(\sum v_b B_b\right)\rho_B\right] \\
&= \int_{-\infty}^{+\infty} \mathrm{d}s\, \mathrm{e}^{\mathrm{i}\omega s} \mathrm{Tr}_B\left[\mathrm{e}^{\mathrm{i}s H_B} C^\dagger \mathrm{e}^{-\mathrm{i}s H_B} C \rho_B\right] \\
&= \int_{-\infty}^{+\infty} \mathrm{d}s\, \mathrm{e}^{\mathrm{i}\omega s} f(s) \geqslant 0,
\end{aligned}
\tag{2.120}
$$

这里定义了新算符

$$
C = \sum_a v_a B_a
\tag{2.121}
$$

以及函数 $f(s)$. 根据 Bochner 定理 [36], 式 (2.120) 的非负性意味着 $f(s)$ 是一个半正定函数. 也就是说, 对于给定的任意一组实数 $(s_1,\cdots,s_n)$, 矩阵 $A=(a_{i,j})_{i,j=1}^n$, $a_{i,j}=f(s_i-s_j)$ 是一个半正定矩阵. 容易验证 $f(s)^*=f(-s)$, 所以 A 是 Hermite 矩阵. 为此, 我们证明对于一个任意给定的向量 $(u_1,\cdots,u_n)$,

$$
\begin{aligned}
\sum_{j,k=1}^n u_j^* A_{jk} u_k &= \sum_{j,k=1}^n u_j^* \mathrm{Tr}_B\left[\mathrm{e}^{\mathrm{i}(s_j-s_k)H_B} C^\dagger \mathrm{e}^{-\mathrm{i}(s_j-s_k)H_B} C \rho_B\right] u_k \\
&= \sum_{l,d} \sum_{j,k} |\langle \chi_d | C | \chi_l \rangle|^2 \left|\sum_j u_j \mathrm{e}^{-\mathrm{i}s_j(\chi_l-\chi_d)}\right|^2 P_l
\end{aligned}
\tag{2.122}
$$

的确非负. 这里的 P_l 是环境处于能量本征值 $|\chi_l\rangle$ 的概率, 见式 (2.13).

两点时间关联函数具有如下性质:

$$
\begin{aligned}
\mathrm{Tr}_B[\widetilde{B}_a(s)B_b\rho_\mathrm{B}] &= \mathrm{Tr}_B[\mathrm{e}^{\mathrm{i}sH_B}B_a\mathrm{e}^{-\mathrm{i}sH_B}B_b\mathrm{e}^{-\beta H_B}]/Z_B \\
&= \mathrm{Tr}_B[\mathrm{e}^{\beta H_B}\mathrm{e}^{-\mathrm{i}sH_B}B_b\mathrm{e}^{-\beta H_B}\mathrm{e}^{\mathrm{i}sH_B}B_a\mathrm{e}^{-\beta H_B}]/Z_B \\
&= \mathrm{Tr}_B[\mathrm{e}^{\mathrm{i}(-s-\mathrm{i}\beta)H_B}B_b\mathrm{e}^{-\mathrm{i}(-s-\mathrm{i}\beta)H_B}B_a\mathrm{e}^{-\beta H_B}]/Z_B \\
&= \mathrm{Tr}_B[\widetilde{B}_b(-s-\mathrm{i}\beta)B_a\rho_B].
\end{aligned}
\tag{2.123}
$$

上式是时域的 KMS 条件. 为了证明该等式的 Fourier 变换就是式 (2.40), 我们首先写出相互作用算符环境部分的谱展开:

$$
\widetilde{B}_a(t) = \int_{-\alpha}^{+\alpha} \mathrm{e}^{-\mathrm{i}\omega t}B_a(\omega)\mathrm{d}\omega,
\tag{2.124}
$$

ω 是环境 Hamilton 算符的能量本征值之差, α 表示所有非零谱分量频率绝对值的最大值. 这个式子和式 (2.30) 的来源完全相同. 它们形式上的差别是因为环境具有大量的自由度, 能量本征值非常稠密, 所以原先对离散 ω 的求和换成了连续的积分①. 这一点和两点时间关联函数随时间增加而快速衰减的要求一致. 将式 (2.124) 代入两点时间关联函数的 Fourier 变换公式, 容易证明

$$
r_{ab}(\omega) = 2\pi\mathrm{Tr}_B[B_a(\omega)B_b\rho_B].
\tag{2.125}
$$

在此基础上, 我们对式 (2.123) 两边做 Fourier 变换, 有

$$
\begin{aligned}
r_{ab}(\omega) &= \int_{-\infty}^{+\infty}\mathrm{d}s\mathrm{e}^{\mathrm{i}\omega s}\mathrm{Tr}_B[\widetilde{B}_b(-s-\mathrm{i}\beta)B_a\rho_B] \\
&= \int_{-a}^{+a}\mathrm{e}^{-\beta\omega'}\mathrm{Tr}_B[B_b(\omega')B_a\rho_B]\int_{-\infty}^{+\infty}\mathrm{d}s\mathrm{e}^{\mathrm{i}(\omega+\omega')s} \\
&= 2\pi\mathrm{Tr}_B[B_b(-\omega)B_a\rho_B]\mathrm{e}^{\beta\omega} \\
&= r_{ba}(-\omega)\mathrm{e}^{\beta\omega}.
\end{aligned}
\tag{2.126}
$$

这就是频域的 KMS 条件. 上面的讨论之所以简单是因为量子环境被默认为是有限的系统. Haag 等 [37] 证明在热力学极限下 KMS 条件仍然成立. 他们用到的数学技术超出了本书的范围, 感兴趣的读者可以自行查阅他们的工作.

---

① 严格说来, 在式 (2.122) 中对指标 l 和 d 的求和也应该换成积分, 但这不会改变原先的结论.

附录 C 弱耦合极限

为了说明的简单, 我们只写出式 (2.35) 右边的第一项,

$$\partial_t \widetilde{\rho}_A(t) = \alpha^2 \sum_{a,b,\omega,\omega'} e^{i(\omega'-\omega)t} A_b(\omega) \widetilde{\rho}_A(t) A_a^\dagger(\omega')$$
$$\int_0^t ds e^{i\omega s} \mathrm{Tr}_B[\widetilde{B}_a(s) B_b \rho_B] - \cdots. \tag{2.127}$$

对上式做形式积分有

$$\widetilde{\rho}_A(t) = \widetilde{\rho}_A(0) + \alpha^2 \sum_{a,b,\omega,\omega'} \int_0^t ds e^{i(\omega'-\omega)s} A_b(\omega) \widetilde{\rho}_A(s) A_a^\dagger(\omega')$$
$$\int_0^s du e^{i\omega u} \mathrm{Tr}_B[\widetilde{B}_a(u) B_b \rho_B] - \cdots. \tag{2.128}$$

用新变量 $\tau = \alpha^2 t$ 替换时间 t, 则式 (2.128) 转变为一个关于 τ 的方程:

$$\widetilde{\varrho}_A(\tau) = \widetilde{\rho}_A(0) + \sum_{a,b,\omega,\omega'} \int_0^\tau ds e^{i(\omega'-\omega)s/\alpha^2} A_b(\omega) \widetilde{\varrho}_A(s) A_a^\dagger(\omega')$$
$$\int_0^{s/\alpha^2} du e^{i\omega u} \mathrm{Tr}_B[\widetilde{B}_a(u) B_b \rho_B] - \cdots, \tag{2.129}$$

其中的密度算符已经做了重新定义,

$$\widetilde{\varrho}_A(\tau) = \widetilde{\rho}_A(\tau/\alpha^2). \tag{2.130}$$

根据弱耦合极限定义, $\alpha \to 0$, $t \to \infty$, 同时保持 $\alpha^2 t$ 为常数 τ, 式 (2.129) 第二行的积分上限被正无穷大所替换. 另外, 根据公式

$$\int_0^a F(x) e^{i\Omega x} dx = \frac{1}{i\Omega} \left(F(a) e^{i\Omega a} - F(0) - \int_0^a \frac{dF}{dx} e^{i\Omega x} dx \right), \tag{2.131}$$

$F(x)$ 是一个任意的函数, 当 $\Omega \to \infty$ 时, 该式的右边精确为零 [1]. 对比式 (2.129) 看到, 当 α 趋于零时, 在第一行中所有 ω 不等于 ω' 的积分项贡献均为零. 因此, 取弱耦合极限等价于同时实现了量子主方程的 Markov 近似和旋波近似.

---

[1] 实际上就是 Riemann-Lebesgue 定理. 其结论也不难理解. 左边的积分相当于是一个持续有限长时间的信号的 Fourier 变换. 该信号非零 Fourier 分量只集中在一个有限宽的频域内.

附录 D   Floquet 定理

我们简单地说明为什么在周期驱动量子系统中存在 Floquet 态和基. 因为 Hamilton 算符的周期性, 量子系统的时间演化算符具有如下性质:

$$U(t + \mathcal{T}, 0) = U(t, 0)U(\mathcal{T}, 0). \tag{2.132}$$

证明的方法是验证 $U(t + \mathcal{T}, 0)U^{-1}(\mathcal{T}, 0)$ 满足系统的 Schrödinger 方程:

$$\begin{aligned} &\mathrm{i}\partial_t[U(t + \mathcal{T}, 0)U^{-1}(\mathcal{T}, 0)] \\ =&H(t + T)[U(t + \mathcal{T}, 0)U^{-1}(\mathcal{T}, 0)] \\ =&H(t)[U(t + \mathcal{T}, 0)U^{-1}(\mathcal{T}, 0)]. \end{aligned} \tag{2.133}$$

时间演化算符的幺正性质允许我们引入一个 Hermite 算符 $\overline{H}$, 把 $U(\mathcal{T}, 0)$ 写成一个指数算符的形式:

$$U(\mathcal{T}, 0) = \exp(-\mathrm{i}\overline{H}\mathcal{T}). \tag{2.134}$$

算符 $\overline{H}$ 也被称为平均 Hamilton 算符 [17], 对比时间演化算符的定义容易明白取这个名称的原因. 在此基础上, 任意时刻的时间演化算符总能写成一个周期幺正算符和指数算符的乘积:

$$\begin{aligned} U(t, 0) =&[U(t, 0)\exp(\mathrm{i}\overline{H}t)]\exp(-\mathrm{i}\overline{H}t) \\ \equiv&P(t)\exp(-\mathrm{i}\overline{H}t). \end{aligned} \tag{2.135}$$

幺正算符 $P(t)$ 的周期性质证明如下:

$$\begin{aligned} P(t + \mathcal{T}) =&U(t + \mathcal{T}, 0)\exp(\mathrm{i}\overline{H}\mathcal{T})\exp(\mathrm{i}\overline{H}t) \\ =&U(t, 0)\exp(\mathrm{i}\overline{H}t) = P(t). \end{aligned} \tag{2.136}$$

因为 $\overline{H}$ 是 Hermite 算符, 它有一组完备正交的本征态:

$$\overline{H}|\epsilon_n(0)\rangle = \epsilon_n|\epsilon_n(0)\rangle, \tag{2.137}$$

ϵ_n 是相应实的本征值. 如果初始时刻系统波函数是 $|\Psi(0)\rangle$, 那么在 t 时刻系统的波函数为

$$
\begin{aligned}
|\Psi(t)\rangle &= U(t,0)|\Psi(0)\rangle \\
&= \sum_n P(t)\mathrm{e}^{-\mathrm{i}\epsilon_n t}|\epsilon_n(0)\rangle\langle\epsilon_n(0)|\Psi(0)\rangle \\
&= \sum_n c_n \mathrm{e}^{-\mathrm{i}\epsilon_n t}[P(t)|\epsilon_n(0)\rangle],
\end{aligned}
\tag{2.138}
$$

其中

$$
c_n = \langle\epsilon_n(0)|\Psi(0)\rangle.
\tag{2.139}
$$

对比式 (2.59), 我们发现周期为 $\mathcal{T}$ 的

$$
P(t)|\epsilon_n(0)\rangle
\tag{2.140}
$$

正是 Flqouet 基, 而如果再乘以相因子 $\exp(-\mathrm{i}\epsilon_n t)$ 则得到了 Floquet 态.

得到 Floquet 基和它们的准能量并不容易. 然而在绝热定理式 (2.80) 成立的条件下, 容易看出, $U(\mathcal{T},0)$ 的本征态就是简单的在 0 时刻 Hamilton 算符 $H_A(0)$ 的瞬时本征态, 即 $|\epsilon_n(0)\rangle = |\varepsilon_n(0)\rangle$, 且准能量

$$
\epsilon_n = \frac{1}{\mathcal{T}}\mu_n(\mathcal{T}),
\tag{2.141}
$$

实函数 $\mu_n(t)$ 的定义见式 (2.81). 因此 Floquet 基

$$
|\epsilon_n(t)\rangle = \mathrm{e}^{-\mathrm{i}\mu_n(t)+\mathrm{i}t\epsilon_n}|\varepsilon_n(t)\rangle.
\tag{2.142}
$$

的确, 如果上式再乘以指数 $\exp(-\mathrm{i}\epsilon_n t)$ 得到的 Floquet 态显然就是绝热定理成立条件下系统在 t 时刻的波函数, 即绝热态式 (2.96). 值得指出的是, $\mu_n(\mathcal{T})$ 由动力学相和 Berry 几何相组成. 这个观察并非偶然. 在一般周期 Hamilton 闭系中, 能证明准能量由动力学项和 Aharonov-Anandan (AA) 几何项组成. 在绝热极限下, AA 几何项回到 Berry 几何项. Moore 和 Stedman[38] 曾经详细分析过这个结论.

附录 E   非齐次 GKSL 方程的形式推导

GKSL 方程的推导是量子开系统数学理论的标准内容, 在绝大多数量子开系统的教材中都能找到 [2,7], 但是最好的参考文献应该是这些方程建立者们自己的

原始论文 [6]. 这里只是简略说明推导的过程而不考虑数学严格性. 设量子开系统具有有限 D 维的 Hilbert 空间. 如果已知一组完备正交算符基, $\{F_1, \cdots, F_M\}$, 因为 Kraus 算符 $K_n(t_1, t_2)$ 定义在这个空间里, 所以我们能对它做展开:

$$K_n(t_2, t_1) = \sum_{a=1}^{M} c_{na}(t_2, t_1) F_a, \tag{2.143}$$

这里的下标 $n = (i, j)$, 展开系数

$$c_{na}(t_2, t_1) = \langle F_a, K_n \rangle, \tag{2.144}$$

算符内积定义见式 (2.113). 一个特定的算符基是令 $F_M = I_D/\sqrt{D}$, I_D 表示 D 维单位算符, 其余算符的迹都等于零, $\mathrm{Tr}[F_a] = 0 \ (a = 1, \cdots, M-1)$. 后者一个常见选择是 $SU(D)$ 群的 Hermite 生成元 [39]. 考虑动力学映射 $\mathcal{M}(t_2, t_1)$ 对 $\rho_A(t_1)$ 的作用,

$$\begin{aligned}
\mathcal{M}(t_2, t_1)[\rho_A(t_1)] &= \sum_{a,b=1}^{M} \left[\sum_n c_{nb}(t_2, t_1) c_{na}^*(t_2, t_1) \right] F_b \rho_A(t_1) F_a^\dagger \\
&= \sum_{a,b=1}^{M} C_{ba}(t_2, t_1) F_b \rho_A(t_1) F_a^\dagger, \tag{2.145}
\end{aligned}$$

这里的时间 $t_1 \leqslant t_2$. 显然新定义的系数 $C_{ab}^* = C_{ba}$, 如果定义矩阵 $\mathcal{C} = (C_{ab})_{a,b=1}^{M}$, 这是一个厄密矩阵, 不仅如此, 按定义容易证明它还是半正定矩阵: 对任意一个复向量 $(u_1, \cdots, u_M)$,

$$\begin{aligned}
\sum_{a,b=1}^{M} u_b^* C_{ba} u_a &= \sum_n \sum_{b=1}^{M} u_b^* c_{nb}(t_2, t_1) \sum_{a=1}^{M} u_a c_{na}^*(t_2, t_1) \\
&= \sum_n \left| \sum_{b=1}^{M} u_b^* c_{nb}(t_2, t_1) \right|^2 \geqslant 0. \tag{2.146}
\end{aligned}$$

根据动力学半群生成元的定义式 (2.111), 令 $t_2 = t + \delta$, $t_1 = t$, 则

$$\begin{aligned}
\mathcal{L}(t)[\rho_A(t)] = & \frac{1}{D} \lim_{\delta \to 0} \frac{C_{MM}(t+\delta, t) - D}{\delta} \rho_A(t) \\
& + \frac{1}{\sqrt{D}} \lim_{\delta \to 0} \left[\sum_{a=1}^{M-1} \left(\frac{C_{aM}(t+\delta, t)}{\delta} F_a \rho_A(t) \right. \right. \\
& \left. \left. + \frac{C_{Ma}(t+\delta, t)}{\delta} \rho_A(t) F_a^\dagger \right) \right]
\end{aligned}$$

$$+ \lim_{\delta \to 0} \sum_{a,b=1}^{M-1} \frac{C_{ba}(t+\delta,t)}{\delta} F_b \rho_A(t) F_a^\dagger$$

$$= \frac{\gamma_{MM}(t)}{D} \rho_A(t) + \frac{1}{\sqrt{D}} \left[\sum_{a=1}^{M-1} \gamma_{aM}(t) F_a \right] \rho_A(t)$$

$$+ \rho_A(t) \frac{1}{\sqrt{D}} \left[\sum_{a=1}^{M-1} \gamma_{Ma}(t) F_a^\dagger \right] + \sum_{a,b}^{M-1} \gamma_{ba}(t) F_b \rho_A(t) F_a^\dagger. \tag{2.147}$$

在最后一个等式里, 我们只是简单地认为上述极限存在. 再定义算符

$$F(t) = \frac{1}{\sqrt{D}} \left[\sum_{a=1}^{M-1} \gamma_{aM}(t) F_a \right], \tag{2.148}$$

$$H_A'(t) = [F^\dagger(t) - F(t)]/2\mathrm{i}, \tag{2.149}$$

并重新整理式 (2.147), 得到

$$\mathcal{L}(t)[\rho_A(t)] = -\mathrm{i}[H_A'(t), \rho_A(t)] + \frac{\gamma_{MM}(t)}{D} \rho_A(t)$$

$$+ \left\{ \frac{F(t) + F^\dagger(t)}{2}, \rho_A(t) \right\} + \sum_{a,b}^{M-1} \gamma_{ba}(t) F_b \rho_A(t) F_a^\dagger. \tag{2.150}$$

最后一步是注意到 Kraus 算符的性质式 (2.109). 如果代入展开式 (2.143), 同样令 $t_2 = t + \delta$, $t_1 = t$, 两边同除 δ 并取其零极限, 式 (2.109) 写成

$$F^\dagger(t) + F(t) = -\frac{1}{D} \gamma_{MM}(t) - \sum_{a,b=1}^{M-1} \gamma_{ba}(t) F_a^\dagger F_b. \tag{2.151}$$

该性质也是 $\mathrm{Tr}[\mathcal{L}(\rho_A)] = 0$ 要求的结果. 把它代入式 (2.150), 就得到了想要的非齐次 GKSL 方程 (2.112).

参 考 文 献

[1] Cohen-Tannoudji C, Dupont-Roc J, Grynberg G. Atom-Photon Interactions: Basic Processes and Applications. New York: Wiley-VCH, 1998

[2] Breuer H P, Petruccione F. The Theory of Open Quantum Systems. Oxford: Oxford University Press, 2002

[3] Spohn H, Lebowitz J L. Irreversible thermodynamics for quantum systems weakly coupled to thermal reservoirs. Adv. Chem. Phys., 1978, 39: 109

[4] Davies E B. Markovian master equations. Comm. Math. Phys., 1974, 39: 91

[5] Lindblad G. Completely positive maps and entropy inequalities. Comm. Math. Phys., 1975, 40: 147

[6] Gorini V, Kossakowski A, Sudarshan E C G. Completely positive dynamical semigroups of N-level systems. J. Math. Phys., 1976, 17: 21

[7] Rivas A, Huelga S F. Open Quantum Systems: An Introduction. Berlin: Springer, 2013

[8] Carmichael H J. An Open Systems Approach to Quantum Optics. Berlin: Springer, 1993

[9] Scully M O, Zubariry M S. Quantum Optics. Cambridge: Cambridge University Press, 1997

[10] Mollow R B. Power spectrum of light scattered by two-level systems. Phys. Rev., 1969, 188: 1969

[11] Davies E B, Spohn H. Open quantum systems with time-dependent Hamiltons and their linear response. J. Stat. Phys., 1978, 19: 511

[12] Kohler S, Dittrich T, Hänggi P. Floquet-Markovian description of the parametrically driven dissipative harmonic quantum oscillator. Phys. Rev. E, 1997, 55: 300

[13] Grifoni M, Hänggi P. Driven quantum tunneling. Phys. Rep., 1998, 304: 229

[14] Breuer H P, Petruccione F. Dissipative quantum systems in strong laser fields: Stochastic wave-function method and Floquet theory. Phys. Rev. A, 1997, 55: 3101

[15] Alicki R. The quantum open system as a model of the heat engine. J. Phys. A: Math. Theor., 1979, 12: L103

[16] Kosloff R. Quantum thermodynamics: A dynamical viewpoint. Entropy, 2013, 15: 2100

[17] Szczygielskia K, Gelbwaser-Klimovsky D, Alicki R. Markovian master equation and thermodynamics of a two-level system in a strong laser field. Phys. Rev. E., 2013, 87: 012120

[18] Alicki R. From the GKLS equation to the theory of solar and fuel cells. ArXiv:1706.10257, 2017

[19] Thunstrom P, Åberg J, Sjöqvist E. Adiabatic approximation for weakly open systems. Phys. Rev. A, 2005, 72: 02328

[20] Alicki R, Lidar D, Zanardi P. Internal consistency of fault-tolerant quantum error correction in light of rigorous derivations of the quantum Markovian limit. Phys. Rev. A, 2006, 73: 052311

[21] Amin M H S, Love P J, Truncik C J S. Thermally assisted adiabatic quantum computation. Phys. Rev. Lett., 2008, 100: 060503

[22] Albash T, Boixo S, Lidar D, et al. Quantum adiabatic Markovian master equations. New J. Phys., 2012, 14: 123016

[23] Weiss U. Quantum Dissipative Systems. Singapore: World Scientific, 2012

[24] Nakajima S. Quantum theory of transport phenomena of steady diffusion. Prog. Theor. Phys., 1958, 20: 948

[25] Zwanzig R. Ensemble Method in the Theory of Irreversibility. J. Chem. Phys., 1960, 33: 1338

[26] Kubo R. Statistical mechanical theory of irreversible processes. I. General theory and simple applications to magnetic and conduction. J. Phys. Soc. Jap., 1957, 12: 570

[27] Martin P C, Schwinger J. Theory of many-particle systems. I. Phys. Rev., 1959, 115: 1342

[28] 曾谨言. 量子力学 I & II. 第四版. 北京: 科学出版社, 2007

[29] Shirley J H. Solution of the Schrödinger equation with a hamiltonian periodic in time. Phys. Rev., 1965, 138: B979

[30] Zeldovich Ya B. The quasienergy of a quantum-mechanical system subjected to a periodic action. Sov. Phys. JETP, 1967, 24: 1006

[31] Liu D E. Classification of the Floquet statistical distribution for time-periodic open systems. Phys. Rev. B, 2015, 91: 144301

[32] Kraus K. States, Effects, and Operators. Berlin: Springer-Verlag, 1983

[33] 张永德. 量子信息原理. 北京: 科学出版社, 2008

[34] Gardiner C W. Handbook of Stochastic Methods for Physics, Chemistry and the Natural Sciences. Berlin: Springer, 1983

[35] Lindblad G. On the generators of quantum dynamical semigroups. Comm. Math. Phys., 1976, 48: 119

[36] Bochner S. Lectures on Fourier Integrals. New York: Princeton University Press, 1959

[37] Haag R, Hugeniioltz N, Winnink M. On the equilibrium states in quantum statistical mechanics. Commun. Math. Phys., 1967, 5: 215

[38] Moore D J, Stedman G E. Non-adiabatic Berry phase for periodic Hamiltons. J. Phys. A: Math. Gen., 1990, 23: 2049

[39] Alicki R, Lendi K. Quantum Dynamical Semigroups and Applications. Berlin: Springer, 2010

第 3 章　量子主方程的热和功

　　这里我们研究量子 Markov 主方程描述的量子开系统的热和功定义以及它们的统计性质. 在第 2 章中, 我们提及一个开系统和它周围的环境可以看作是一个闭系统. 因此, 如果开系统和环境间的相互作用足够弱, 我们能够根据两次能量投影测量方案合理地定义出外界对开系统所做的量子功以及开系统和环境交换的随机热. Talkner 等 [1] 指出, 这样定义的量子功不仅满足量子 Jarzynski 等式, 而且该结论的成立和开系统的动力学是否是 Markov 无关. 由此看来, 专门研究量子 Markov 主方程描述的量子开系统的功似乎没有必要, 这样做甚至有降低 Talkner 等结论普适性的嫌疑. 对于这个质疑的回答是我们需要一个关于开系统自身的随机热力学. 在这个有效理论中, 环境应该以某种影响而不是以明显动力学的方式出现. 不难理解, 这和构建量子 Markov 主方程的理论动机完全一致. 的确, Talkner 等的结果直接依赖于环境的自由度, 在他们的工作中, 量子功的计算是一个未解决的问题. 另外, 在构建量子 Markov 主方程的过程中, 我们用到了若干关键的近似, 那么这些近似的出现是否会破坏本应该精确成立的功等式或者其他涨落定理呢? 如果回答是否定的, 那么就能说明量子 Markov 主方程不仅是一个有效而且还是一个相当精确的理论. Esposito 等 [2] 最早应用量子 Markov 主方程的推导技术研究了量子开系统的热统计. 他们的讨论局限在恒定开系统的情况. 之后我们考察了各类量子 Markov 主方程的量子功和随机热 [3–7].

3.1　热和功的定义

　　因为一个量子开系统和环境作为整体是闭系统, 所以两次能量投影测量方案能用于定义量子开系统的热和功. 设整个复合体系的总 Hamilton 算符为

$$H(t) = H_A(\lambda_t) + H_B + V, \tag{3.1}$$

为了和第 1 章的符号约定一致, 和第 2 章式 (2.2) 稍微不同, 这里量子开系统对时间的依赖只通过外参数 λ 实现, 下标 t 明确了它们是时间函数的事实. 根据第

2 章中量子开系统的设置, 初始时刻开系统和环境没有任何的关联, 然后它们之间发生持续的相互作用直到过程结束的 t_f 时刻. 在实现这样一个量子非平衡过程的每次实验的开始和结束时刻, 我们对环境部分分别做两次能量投影测量. 和量子闭系统的情况类似, 我们把开系统–环境这样一个复合闭系统经历的测量—演化—测量的历史命名为一条量子轨迹. 假设初始和结束时刻测得的环境能量本征值分别是 χ_k 和 χ_l, 它们的差为

$$Q_{lk} = \chi_l - \chi_k \tag{3.2}$$

被定义为沿着该条量子轨迹环境吸收的热, 下标排列的规则是从现在到过去的顺序. 显然 Q_{lk} 是一个随机变量. 重复上述实验得到大量的量子轨迹以及它们各自热的数值, 再将这些值做成直方图就得到了一个非平衡过程的随机热的概率分布, 它的形式表示如下:

$$P(Q) = \sum_{l,k} \delta(Q - Q_{lk}) P_{lk}(t_f), \tag{3.3}$$

其中一条特定量子轨迹的出现概率是

$$P_{lk}(t_f) = \mathrm{Tr}_{A+B} \left[I_A \otimes \mathcal{P}_B(l) U(t_f) \rho_A(0) \right.$$
$$\left. \otimes |\chi_k\rangle\langle\chi_k| U^\dagger(t_f) I_A \otimes \mathcal{P}_B(l) \right] P_k, \tag{3.4}$$

I_A 是开系统的单位算符, 环境投影算符

$$\mathcal{P}_B(k) = |\chi_k\rangle\langle\chi_k|. \tag{3.5}$$

P_k 和 $|\chi_k\rangle\langle\chi_k|$ 是第一次测量时发现环境处于能量本征值 χ_k 的概率以及测量后环境的密度算符, 前者具有 Boltzmann 形式,

$$P_k = \frac{\mathrm{e}^{-\beta\chi_k}}{Z_B}, \tag{3.6}$$

也见式 (2.13). $U(t)$ 是复合闭系统的时间演化算符,

$$U(t) = T_- \mathrm{e}^{-\mathrm{i}\int_0^t \mathrm{d}s H(s)}. \tag{3.7}$$

显然式 (3.4) 是测量得到两个特定环境能量本征值的联合概率. 除了概率分布式 (3.3) 外, 我们还能引入和它数学等价的热特征函数:

$$
\begin{aligned}
\Phi_h(\eta) &= \int_{-\infty}^{+\infty} \mathrm{d}Q P(Q)\mathrm{e}^{\mathrm{i}\eta Q} \\
&= \sum \mathrm{e}^{\mathrm{i}\eta Q_{lk}} P_{lk}(t_f) \\
&= \mathrm{Tr}_{A+B}\left[\mathrm{e}^{\mathrm{i}\eta H_B} U(t_f)\mathrm{e}^{-\mathrm{i}\eta H_B}\rho_A(0)\otimes\rho_B U^\dagger(t_f)\right].
\end{aligned} \tag{3.8}
$$

这只是简单地模仿了闭系统量子功的结果, 见第 1 章第 1.3 节. 需要强调的是, 在得到上述结论时我们仅要求量子开系统和环境在初始时刻没有关联, 在初始时刻量子环境处在热平衡态, 而对开系统的初始状态没有更多的要求.

定义量子开系统量子功的一个合理方案是推广经典热力学中的功定义: 外界对经典系统所做的功等于系统内能的增加以及系统释放到环境中的热, 即经典热力学第一定律[8]. 因为我们已经有随机热的定义式 (3.2), 所以开系统量子功的一个自然定义是: 在初始 0 时刻对开系统和环境部分同时做能量投影测量, 在过程结束的时刻 t_f 再对这两个子系统做能量投影测量, 两次测量得到的子系统的能量本征值之和的变化量被称为一次实验下外界对开系统所做的功. 另外, 我们还把这样一个复合闭系统的测量—演化—测量的历史命名为一条量子轨迹. 因为我们关注的量子开系统是弱耦合的情况, 也就是说开系统和环境之间因为耦合相互作用而贡献的能量比子系统自身能量之和小得多, 这个功定义和将量子开系统—环境首先看成是一个闭系统, 然后基于两次能量投影测量方案定义的量子全功不应该有实质性的差别, 后者正是我们在第 1 章讨论的内容. 即使这样, 关于这个功定义还有一点细节需要澄清. 在第 2.2.2 节, 我们曾经把除环境相关部分之外的所有项统称为量子开系统, 在这里就是式 (3.1) 中的 $H_A(\lambda_t)$ 部分. 如果这个 Hamilton 算符还可以再明确地划分成恒定的自由系统和含时驱动项, 则称自由 Hamilton 算符为自由开系统, 见示意图 3.1. 假设环境和这两部分同时发生能量的交换. 如果我们关注的是自由量子开系统, 因为环境吸热的定义式 (3.2) 没有区分热是来自自由系统还是驱动项, 按上述定义的功不应该再被认为是外界对自由开系统所做的功, 虽然它仍然是外界对自由开系统—环境组成的闭系统的量子部分功, 两者在物理上是有区别的. 对图 3.1 的仔细分析表明, 除了这个特殊情况外, 在其他情况下量子开系统量子功的定义是合理的. 除非特别说明, 接下关于量子功的讨论主要集中在 $H_A(\lambda_t)$ 上.

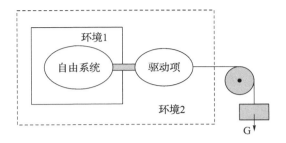

图 3.1 如果 $H_A(\lambda_t)$ 明确地划分为自由系统和驱动项, 根据第 2.2.2 节的说明, 我们能定义两类量子开系统: 第一类是 $H_A(\lambda_t)$ 自身, 第二类是只包含自由系统的开系统. 和这两类开系统相互作用的环境也有两类可能: 一类是只和自由开系统有作用的环境 1, 图中以实线包围的框表示; 另一类是和自由系统及驱动项同时有相互作用的环境 2, 图中以虚线包围的框表示. 对于环境 1, 无论是对第一类开系统还是第二类的自由开系统, 文中定义的开系统量子功不仅合理, 它们也和外界对闭的开系统—环境 1 整体所做的功相等. 注意对第二类的自由开系统, 驱动项已经被归类到外界的一部分, 所以称第一类开系统的功为全功而第二类开系统的功为部分功是一个更为精确的表述. 对于环境 2, 外界对第一类开系统所做量子功的定义仍然成立, 它当然还是外界对这个闭的开系统—环境 2 整体所做的功. 然而, 如果是对第二类自由开系统, 因为环境吸热的定义式 (3.2) 没有区分这个热到底是来自自由系统还是来自驱动, 文中定义的量子功已经失去了对自由开系统做功的物理意义, 虽然它仍然是外界 (驱动项也被归为外界的一部分) 对闭的自由开系统—环境 2 所做的部分功. 图中的滑轮和重物表示 "隐藏" 的外界. 这些结论也适用于经典情况

设第一次测量得到的环境和量子开系统的能量本征值分别是 χ_k 和 $\varepsilon_m(\lambda_0)$, 第二次测量得到的能量本征值分别是 χ_l 和 $\varepsilon_n(\lambda_{t_f})$, $\varepsilon_n(\lambda)$ 是 Hamilton 算符 $H_A(\lambda)$ 的瞬时本征值,

$$H_A(\lambda)|\varepsilon_n(\lambda)\rangle = \varepsilon_n(\lambda)|\varepsilon_n(\lambda)\rangle, \tag{3.9}$$

$|\varepsilon_n(\lambda)\rangle$ 是相应的瞬时本征态. 根据开系统量子功的定义, 沿着这样一条量子轨迹测得的量子功

$$W_{lnkm} = [\chi_l + \varepsilon_n(\lambda_{t_f})] - [\chi_k + \varepsilon_m(\lambda_0)]. \tag{3.10}$$

下标安排的规则是从现在到过去, 先环境后开系统量子数的顺序. 图 3.2 给出了这个功定义的示意图. 定义量子开系统的投影测量算符

$$\mathcal{P}_A^n(\lambda) = |\varepsilon_n(\lambda)\rangle\langle\varepsilon_n(\lambda)|. \tag{3.11}$$

在重复这个测量—演化—测量实验多次得到大量的量子轨迹后, 开系统量子功的

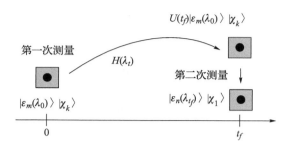

图 3.2   基于两次能量投影测量定义的量子开系统的量子功. 开系统用实心圆表示, 环境用实心方块表示. 它们构成的复合闭系统在 Hamilton 算符式 (3.1) 的作用下发生幺正演化. 因为第一次能量投影测量, 初始时刻复合闭系统的波函数是 $|\varepsilon_m(\lambda_0)\rangle|\chi_k\rangle$. 右边箭头表示在量子轨迹结束的 t_f 时刻再次对开系统和环境进行能量投影测量

概率分布就能构建出来,

$$P(W) = \sum_{l,n,k,m} \delta(W - W_{lnkm}) P_{lnkm}(t_f), \tag{3.12}$$

其中量子轨迹的出现概率

$$
\begin{aligned}
P_{lnkm}(t_f) =& \mathrm{Tr}_{A+B}\left[\mathcal{P}_A^n(\lambda_{t_f}) \otimes \mathcal{P}_B(l) U(t_f)\left(\mathcal{P}_A^m(\lambda_0)\right.\right. \\
&\left.\left. \otimes \mathcal{P}_B(k)\right) U^\dagger(t_f)\mathcal{P}_A^n(\lambda_{t_f}) \otimes \mathcal{P}_B(l)\right] P_{km}(0).
\end{aligned}
\tag{3.13}
$$

$P_{km}(0)$ 是第一次投影测量时发现开系统—环境处在本征态 $|\varepsilon_m(\lambda_0)\rangle|\chi_k\rangle$ 的联合概率,

$$
\begin{aligned}
P_{km}(0) =& \mathrm{Tr}_{A+B}\left[\mathcal{P}_A^m(\lambda_0) \otimes \mathcal{P}_B(k)\left(\rho_A(0) \otimes \rho_B\right)\mathcal{P}_A^m(\lambda_0) \otimes \mathcal{P}_B(k)\right] \\
=& P_k \mathrm{Tr}_A\left[\mathcal{P}_A^m(\lambda_0)\rho_A(0)\mathcal{P}_A^m(\lambda_0)\right],
\end{aligned}
\tag{3.14}
$$

第二个等式是因为过程开始时开系统和环境之间没有任何关联, P_k 见式 (3.6). 虽然这些公式有点长, 但是它们的概率含义非常清楚. 类似的, 根据这些结论, 可写出量子开系统的功特征函数:

$$\Phi_w(\eta) = \mathrm{Tr}_{A+B}\left[\mathrm{e}^{\mathrm{i}\eta[H_A(\lambda_{t_f})+H_B]}U(t_f)\mathrm{e}^{-\mathrm{i}\eta[H_A(\lambda_0)+H_B]}\left(\rho_0 \otimes \rho_B\right)U^\dagger(t_f)\right], \tag{3.15}$$

其中

$$\rho_0 = \sum_m \mathcal{P}_A^m(\lambda_0)\rho_A(0)\mathcal{P}_A^m(\lambda_0). \tag{3.16}$$

如果 $\rho_A(0)$ 和初始时刻的 $H_A(\lambda_0)$ 算符对易，则测量后的密度算符 ρ_0 就是 $\rho_A(0)$ 自己，否则它们不相等. 我们看到，如果式 (3.15) 右边的两个指数算符中加上相互作用项 V 时，式 (3.15) 就是在第 1 章中定义的闭系统量子功的特征函数，见式 (1.45)，其原因在定义开系统的量子功时解释过了. 因此，我们完全可以从式 (1.45) 出发忽略小 "量" V，直接得到式 (3.15) 而不必引入式 (3.9) ~ 式 (3.14). 我们仍然这样做的原因主要是为了保证本章内容相对独立.

现在考察自由量子开系统的量子功. 首先重新写出 Hamilton 算符 $H_A(\lambda_t)$ 的组成部分，

$$H_A(\lambda_t) = H_A + H_1(\lambda_t). \tag{3.17}$$

虽然有混淆的可能性，但是为了避免引入过多的符号，我们用不带时间的 H_A 表示自由开系统的 Hamilton 算符. $H_1(\lambda_t)$ 是外界驱动项. 设 $|\varepsilon_n\rangle$ 和 ε_n 是自由开系统能量算符的本征态和本征值，

$$H_A|\varepsilon_n\rangle = \varepsilon_n|\varepsilon_n\rangle. \tag{3.18}$$

按照定义，

$$W_{lnkm}^0 = (\chi_l + \varepsilon_n) - (\chi_k + \varepsilon_m) \tag{3.19}$$

是第一次测量得到的环境和自由开系统的能量本征值分别是 χ_k 和 ε_m，第二次测量得到的能量本征态分别是 χ_l 和 ε_n 的一条量子轨迹的量子功. 在弱耦合情况下，自由开系统的量子功还可以认为是外界对自由开系统—环境这个闭系统所做的量子功，因此式 (3.19) 也就是第 1.5 节定义的量子部分功，为此我们加上了上标 0 以区别于式 (3.10). 基于这个观察，我们利用闭系统部分量子功的结论能很容易地写出自由开系统量子功的特征函数：

$$\Phi_{w_0}(\eta) = \mathrm{Tr}_{A+B}\left[\mathrm{e}^{\mathrm{i}\eta[H_A+H_B]}U(t_f)\mathrm{e}^{-\mathrm{i}\eta[H_A+H_B]}\left(\rho_0 \otimes \rho_B\right)U^\dagger(t_f)\right], \tag{3.20}$$

其中

$$\rho_0 = \sum_m \mathcal{P}_A^m \rho_A(0)\mathcal{P}_A^m, \tag{3.21}$$

$\mathcal{P}_A^m$ 是自由开系统的投影测量算符：

$$\mathcal{P}_A^n = |\varepsilon_n\rangle\langle\varepsilon_n|. \tag{3.22}$$

再次强调, 根据图 3.1 中的说明, 称式 (3.19) 为自由开系统的量子功, 表明我们已经排除了图中自由开系统—环境 2 的情况. 因此, 这里的讨论只为接下来考察自由开系统—环境 1 的情况而准备的.

3.2　热特征算符

热特征函数式 (3.8) 和闭系统量子功的特征函数式 (1.45) 具有相似的数学结构. 因此, 模仿后者定义的功特征算符 $K(t, \eta)$, 我们把它的求迹符号内部的整项定义为热特征算符, 即

$$\hat{\rho}(t, \eta) = e^{i\eta H_B} U(t) e^{-i\eta H_B} \rho_A(0) \otimes \rho_B U^\dagger(t), \tag{3.23}$$

原先过程结束的 t_f 时刻被换成了任意的时间变量 t. 对其求时间偏导并做适当的整理, 不难得到这个算符满足一个简单的演化方程:

$$\partial_t \hat{\rho}(t, \eta) = -i[H(t), \hat{\rho}(t, \eta)] - i[e^{i\eta H_B}, V]e^{-i\eta H_B} \hat{\rho}(t, \eta), \tag{3.24}$$

初始条件

$$\hat{\rho}(0) = \rho_A(0) \otimes \rho_B \tag{3.25}$$

和参数 η 无关. 细心的读者可能发现, 式 (3.25) 和闭系统量子部分功特征算符的式 (1.95) 一致. 这很好理解: 恒定的环境 Hamilton 算符是开系统—环境复合系统的一部分, 而热定义式 (3.2) 相当于在一次实验下量子环境的能量变化, 根据式 (1.88), 这个能量变化相当于是外界对量子环境做的量子部分功. 因为 H_B 和开系统的 $H_A(\lambda)$ 算符对易, 所以式 (3.24) 右边的第二项只留下了 V 项. 虽然式 (3.24) 是精确的, 但是它包含了整个复合闭系统的演化动力学, 没有多少实际的用处. 一个可能的处理方案是模仿第 2 章建立量子 Markov 主方程, 约去环境的自由度而只保留环境的影响. 需要指出, 我们暂时还不清楚这样的操作能否实现或者有什么依据, 应该说这只是一个猜测.

根据第 2 章的做法, 首先把式 (3.24) 写到自由 Hamilton 算符 $H_A(\lambda_t) + H_B$ 的相互作用图像中,

$$\begin{aligned}
\partial_t \widetilde{\rho}(t, \eta) &= -i[\widetilde{V}(t), \widetilde{\rho}(t, \eta)] - i[e^{i\eta H_B}, \widetilde{V}(t)]e^{-i\eta H_B} \widetilde{\rho}(t, \eta) \\
&\equiv \widetilde{\mathcal{V}}(t)\widetilde{\rho}(t, \eta) + \widetilde{\mathcal{L}}_h(t)\widetilde{\rho}(t, \eta).
\end{aligned} \tag{3.26}$$

根据投影算符式 (2.10), 直接验证发现新定义的 $\widetilde{\mathcal{L}}_h$ 满足

$$\mathcal{P}\widetilde{\mathcal{L}}_h\mathcal{P} = 0. \tag{3.27}$$

利用该性质及式 (2.15), 对式 (3.26) 做 $\mathcal{P}$ 和 $\mathcal{Q}$ 的投影操作, 我们得到以下两个式子:

$$\partial_t\mathcal{P}\widetilde{\rho}(t,\eta) = \mathcal{P}\left(\widetilde{\mathcal{V}} + \widetilde{\mathcal{L}}_h\right)(t)\mathcal{Q}\widetilde{\rho}(t,\eta), \tag{3.28}$$

$$\partial_t\mathcal{Q}\widetilde{\rho}(t,\eta) = \mathcal{Q}\left(\widetilde{\mathcal{V}} + \widetilde{\mathcal{L}}_h\right)(t)\mathcal{Q}\widetilde{\rho}(t,\eta)$$
$$+ \mathcal{Q}\left(\widetilde{\mathcal{V}} + \widetilde{\mathcal{L}}_h\right)(t)\mathcal{P}\widetilde{\rho}(t,\eta). \tag{3.29}$$

第二个等式有一个形式解,

$$\mathcal{Q}\widetilde{\rho}(t,\eta) = \int_0^t \mathrm{d}s\,\mathcal{G}_h(t,s)\mathcal{Q}\left(\widetilde{\mathcal{V}} + \widetilde{\mathcal{L}}_h\right)(s)\mathcal{P}\widetilde{\rho}(s,\eta). \tag{3.30}$$

我们已经用到了初始条件式 (3.25) 在 $\mathcal{Q}$ 作用下等于零的结果, 见式 (2.20), 而且定义了超传播子

$$\mathcal{G}_h(t,s) = T_-\mathrm{e}^{\int_s^t \mathrm{d}u\,\mathcal{Q}(\widetilde{\mathcal{V}}+\widetilde{\mathcal{L}}_h)(u)}. \tag{3.31}$$

接下来将这个形式解代入式 (3.28) 就得到关于算符 $\mathcal{P}\widetilde{\rho}(t,\eta)$ 的演化方程. 这将是一个微分积分方程, 和热特征算符所有过去的历史有关. 另外, 我们注意到, 式 (3.26) 和关于量子部分功的式 (1.95) 没有实质性的区别, 所以模仿式 (1.103), 我们能把两个不同时刻的 $\widetilde{\rho}$ 联系起来,

$$\widetilde{\rho}(s,\eta) = U_V(s)\left[T_+\mathrm{e}^{-\int_s^t \mathrm{d}u U_V^\dagger(u)\widetilde{\mathcal{L}}_h(u)U_V(u)}\right]U_V^\dagger(t)\widetilde{\rho}(t,\eta)U_V(t)U_V^\dagger(s)$$
$$\equiv \widetilde{\mathcal{U}}_h^{-1}(s,t)\widetilde{\rho}(t,\eta), \tag{3.32}$$

其中时间 $s \leqslant t$, $U_V(t)$ 是相互作用图像算符 $\widetilde{V}(t)$ 的时间演化算符, 见式 (2.22). 另外, $\widetilde{\mathcal{U}}_h^{-1}(s,t)$ 相当于式 (1.103) 中的 $\mathcal{G}_0^{-1}(s,t)$, 也就是式 (3.26) 的超传播子的逆. 把式 (3.30) 和式 (3.32) 代入式 (3.28), 我们得到

$$\partial_t\mathcal{P}\widetilde{\rho}(t,\eta) = \int_0^t \mathrm{d}s\,\mathcal{P}\left(\widetilde{\mathcal{V}} + \widetilde{\mathcal{L}}_h\right)(t)\mathcal{G}_h(t,s)\mathcal{Q}\left(\widetilde{\mathcal{V}} + \widetilde{\mathcal{L}}_h\right)(s)\mathcal{P}\widetilde{\mathcal{U}}_h^{-1}(s,t)\widetilde{\rho}(t,\eta). \tag{3.33}$$

和式 (2.24) 类似, 从形式上看式 (3.27) 的右边只和当前 $\widetilde{\rho}(t,\eta)$ 相关. 得到式 (3.33) 还有一条 "捷径": 把式 (3.26) 中的 $(\widetilde{\mathcal{V}}+\widetilde{\mathcal{L}}_h)$ 看成一个新的超算符, 因为它是 $\mathcal{O}(\alpha^1)$,

而且在投影算符 $\mathcal{P}$ 两边作用下严格为零, 然后对比第 2 章的式 (2.16) 和式 (2.17) 即得到.

到目前为止, 所有的式子都是精确的. 根据量子 Markov 主方程推导的思路, 为了简化式 (3.33) 右边复杂的积分, 我们需要引入近似. 为此, 重新定义 $V \to \alpha V$, 展开式子的右边直到 α^2 阶,

$$\partial_t \mathcal{P}\widetilde{\rho}(t,\eta) = \alpha^2 \int_0^t \mathrm{d}s \mathcal{P}\left(\widetilde{\mathcal{V}} + \widetilde{\mathcal{L}}_h\right)(t)\left(\widetilde{\mathcal{V}} + \widetilde{\mathcal{L}}_h\right)(t-s)\mathcal{P}\widetilde{\rho}(t,\eta), \tag{3.34}$$

其中已经做了变量替换 $s \to t-s$, 而且用到了近似

$$\widetilde{\mathcal{U}}_h^{-1}(s,t)\widetilde{\rho}(t,\eta) = \widetilde{\rho}(t,\eta) + o(\alpha^0). \tag{3.35}$$

明显写出投影算符 $\mathcal{P}$, 超算符 $\widetilde{\mathcal{V}}$ 和 $\widetilde{\mathcal{L}}_h$ 后, 有

$$\begin{aligned}
\partial_t \widetilde{\rho}_A(t,\eta) =\ & \alpha^2 \sum_{a,b} \int_0^t \mathrm{d}s \widetilde{A}_b(t-s)\widetilde{\rho}_A(t,\eta)\widetilde{A}_a^\dagger(t)\mathrm{Tr}_B[\widetilde{B}_a(s-\eta)B_b\rho_B] \\
& - \alpha^2 \sum_{a,b} \int_0^t \mathrm{d}s \widetilde{A}_a^\dagger(t)\widetilde{A}_b(t-s)\widetilde{\rho}_A(t,\eta)\mathrm{Tr}_B[\widetilde{B}_a(s)B_b\rho_B] \\
& + \alpha^2 \sum_{a,b} \int_0^t \mathrm{d}s \widetilde{A}_a^\dagger(t)\widetilde{\rho}_A(t,\eta)\widetilde{A}_b(t-s)\mathrm{Tr}_B[\widetilde{B}_b(-s-\eta)B_a\rho_B] \\
& - \alpha^2 \sum_{a,b} \int_0^t \mathrm{d}s \widetilde{\rho}_A(t,\eta)\widetilde{A}_b(t-s)\widetilde{A}_a^\dagger(t)\mathrm{Tr}_B[\widetilde{B}_b(-s)B_a\rho_B], \tag{3.36}
\end{aligned}$$

这里的 Tr_B 项用到了时间平移公式 (2.36), 而且

$$\widetilde{\rho}_A(t,\eta) = \mathrm{Tr}_B[\widetilde{\rho}(t,\eta)], \tag{3.37}$$

它的初始条件是 $\rho_A(0)$. 因为再对 $\widetilde{\rho}_A(t,\eta)$ 求开系统自由度的迹就是热特征函数式 (3.8), 我们把它称为量子开系统的热特征算符. 在接下来的两节中, 针对四类量子 Markov 主方程, 我们逐个检验在不同的驱动下式 (3.36) 能否写成我们想要的 Markov 形式.

3.2.1　恒定开系统

第一类是具有时间无关 Hamilton 算符的恒定量子开系统. 将相互作用图像算符的谱展开式 (2.30) 代入式 (3.36), 得到

$$\partial_t \widetilde{\rho}_A(t,\eta) = \alpha^2 \sum_{a,b,\omega,\omega'} \mathrm{e}^{\mathrm{i}(\omega'-\omega)t} A_b(\omega)\widetilde{\rho}_A(t,\eta)A_a^\dagger(\omega') \int_0^t \mathrm{d}s \mathrm{e}^{\mathrm{i}\omega s}\mathrm{Tr}_B[\widetilde{B}_a(s-\eta)B_b\rho_B]$$

$$- \alpha^2 \sum_{a,b,\omega,\omega'} e^{i(\omega'-\omega)t} A_a^\dagger(\omega') A_b(\omega) \widetilde{\rho}_A(t,\eta) \int_0^t ds e^{i\omega s} \mathrm{Tr}_B[\widetilde{B}_a(s) B_b \rho_B]$$

$$+ \alpha^2 \sum_{a,b,\omega,\omega'} e^{i(\omega'-\omega)t} A_a^\dagger(\omega') \widetilde{\rho}_A(t,\eta) A_b(\omega) \int_0^t ds e^{i\omega s} \mathrm{Tr}_B[\widetilde{B}_b(-s-\eta) B_a \rho_B]$$

$$- \alpha^2 \sum_{a,b,\omega,\omega'} e^{i(\omega'-\omega)t} \widetilde{\rho}_A(t,\eta) A_b(\omega) A_a^\dagger(\omega') \int_0^t ds e^{i\omega s} \mathrm{Tr}_B[\widetilde{B}_b(-s) B_a \rho_B]. \quad (3.38)$$

根据推导量子主方程的流程, 接下来需要用到两个近似. 第一个是旋波近似. 根据之前的讨论, 只要不等于零的 $\omega' - \omega$ 的典型值比 t^{-1} 大得多, 在求和项中这些指数项会因为快速振荡而给出几乎为零的贡献, 这个近似用在这里并没有什么问题. 第二个近似是把积分式中的积分上限 t 替换成正无穷大, 也就是所谓的 Markov 近似. 在推导量子主方程时, 这个替代的合理性在于两点时间关联函数, 也就是式 (2.35) 中所有 Tr_B 求迹项的非零贡献只在 $s = 0$ 附近. 然而, 这里 η 的出现改变了这一个结论. 例如, 如果我们选择 η 远大于时间 t, 式 (3.38) 中第一个积分项的贡献可以忽略不计. 但是, 如果积分上限被换成了正无穷大, 那么它的贡献也就非零. 即使如此, 需要强调的是, 量子 Markov 主方程只在 $\alpha \to 0$, $t \to \infty$ 并且 $\alpha^2 t$ 为有限的弱耦合极限下才严格成立. 根据第 2 章附录 C 的讨论, 我们不难看出 η 的出现不会破坏这个取极限的过程. 因此, 在弱耦合极限的意义下, 式 (3.38) 右边所有积分项的时间 t 可以替换成正无穷大. 注意, 此时的旋波近似也同时严格地成立. 对于真实有限的物理参数 α, Markov 近似被认为是为了得到一个简单方程而引入的猜测. 采用上述两个近似, 引入两点时间关联函数的双边 Fourier 变换, 见附录 A, 做一些简单的符号操作后, 我们得到了恒定量子开系统的热特征算符所满足的方程:

$$\partial_t \widetilde{\rho}_A(t,\eta) = - i[H_{LS}, \widetilde{\rho}_A(t,\eta)]$$
$$+ \sum_{\omega,a,b} r_{ab}(\omega) \Big[e^{i\eta\omega} A_b(\omega) \widetilde{\rho}_A(t,\eta) A_a^\dagger(\omega)$$
$$- \frac{1}{2} \Big\{ A_a^\dagger(\omega) A_b(\omega), \widetilde{\rho}_A(t,\eta) \Big\} \Big]. \quad (3.39)$$

除了出现一个额外的相因子 $\exp(i\eta\omega)$ 外, 上式和量子开系统密度算符满足的式 (2.41) 相同. 最后, 式 (3.39) 是在相互作用图像下的结果. 利用式 (2.43) 和式 (2.44), 我们把它转回到 Schrödinger 图像, 就得到和式 (2.45) 类似的结果, 不同之处在于那里密度算符 $\rho_A(t)$ 换成了 $\hat{\rho}_A(t)$, 而且方括号中的第一项多出了一个相因子.

3.2.2　时变开系统

当量子开系统随时间变化时, 式 (3.36) 仍然成立. 因此, 和恒定开系统的情况类似, 为了得到时变开系统的热特征算符的演化方程, 我们也是代入相互作用图像算符的谱展开, 做旋波和 Markov 近似. 整个讨论过程和第 2 章推导含时量子开系统的 Markov 主方程完全相同. 首先是弱驱动开系统, 即式 (2.54). 式 (2.55) 表明, A_a 的相互作用图像算符近似等于对自由 Hamilton 算符 H_A 的相互作用图像算符再加上弱驱动的一阶修正. 代入式 (3.36), 保留到 α^2 阶, 再次重复弱耦合极限的论证, 我们重新得到式 (3.39). 和恒定开系统的情况稍微不同, 当把这个结果返回到 Schrödinger 图像时, 弱驱动项 $\gamma H_1(\lambda_t)$ 重新出现. 为了和式 (3.1) 保持一致, 这里已经设定 H_1 通过外参数 λ 实现对时间的依赖. 其次是周期驱动开系统. 此时 A_a 的相互作用图像算符由式 (2.66) ~ 式 (2.70) 给出. 重复前面提到的两个近似方案以及弱耦合极限的论证, 我们得到周期驱动开系统的热特征算符的方程. 这个方程和周期驱动的量子主方程 (2.73) 的结构几乎一致; 需要修改的就是在后一个式子右边括号中的第一项添上 $\exp(\mathrm{i}\eta\omega)$, 密度算符 $\rho_A(t)$ 替换成 $\hat{\rho}_A(t)$. 针对特定的二能级周期驱动开系统, Gasparinetti 等 [9] 得到过一个热特征算符的演化方程. 和我们的抽象算符表述不同, 他们的结果写在具体的 Floquet 基表象中[①]. 最后一类是慢驱动开系统. 此时 A_a 的相互作用图像算符由式 (2.82) ~ 式 (2.86) 和式 (2.91) 给出, 最后一个式子在绝热极限下有精确的含义. 将它们代入式 (3.36), 重复推导量子主方程的类似过程, 在先取绝热极限再取弱耦合极限的顺序下, 我们得到一个慢驱动开系统的热特征算符演化方程. 它相当于在式 (2.95) 右边的第一个算符 $A_{b,mn}(t)$ 前面加上一个相位因子 $\exp[\mathrm{i}\eta\omega_{mn}(t)]$, 同时把那里的密度算符替换成 $\hat{\rho}_A(t)$.

上述讨论表明, 我们关注的四类量子开系统的热特征算符演化方程具有一个统一的形式:

$$\partial_t \hat{\rho}_A(t,\eta) = -\,\mathrm{i}[H_A(\lambda_t) + H_{\mathrm{LS}}(t), \hat{\rho}_A(t,\eta)]$$

---

① Gasparinetti 等把 Esposito 等 [2] 的结果推广到了周期驱动的情况. 但和我们基于量子 Feynman-Kac 公式的做法不同, 他们的推导都从一个广义 Liouville 方程出发, 在那里出现了修正的 Hamilton 算符 (modified Hamilton), 这个做法和完全计数统计理论类似 (full-counting statistics theory of charge transport)[10], 也见文献 [11].

$$
+ \sum_{\omega_t, a, b} r_{ab}(\omega_t) \Bigg[e^{i\eta\omega_t} A_b(\omega_t, t) \hat{\rho}_A(t, \eta) A_a^\dagger(\omega_t, t)
$$

$$
- \frac{1}{2} \left\{ A_a^\dagger(\omega_t, t) A_b(\omega_t, t), \hat{\rho}_A(t, \eta) \right\} \Bigg]
$$

$$
\equiv \check{\mathcal{L}}(t, \eta)[\hat{\rho}_A(t, \eta)]. \tag{3.40}
$$

引入时间编序算符, 式 (3.40) 的形式解为

$$
\hat{\rho}_A(t, \eta) = T_- e^{\int_0^t ds \check{\mathcal{L}}(s, \eta)} [\rho_A(0)], \tag{3.41}
$$

因此量子开系统的热特征函数为

$$
\Phi_h(\eta) = \mathrm{Tr}_A[\hat{\rho}_A(t_f, \eta)]. \tag{3.42}
$$

如果 η 等于零, 式 (3.40) 退化到式 (2.101). 根据热特征算符定义式 (3.23), 这是必然的结果.

3.3 功特征算符

在开系统热特征算符满足的方程的基础上, 我们有两条得到开系统量子功特征函数式 (3.15) 的途径. 第一条是定义式 (3.15) 求迹内的整项为量子功特征算符 $K(t, \eta)$, 重新写下来就是

$$
K(t, \eta) = e^{i\eta H_A(\lambda_t)} \left[e^{i\eta H_B} U(t) e^{-i\eta H_B} \left(e^{-i\eta H_A(\lambda_0)} \rho_0 \right) \otimes \rho_B U^\dagger(t) \right], \tag{3.43}
$$

这里我们特地加上了一对方括号. 除了开系统的初始密度算符被换成了 $\exp[-i\eta H_A(\lambda_0)]\rho_0$, 方括号内的整项和热特征算符式 (3.23) 完全一致. 在第 1 章考察量子闭系统的功特征算符时也遇见过类似的结构, 见式 (1.52). 这就解释了为什么即使闭系统没有热的概念, 当时我们仍然称 $\hat{\rho}(t, \eta)$ 为热特征算符的原因. 这个观察意味着按照以下两个步骤就能得到开系统量子功的特征函数: 首先求解在新初始条件下的式 (3.40), 然后以得到的解乘以带参数 $i\eta$ 的指数 Hamilton 算符再求迹, 用超算符式 (3.41) 表示如下:

$$
\Phi_w(\eta) = \mathrm{Tr}_A \left[e^{i\eta H_A(\lambda_{t_f})} T_- e^{\int_0^{t_f} ds \check{\mathcal{L}}(s, \eta)} \left(e^{-i\eta H_A(\lambda_0)} \rho_0 \right) \right]. \tag{3.44}
$$

Silaev 等 [12] 曾经用这个方法研究了弱驱动二能级开系统的量子功分布. 第二条途径是找到一个开系统量子功特征算符的演化方程. 它应该和热特征算符的

式 (3.40) 一样, 与开系统的自由度有关, 环境仅以某种影响出现, 求解演化方程后再对其求开系统的迹得到量子功的特征函数. 因为我们已经有了热特征算符的演化方程, 很容易得到这样的功特征算符及其满足的方程: 把式 (3.44) 求迹中的整项定义为量子开系统的功特征算符 $K_A(t_f, \eta)$, 用任意时间 t 替换 t_f, 对它求 t 的偏导数, 利用式 (3.40) 我们有

$$\partial_t K_A(t, \eta) = e^{i\eta H_A(\lambda_t)} \check{\mathcal{L}}(\eta, t) \left[e^{-i\eta H_A(\lambda_t)} K_A(t, \eta) \right]$$
$$+ \partial_t \left[e^{i\eta H_A(\lambda_t)} \right] e^{-i\eta H_A(\lambda_t)} K_A(t, \eta). \tag{3.45}$$

需要强调, $K_A(t, \eta)$ 的初始条件是第一次能量投影测量后开系统的密度算符 ρ_0. 解出上式后, 量子功特征函数

$$\Phi_w(\eta) = \text{Tr}_A [K_A(t_f, \eta)]. \tag{3.46}$$

从单纯计算的角度看, 利用式 (3.44) 求解 $\Phi_w(\eta)$ 会容易很多, 因为这里面不需要计算随时间变化的指数哈密顿算符. 的确, 在第 1 章考察量子活塞的量子功分布时已经给过这样的启示. 即使如此, 因为式 (3.45) 继承了闭系统的量子 Feynman-Kac 公式 (1.47), 在形式操作上这个方程具有一定的吸引力.

在定义量子开系统的功时, 我们曾经提到, 如果开系统的 Hamilton 算符由自由 Hamilton 算符和驱动项组成, 如式 (3.17) 那样, 和开系统发生热交换的是环境 1, 我们能够定义针对自由开系统所做的量子部分功. 基于特征函数式 (3.20), 我们能定义它的特征算符为

$$K_0(t, \eta) = e^{i\eta H_A} \left[e^{i\eta H_B} U(t) e^{-i\eta H_B} \left(e^{-i\eta H_A} \rho_0 \right) \otimes \rho_B U^\dagger(t) \right]. \tag{3.47}$$

和开系统量子全功的讨论类似, 通过求解具有一个新的初始条件为 $\exp(-i\eta H_A)\rho_0$ 的式 (3.40), 再对自由开系统求迹, 就得到开系统量子部分功的特征函数. 这个计算过程可形式地表示为

$$\Phi_{w_0}(\eta) = \text{Tr}_A \left[e^{i\eta H_A} T_- e^{\int_0^{t_f} ds \check{\mathcal{L}}(s, \eta)} \left(e^{-i\eta H_A} \rho_0 \right) \right]. \tag{3.48}$$

同样地, 令上式求迹内部的整项为自由开系统量子部分功的特征算符, 以符号 $K_A^0(t, \eta)$ 表示, 则它满足演化方程

$$\partial_t K_A^0(t, \eta) = e^{i\eta H_A} \check{\mathcal{L}}(\eta, t) \left[e^{-i\eta H_A} K_A^0(t, \eta) \right], \tag{3.49}$$

初始条件等于 ρ_0. 如果求得上式的解, 自由开系统量子部分功的特征函数按以下方式直接计算:

$$\Phi_{w_0}(\eta) = \mathrm{Tr}_A[K_A^0(t_f, \eta)]. \tag{3.50}$$

对比于关于量子开系统量子全功的式 (3.43) ~ 式 (3.46), 我们看到关于量子部分功的式 (3.47) ~ 式 (3.50) 相当于把前面公式中 H_A 后面的 λ_t 全部舍弃而来. 需要说明的是, 如果和自由开系统有热交换的是环境 2, 虽然 (3.47) ~ 式 (3.50) 和自由开系统的量子部分功没有关系, 但是它们仍然能用于计算自由开系统——环境 2 整体作为闭系统的量子部分功.

之所以能快速得到式 (3.45) 和式 (3.49), 是因为我们预先有了量子开系统热特征算符满足的方程. 那么能否应用推导量子 Markov 主方程的思想直接得到这些公式呢? 这是一个很自然的提问. 一方面, 从定义的角度看热和功是平等的; 另一方面, 我们知道量子闭系统量子功的特征算符满足一个量子 Feynman-Kac 公式 (1.47). 从它出发, 利用投影算符技术约去环境的自由度而只保留环境的影响应该能重新得到式 (3.45). 为此, 我们首先写出式 (3.43) 的演化方程:

$$\begin{aligned}
\partial_t K(t, \eta) = &- \mathrm{i}[H(t), K(t, \eta)] \\
&- \mathrm{i}\left[\mathrm{e}^{\mathrm{i}\eta[H_A(\lambda_t)+H_B]}, V\right] \mathrm{e}^{-\mathrm{i}\eta[H_A(\lambda_t)+H_B]} K(t, \eta) \\
&+ \partial_t\left[\mathrm{e}^{\mathrm{i}\eta H_A(\lambda_t)}\right] \mathrm{e}^{-\mathrm{i}\eta H_A(\lambda_t)} K(t, \eta).
\end{aligned} \tag{3.51}$$

因为量子开系统的功定义式 (3.10) 忽略了开系统和环境的相互作用项 V, 上式和闭系统式 (1.47) 并非完全相同[①]. 将式 (3.51) 转动到自由 Hamilton 算符 $H_A(\lambda_t)+H_B$ 的相互作用图像中:

$$\partial_t \widetilde{K}(t, \eta) = \widetilde{\mathcal{V}}(t)\widetilde{K}(t, \eta) + \widetilde{\mathcal{L}}_w(t)\widetilde{K}(t, \eta) + \widetilde{\mathcal{W}}_A(t)\widetilde{K}(t, \eta), \tag{3.52}$$

其中

$$\widetilde{\mathcal{L}}_w(t) \equiv - \mathrm{i}\left[\mathrm{e}^{\mathrm{i}\eta[\widetilde{H}_A(\lambda_t)+H_B]}, \widetilde{V}(t)\right] \mathrm{e}^{-\mathrm{i}\eta[\widetilde{H}_A(\lambda_t)+H_B]}, \tag{3.53}$$

$$\widetilde{\mathcal{W}}_A(t) \equiv \partial_t\left[\mathrm{e}^{\mathrm{i}\eta \widetilde{H}_A(\lambda_t)}\right] \mathrm{e}^{-\mathrm{i}\eta \widetilde{H}_A(\lambda_t)}. \tag{3.54}$$

---

① 形式上它是量子 Feynman-Kac 公式 (1.47) 和 (1.95) 的一个组合.

容易证明,

$$\mathcal{P}\widetilde{\mathcal{L}}_w(t)\mathcal{P} = 0, \tag{3.55}$$

$$\mathcal{P}\widetilde{\mathcal{W}}_A(t) = \widetilde{\mathcal{W}}_A(t)\mathcal{P}. \tag{3.56}$$

对式 (3.52) 做投影算符 $\mathcal{P}$ 和 $\mathcal{Q}$ 的操作, 我们得到两个方程:

$$\partial_t \mathcal{P}\widetilde{K}(t,\eta) = \mathcal{P}\left(\widetilde{\mathcal{V}} + \widetilde{\mathcal{L}}_w\right)(t)\mathcal{Q}\widetilde{K}(t,\eta) + \widetilde{\mathcal{W}}_A(t)\mathcal{P}\widetilde{K}(t,\eta), \tag{3.57}$$

$$\partial_t \mathcal{Q}\widetilde{K}(t,\eta) = \left[\mathcal{Q}\left(\widetilde{\mathcal{V}} + \widetilde{\mathcal{L}}_w\right)(t) + \widetilde{\mathcal{W}}_A(t)\right]\mathcal{Q}\widetilde{K}(t,\eta)$$

$$+ \mathcal{Q}\left(\widetilde{\mathcal{V}} + \widetilde{\mathcal{L}}_w\right)(t)\mathcal{P}\widetilde{K}(t,\eta). \tag{3.58}$$

因为 $\mathcal{Q}\widetilde{K}(0,\eta) = 0$, 我们写出第二式的形式解:

$$\mathcal{Q}\widetilde{K}(t,\eta) = \int_0^t \mathrm{d}s\, \mathcal{G}_w(t,s)\mathcal{Q}\left(\widetilde{\mathcal{V}} + \widetilde{\mathcal{L}}_w\right)(s)\mathcal{P}\widetilde{K}(s,\eta), \tag{3.59}$$

这里的超算符

$$\mathcal{G}_w(t,s) = T_- \mathrm{e}^{\int_s^t \mathrm{d}u[\mathcal{Q}(\widetilde{\mathcal{V}} + \widetilde{\mathcal{L}}_w)(u) + \widetilde{\mathcal{W}}_A(u)]}. \tag{3.60}$$

将这个结果代入式 (3.57), 我们有

$$\partial_t \mathcal{P}\widetilde{K}(t,\eta) - \widetilde{\mathcal{W}}_A(t)\mathcal{P}\widetilde{K}(t,\eta)$$

$$= \int_0^t \mathrm{d}s\, \mathcal{P}\left(\widetilde{\mathcal{V}} + \widetilde{\mathcal{L}}_w\right)(t)\mathcal{G}_w(t,s)\mathcal{Q}\left(\widetilde{\mathcal{V}} + \widetilde{\mathcal{L}}_w\right)(s)\mathcal{P}\widetilde{\mathcal{U}}_w^{-1}(s,t)\widetilde{K}(t,\eta). \tag{3.61}$$

为了讨论的方便, 我们已经把式 (3.57) 右边的第二项移到了左边. 另外, 引入超算符 $\widetilde{\mathcal{U}}_w^{-1}(s,t)$ 的目的是将满足式 (3.52) 的两个不同时刻的 $\widetilde{K}$ 算符联系在一起, 它的形式和式 (3.32) 中 $\widetilde{\mathcal{U}}_h^{-1}(s,t)$ 几乎相同, 把后者中的 $\widetilde{\mathcal{L}}_h$ 替换成 $(\widetilde{\mathcal{L}}_w + \widetilde{\mathcal{W}}_A)$ 就能得到前者. 考虑到式 (3.52) 和式 (3.26) 的结构一致性, 这是可以预期的. 引入相互作用算符 V 的微扰参数 α, 展开式 (3.61) 的右边到 α^2 阶, 我们有

$$\alpha^2 \int_0^t \mathrm{d}s\, \mathcal{P}\left(\widetilde{\mathcal{V}} + \widetilde{\mathcal{L}}_w\right)(t) T_- \mathrm{e}^{\int_{t-s}^t \mathrm{d}u \widetilde{\mathcal{W}}_A(u)}\left(\widetilde{\mathcal{V}} + \widetilde{\mathcal{L}}_w\right)(t-s)$$

$$T_+ \mathrm{e}^{-\int_{t-s}^t \mathrm{d}u \widetilde{\mathcal{W}}_A(u)}\mathcal{P}\widetilde{K}(t,\eta). \tag{3.62}$$

在推导的过程中我们用到了两个近似:

$$\mathcal{G}_w(t,s) = T_- \mathrm{e}^{\int_s^t \mathrm{d}u \widetilde{\mathcal{W}}_A(u)} + o(\alpha^0), \tag{3.63}$$

$$\widetilde{\mathcal{U}}_w^{-1}(s,t) = T_+ \mathrm{e}^{-\int_s^t \mathrm{d}u \widetilde{\mathcal{W}}_A(u)} + o(\alpha^0). \tag{3.64}$$

将式 (3.62) 代回到式 (3.61), 明显写出投影算符 $\mathcal{P}$, 超算符 $\widetilde{\mathcal{L}}_w$ 和 $\widetilde{\mathcal{V}}$, 做一些简单的符号操作, 我们得到

$$\partial_t \widetilde{K}_A(t,\eta) - \widetilde{\mathcal{W}}_A(t)\widetilde{K}_A(t,\eta)$$

$$= \alpha^2 \sum_{a,b} \int_0^t \mathrm{d}s T_- \mathrm{e}^{\int_{t-s}^t \mathrm{d}u \widetilde{\mathcal{W}}_A(u)} \mathrm{e}^{\mathrm{i}\eta \widetilde{H}_A(\lambda_{t-s})} \widetilde{A}_b(t-s) \mathrm{e}^{-\mathrm{i}\eta \widetilde{H}_A(\lambda_{t-s})}$$

$$T_+ \mathrm{e}^{-\int_{t-s}^t \mathrm{d}u \widetilde{W}_A(u)} \widetilde{K}_A(t,\eta) \widetilde{A}_a^\dagger(t) \mathrm{Tr}_B[\widetilde{B}_a(s-\eta)B_b\rho_B]$$

$$- \alpha^2 \sum_{a,b} \int_0^t \mathrm{d}s \mathrm{e}^{\mathrm{i}\eta \widetilde{H}_A(\lambda_t)} \widetilde{A}_a^\dagger(t) \mathrm{e}^{-\mathrm{i}\eta \widetilde{H}_A(\lambda_t)} T_- \mathrm{e}^{\int_{t-s}^t \mathrm{d}u \widetilde{\mathcal{W}}_A(u)} \mathrm{e}^{\mathrm{i}\eta \widetilde{H}_A(\lambda_{t-s})}$$

$$\widetilde{A}_b(t-s) \mathrm{e}^{-\mathrm{i}\eta \widetilde{H}_A(\lambda_{t-s})} T_+ \mathrm{e}^{-\int_{t-s}^t \mathrm{d}u \widetilde{\mathcal{W}}_A(u)} \widetilde{K}_A(t,\eta) \mathrm{Tr}_B[\widetilde{B}_a(s)B_b\rho_B]$$

$$+ \alpha^2 \sum_{a,b} \int_0^t \mathrm{d}s \mathrm{e}^{\mathrm{i}\eta \widetilde{H}_A(\lambda_t)} \widetilde{A}_a^\dagger(t) \mathrm{e}^{-\mathrm{i}\eta \widetilde{H}_A(\lambda_t)} \widetilde{K}_A(t,\eta) \widetilde{A}_b(t-s) \mathrm{Tr}_B[\widetilde{B}_b(-s-\eta)B_a\rho_B]$$

$$- \alpha^2 \sum_{a,b} \int_0^t \mathrm{d}s \widetilde{K}_A(t,\eta) \widetilde{A}_b(t-s) \widetilde{A}_a^\dagger(t) \mathrm{Tr}_B[\widetilde{B}_b(-s)B_a\rho_B], \tag{3.65}$$

其中, $\widetilde{K}_A(t,\eta)$ 是算符 $K_A(t,\eta)$ 对 Hamilton 算符 $H_A(\lambda_t)$ 的相互作用图像算符. 这个结果看起来非常繁杂. 然而, 在第 1.3 节, 我们曾经得到过式 (1.55) 和式 (1.58), 把它们重新写出就是

$$T_- \mathrm{e}^{\int_{t'}^t \mathrm{d}u \widetilde{\mathcal{W}}_A(u)} = \mathrm{e}^{\mathrm{i}\eta \widetilde{H}_A(\lambda_t)} \mathrm{e}^{-\mathrm{i}\eta \widetilde{H}_A(\lambda_{t'})}, \tag{3.66}$$

$$T_+ \mathrm{e}^{-\int_{t'}^t \mathrm{d}u \widetilde{\mathcal{W}}_A(u)} = \mathrm{e}^{\mathrm{i}\eta \widetilde{H}_A(\lambda_{t'})} \mathrm{e}^{-\mathrm{i}\eta \widetilde{H}_A(\lambda_t)}. \tag{3.67}$$

把它们代入式 (3.65), 则后者的右边有了相当大的简化:

$$\mathrm{e}^{\mathrm{i}\eta \widetilde{H}_A(\lambda_t)} \left\{ \alpha^2 \sum_{a,b} \int_0^t \mathrm{d}s \widetilde{A}_b(t-s) \mathrm{e}^{-\mathrm{i}\eta \widetilde{H}_A(\lambda_t)} \widetilde{K}_A(t,\eta) \widetilde{A}_a^\dagger(t) \mathrm{Tr}_B[\widetilde{B}_a(s-\eta)B_b\rho_B] \right.$$

$$- \alpha^2 \sum_{a,b} \int_0^t \mathrm{d}s \widetilde{A}_a^\dagger(t) \widetilde{A}_b(t-s) \mathrm{e}^{-\mathrm{i}\eta \widetilde{H}_A(\lambda_t)} \widetilde{K}_A(t,\eta) \mathrm{Tr}_B[\widetilde{B}_a(s)B_b\rho_B]$$

$$+ \alpha^2 \sum_{a,b} \int_0^t \mathrm{d}s \widetilde{A}_a^\dagger(t) \mathrm{e}^{-\mathrm{i}\eta \widetilde{H}_A(\lambda_t)} \widetilde{K}_A(t,\eta) \widetilde{A}_b(t-s) \mathrm{Tr}_B[\widetilde{B}_b(-s-\eta)B_a\rho_B]$$

$$\left. - \alpha^2 \sum_{a,b} \int_0^t \mathrm{d}s \mathrm{e}^{-\mathrm{i}\eta \widetilde{H}_A(\lambda_t)} \widetilde{K}_A(t,\eta) \widetilde{A}_b(t-s) \widetilde{A}_a^\dagger(t) \mathrm{Tr}_B[\widetilde{B}_b(-s)B_a\rho_B] \right\}. \tag{3.68}$$

我们立刻看到, 如果把关于热特征算符的式 (3.36) 右边的 $\widetilde{\rho}_A(t)$ 替换成

$$\mathrm{e}^{-\mathrm{i}\eta \widetilde{H}_A(\lambda_t)} \widetilde{K}_A(t,\eta), \tag{3.69}$$

再对整个右边乘以一个指数 Hamilton 算符 $\exp[i\eta\widetilde{H}_A(\lambda_t)]$ 恰好是式 (3.68). 这个观察表明, 对四类量子开系统, 从式 (3.68) 出发, 通过和推导量子 Markov 主方程相同的过程, 我们将得到统一的式 (3.45). 重复相同的论证, 我们也能重新得到自由开系统量子部分功特征算符的演化方程式 (3.49), 这里不再展示推导过程.

3.3.1　两个特例

对两类量子开系统, 式 (3.45) 和式 (3.49) 有了进一步简化. 第一类是慢驱动开系统. 根据式 (2.87), 我们有

$$e^{-i\eta H_A(\lambda_t)} A^\dagger_{a,mn}(t) e^{i\eta H_A(\lambda_t)} = A^\dagger_{a,mn}(t) e^{-i\eta\omega_{mn}(t)}. \tag{3.70}$$

代入式 (3.45), 我们发现紧跟超算符 $\mathcal{L}(t,\eta)$ 之后的指数 Hamilton 算符能够被移到超算符前面而和另一个指数 Hamilton 算符相消, 同时相因子 $\exp(i\eta\omega_{mn})$ 不再出现, 因此慢驱动开系统的量子功特征算符满足的方程化简为

$$\partial_t K_A = \mathcal{L}(t)[K_A] + \partial_t \left[e^{i\eta H_A(\lambda_t)}\right] e^{-i\eta H_A(\lambda_t)} K_A. \tag{3.71}$$

上式和闭系统全功的量子 Feynman-Kac 公式 (1.47) 在结构上完全一致, 只是后者的超算符 $\mathcal{L}(t)$ 没有耗散项. 另一类是弱驱动量子开系统. 根据这类主方程的结构, 它可以认为是由自由开系统 H_A 主导的量子主方程简单地加上弱驱动相干项组合而成. 因为驱动项不直接参与耗散, 这类开系统就是图 3.1 中展示的量子开系统—环境 1 的情况. 如果我们感兴趣的是开系统的量子部分功, 因为相互作用算符 A_a 的谱分量是自由 Hamilton 算符 H_A 的能量本征算符, 见式 (2.34), 我们消去式 (3.49) 中两个 H_A 的指数算符以及相因子 $\exp(i\eta\omega)$, 进而得到一个更清晰的形式,

$$\partial_t K^0_A = \mathcal{L}(t)[K^0_A] - i[e^{i\eta H_0}, \gamma H_1(\lambda_t)]e^{-i\eta H_0} K^0_A. \tag{3.72}$$

从结构上看, 该式和闭系统部分功的量子 Feynman-Kac 公式 (1.95) 完全一致. 我们最先得到的是式 (3.71) 和式 (3.72) 向后时间 (backward time) 版本的演化方程 [3,4], 它们之间的联系见附录 D.

3.4　随机热和功的矩

在早期量子热力学里曾经定义过量子开系统系综平均的热和功, 把它们与这里的随机热和功的平均值做一个比较是一个很有意思的问题. 根据特征函数

式 (3.8) 和式 (3.15), 对它们求参数 $\mathrm{i}\eta$ 的导数并令其为零就能得到这两个随机热力学量的平均值. 比如, 开系统释放到环境中的随机热的平均值

$$\langle Q \rangle = -\mathrm{i}\left. \frac{\mathrm{d}\Phi_h(\eta)}{\mathrm{d}\eta}\right|_{\eta=0}. \tag{3.73}$$

除此以外, 我们也可以通过对这些特征函数在 $\eta = 0$ 处做 Taylor 级数展开的方法得到平均值. 还是以热为例, 我们先把式 (3.40) 写成

$$\begin{aligned}
\partial_t \hat{\rho}_A(t,\eta) =& \mathcal{L}(t)[\hat{\rho}_A(t,\eta)] \\
&+ \sum_{\omega_t,a,b} \left(\mathrm{e}^{\mathrm{i}\eta\omega_t} - 1\right) r_{ab}(\omega_t) A_b(\omega_t,t)\hat{\rho}_A(t,\eta) A_a^\dagger(\omega_t,t) \\
\equiv& \mathcal{L}(t)[\hat{\rho}_A(t,\eta)] + \mathcal{Q}_\eta(t)\hat{\rho}_A(t,\eta).
\end{aligned} \tag{3.74}$$

在第二个等式中, 新引入的超算符 $\mathcal{Q}_\eta$ 对参数 η 展开的最低阶显然是它的一阶. 利用式 (2.103) 定义的超传播子 $G(t,s)$, 上式有一个形式的积分表示:

$$\begin{aligned}
\hat{\rho}_A(t,\eta) =& G(t,0)\rho_A(0) + \int_0^t \mathrm{d}s G(t,s)\mathcal{Q}_\eta(s)\hat{\rho}_A(s,\eta) \\
=& G(t,0)\rho_A(0) + \int_0^t \mathrm{d}s G(t,s)\mathcal{Q}_\eta(s)G(s,0)\rho_A(0) \\
&+ \int_0^t \mathrm{d}s \int_0^s \mathrm{d}u G(t,s)\mathcal{Q}_\eta(s)G(s,u)\mathcal{Q}_\eta(u)\hat{\rho}_A(u,\eta).
\end{aligned} \tag{3.75}$$

上式右边的第一项正是 t 时刻量子开系统的密度算符 $\rho_A(t)$, 见式 (2.104). 为了符号的简单, 在这里我们没有像之前那样在超算符 $G(t,s)$ 后面加上括号以表示其作用的范围. 将式 (3.75) 代入式 (3.42), 收集所有 η^1 的系数就得了随机热的平均值:

$$\begin{aligned}
\langle Q \rangle =& \int_0^{t_f} \mathrm{d}s \sum_{\omega_s,a,b} \omega_s r_{ab}(\omega_s)\mathrm{Tr}_A\left[G(t,s)\left(A_b(\omega_s,s)\rho_A(s)A_a^\dagger(\omega_s,s)\right)\right] \\
=& \int_0^{t_f} \mathrm{d}s \sum_{\omega_s,a,b} \omega_s r_{ab}(\omega_s)\mathrm{Tr}_A[A_b(\omega_s,s)\rho_A(s)A_a^\dagger(\omega_s,s)] \\
=& \int_0^t \mathrm{d}s \sum_{\omega_s,a,b} \omega_s r_{ab}(\omega_s)\left\langle A_b(\omega_s,s)A_a^\dagger(\omega_s,s)\right\rangle.
\end{aligned} \tag{3.76}$$

为了写出第二个等式, 我们用到了如下变换:

$$\mathrm{Tr}_A\left[O_1 T_- \mathrm{e}^{\int_0^t \mathrm{d}s \mathcal{L}(s)}(O_2)\right] = \mathrm{Tr}_A\left[T_+ \mathrm{e}^{\int_0^t \mathrm{d}s \mathcal{L}^*(s)}(O_1)O_2\right], \tag{3.77}$$

其中, O_i $(i = 1, 2)$ 是任意两个算符, $\mathcal{L}^*(t)$ 称为 $\mathcal{L}(t)$ 的对偶 (dual):

$$
\begin{aligned}
\mathcal{L}^*(s)(O) =& \mathrm{i}[H_A(\lambda_t) + H_{LS}(t), O] \\
& + \sum_{\omega_t, a, b} r_{ab}(\omega_t) \left[A_a^\dagger(\omega_t, t) O A_b(\omega_t, t) \right. \\
& \left. - \frac{1}{2} \left\{ A_a^\dagger(\omega_t, t) A_b(\omega_t, t), O \right\} \right] \\
\equiv& \mathrm{i}[H_A(\lambda_t) + H_{LS}(t), O] + D^*(s)(O).
\end{aligned}
\tag{3.78}
$$

超算符 $\mathcal{L}^*(t)$ 有一个平凡的性质,

$$
\mathcal{L}^*(t)(I_A) = 0.
\tag{3.79}
$$

式 (3.76) 最后一个等式是多点时间关联函数的一个简写, 说明见附录 B.

对式 (3.44) 和式 (3.48) 做相同的论证, 分别得到了开系统随机的量子全功和部分功的平均值:

$$
\langle W \rangle = \mathrm{Tr}_A[H_A(\lambda_{t_f})\rho_A(t_f)] - \mathrm{Tr}_A[H_A(\lambda_0)\rho_0] + \langle Q \rangle,
\tag{3.80}
$$

$$
\langle W_0 \rangle = \mathrm{Tr}_A[H_A\rho_A(t_f)] - \mathrm{Tr}_A[H_A\rho_0] + \langle Q \rangle.
\tag{3.81}
$$

因为这两个式子右边的前两项表示非平衡过程结束前后量子开系统平均能量的增加, 所以它们都是量子 Markov 主方程的热力学第一定律. 上下两式的差异是因为开系统的不同选择而引起. 值得注意的是, 它们热的部分完全一致. 再次强调, 式 (3.81) 能被称为开系统量子部分功的平均值只有在弱驱动的情况下有意义.

对慢驱动量子开系统, 1979 年波兰学者 Alicki[13] 提出量子开系统平均能量的增加由两部分组成,

$$
\begin{aligned}
& \mathrm{Tr}_A[H_A(\lambda_{t_f})\rho_A(t_f)] - \mathrm{Tr}_A[H_A(\lambda_0)\rho_A(0)] \\
& = \int_0^{t_f} \mathrm{d}s \mathrm{Tr}_A[\partial_s H(\lambda_s)\rho(s)] + \int_0^{t_f} \mathrm{d}s \mathrm{Tr}_A[H_A(\lambda_s)\partial_s\rho_A(s)].
\end{aligned}
\tag{3.82}
$$

因为它是对开系统平均能量时间求导再做时间积分而来, 所以只要有开系统的量子主方程, 在数学的意义上式 (3.82) 总会成立, 而和开系统是否是慢驱动无关. Pusz 和 Woronowicz[14] 曾经把式 (3.82) 右边的第一项解释为外界对开系统做的功①. 因此, Alicki 建议该式右边的第二项是开系统从环境中吸收的热. 在此基

----

① 也就是量子闭系统传统的功定义, 见式 (1.2).

础上, 他证明和高低温热源接触的量子开系统在慢驱动的作用下满足 Carnot 定理. 之后基于式 (3.82) 定义的功和热被广泛地应用于量子热机和制冷机的理论研究 [15]. 从形式上看, 我们得到的平均热式 (3.76) 和式 (3.82) 很不相同. 然而, 只要把慢驱动量子 Markov 主方程代入 Alicki 的热定义中, 我们会发现

$$\int_0^{t_f} \mathrm{d}s \mathrm{Tr}[H_A(\lambda_s)\partial_s\rho_A(s)] = -\int_0^{t_f} \mathrm{d}s \sum_{a,b,m,n} \omega_{mn}(s) r_{ab}(\omega_{mn}(s))$$
$$\mathrm{Tr}_A[A_{b,mn}(s)\rho_A(s)A_{a,mn}^\dagger(s)], \tag{3.83}$$

这里用到了式 (2.87) 和式 (2.88). 因为上式右边的积分是式 (3.76) 在这类特定主方程中的表达式, 所以随机热的平均值确实和 Alicki 定义的热一致[①]. 对比式 (3.80) 和式 (3.82), 在慢驱动开系统中, 随机功的平均值也正好是 Pusz 和 Woronowicz 定义的功, 所以它有一个紧凑的积分形式. 即使如此, 必须强调这些结论仅适用于慢驱动开系统, 一般情况下它们并不适用于其他的量子开系统, 即

$$\langle Q \rangle \neq -\int_0^{t_f} \mathrm{d}s \mathrm{Tr}[H_A(\lambda_s)\partial_s\rho_A(s)], \tag{3.84}$$

$$\langle W \rangle \neq \int_0^{t_f} \mathrm{d}s \mathrm{Tr}[(\partial_s H_A(\lambda_s))\rho_A(s)]. \tag{3.85}$$

以弱驱动开系统为例, Alicki 定义的热和我们随机热的平均值式 (3.76) 有如下关系:

$$\int_0^{t_f} \mathrm{d}s \mathrm{Tr}[H_A(\lambda_s)\partial_s\rho_A(s)]$$
$$= -\langle Q \rangle + \gamma_1 \int_0^{t_f} \mathrm{d}s \mathrm{Tr}[D^*(H_1(\lambda_s))\rho_A(s)], \tag{3.86}$$

这里用到了式 (2.34). 该结论并不出人意料. 从数学的角度看, 式 (3.82) 右边的分解根本不唯一, 其中的两项同时加上和减去任何一个函数都能保持左边不变. 因此, 没有什么先验的理由相信它们恰好是物理的功及热. 以刚才提及的弱驱动开系统为例, 见图 3.1 中开系统—环境 1 情形, 因为驱动项和环境之间没有直接作用, 从物理直观上看, 式 (3.86) 左边的热定义包括了驱动项的直接贡献令人费解. 相比之下, 随机热是基于对环境的两次能量投影测量而来, 它具有唯一的形式, 因此由式 (3.80) 给出的随机功的平均值也具有唯一性. 可以说, 随机的量子功和热具有测量的物理基础.

---

① 右边负号的出现是因为式 (3.76) 表示量子开系统释放到环境中的随机热的平均值, 而左边是开系统从环境中吸收的热.

Boukobza 和 Tannor[16] 把 Alicki 的热和功的分解方案推广到了自由量子开系统. 以弱驱动开系统为例, 当非平衡过程结束后, 开系统自由 Hamilton 算符的平均值的增加总可以形式地分解成两项:

$$\mathrm{Tr}_A[H_A\rho_A(t_f)] - \mathrm{Tr}_A[H_A\rho_A(0)] = \int_0^{t_f} \mathrm{Tr}_A[H_A\partial_s\rho_A(s)]$$

$$= \int_0^{t_f} \mathrm{ds}\mathrm{Tr}_A\left[-\mathrm{i}[H_A, \gamma H_1(\lambda_s)]\rho_A(s)\right] + \int_0^{t_f} \mathrm{ds}\mathrm{Tr}_A[D^*(H_A)\rho_A(s)]. \qquad (3.87)$$

利用式 (2.34), 上式第二个等式的后一个积分等于

$$-\int_0^{t_f} \mathrm{ds} \sum_{\omega,a,b} \omega r_{ab}(\omega)\mathrm{Tr}_A[A_b(\omega)\rho_A(s)A_a^\dagger(\omega)]. \qquad (3.88)$$

它正好是弱驱动开系统释放随机热的平均值的负号, 见式 (3.76). 因此, 在这类量子主方程描述的开系统中, 量子部分功的随机平均值也有一个积分表示, 见式 (3.87) 第二个等式的第一项. 注意, 这些结论只适用于弱驱动量子开系统的情况. Boukobza 和 Tannor 认为式 (3.87) 也定义了其他量子主方程描述的自由开系统的功和热. 我们认为虽然该式在数学上是正确的, 但是因为这样定义的功和热既非唯一, 也缺少物理基础, 在面对一般情况时必须谨慎对待.

除了平均值外, 我们还能写出随机热和功的二阶矩. 前者

$$\langle Q^2 \rangle = \int_0^{t_f} \mathrm{ds} \sum_{\omega_s,a,b} (\omega_s)^2 r(\omega_s) \left\langle A_b(\omega_s, s)A_a^\dagger(\omega_s, s) \right\rangle$$

$$+ 2\int_0^{t_f} \mathrm{ds}_1 \int_0^{s_1} \mathrm{ds}_2 \sum_{\omega_{s_2},\omega_{s_1},a,b,a',b'} \omega_{s_2}\omega_{s_1} r(\omega_{s_2})r(\omega_{s_1})$$

$$\left\langle A_{b'}(\omega_{s_1}, s_1)A_b(\omega_{s_2}, s_2)A_a^\dagger(\omega_{s_2}, s_2)A_{a'}^\dagger(\omega_{s_1}, s_1) \right\rangle, \qquad (3.89)$$

而后者

$$\langle W^2 \rangle = \left\langle H_A(\lambda_{t_f})^2 \right\rangle + \left\langle H_A(\lambda_0)^2 \right\rangle - 2\left\langle H_A(\lambda_{t_f})H_A(\lambda_0) \right\rangle$$

$$+ 2\int_0^{t_f} \mathrm{ds} \sum_{\omega_s,a,b} \omega_s r_{ab}(\omega_s, s) \left\langle H_A(\lambda_{t_f})A_b(\omega_s)A_a^\dagger(\omega_s) \right\rangle$$

$$- 2\int_0^{t_f} \mathrm{ds} \sum_{\omega_s,a,b} \omega_s r_{ab}(\omega_s, s) \left\langle A_b(\omega_s)H_A(\lambda_0)A_a^\dagger(\omega_s) \right\rangle$$

$$+ \langle Q^2 \rangle, \qquad (3.90)$$

右边前两项分别是对 t_f 和 0 时刻开系统的密度算符求平均. 通过将上式中所有 $H_A(\lambda_t)$ $(t = 0, t_f)$ 替换成自由 Hamilton 算符 H_A 就得到了量子部分功的二阶矩. 量子功的二阶矩看起来过于复杂了. 我们刚讨论过对于慢驱动和弱驱动开系统, 量子功的平均值有着紧凑的积分表示, 那么它们的二阶矩是否也是如此呢? 答案是肯定的:

$$
\begin{aligned}
\langle W^2 \rangle = {} & 2\int_0^{t_f} \mathrm{d}s_1 \int_0^{s_1} \mathrm{d}s_2 \, \langle \partial_{s_1} H_A(\lambda_{s_1}) \partial_{s_2} H_A(\lambda_{s_2}) \rangle \\
& - \int_0^{t_f} \mathrm{d}s \, \langle [\partial_s H_A(\lambda_s), H_A(\lambda_s)] \rangle .
\end{aligned}
\tag{3.91}
$$

$$
\begin{aligned}
\langle W_0{}^2 \rangle = {} & 2\int_0^{t_f} \mathrm{d}s_1 \int_0^{s_1} \mathrm{d}s_2 \langle (\mathrm{i}[\gamma H_1(\lambda_{s_2}), H_A])(\mathrm{i}[\gamma H_1(\lambda_{s_1}), H_A]) \rangle \\
& - \int_0^{t_f} \mathrm{d}s \langle [\mathrm{i}[\gamma H_1(\lambda_{s_1}), H_A], H_A] \rangle .
\end{aligned}
\tag{3.92}
$$

因为式 (3.71) 和式 (3.72) 的结构与式 (3.74) 一致, 从它们出发得到上述式子要比从式 (3.90) 推导容易得多. 这是量子功特征算符的演化方程在形式推导方面应用的一个例子.

3.5　涨落定理

研究量子开系统随机热和功的一个重要理论动机是确认在此领域内一系列涨落定理是否成立. 在经典领域里, 根据定理是关于随机热力学量函数的平均值还是关于随机热力学量的概率分布, 将它们大致分成两类, 积分涨落定理 (integral fluctuation theorems) 和细致涨落定理 (detailed fluctuation theorems)[17−19]. 比如, 在第 1 章提及的 Jarzynski 等式和功特征函数等式属于前者, 而 Crooks 等式属于后者. 虽然基于细致涨落定理能够导出相应的积分涨落定理, 因为后者不直接涉及时间反演的概念, 它们的证明比前者更简单. 这里我们仅关注有限时间版本的涨落定理. 在第 6 章将会介绍一个在长时间极限下成立的渐进涨落定理.

3.5.1　积分涨落定理

有限时间的涨落定理隐含在式 (3.40) 一个几乎是平凡的数学性质中. 我们证

明该式的超算符 $\check{\mathcal{L}}(t,\eta)$ 的复延拓, $\eta \to i\beta$, 当它作用在单位算符上时严格等于零:

$$
\begin{aligned}
\check{\mathcal{L}}(t,i\beta)(I_A) &= \sum_{\omega_t,a,b} r_{ab}(\omega_t) e^{-\beta\omega_t} A_b(\omega_t,t) A_a^\dagger(\omega_t,t) \\
&\quad - \sum_{\omega_t,a,b} r_{ab}(\omega_t) A_a^\dagger(\omega_t,t) A_b(\omega_t,t) \\
&= \sum_{\omega_t,a,b} r_{ba}(-\omega_t) A_b(\omega_t,t) A_a^\dagger(\omega_t,t) \\
&\quad - \sum_{\omega_t,a,b} r_{ab}(\omega_t) A_a^\dagger(\omega_t,t) A_b(\omega_t,t) \\
&= \sum_{\omega_t,a,b} r_{ab}(\omega_t) A_a^\dagger(\omega_t,t) A_b(\omega_t,t) \\
&\quad - \sum_{\omega_t,a,b} r_{ab}(\omega_t) A_a^\dagger(\omega_t,t) A_b(\omega_t,t) \\
&= 0,
\end{aligned}
\tag{3.93}
$$

第二个等式应用了两点时间关联函数的 Fourier 变换满足频域的 KMS 条件式 (2.40), 第三个等式是因为正和负的 Bohr 频率总是成对出现, 相互作用算符的谱分量满足式 (2.102), 交换下标 a 和 b 求和不变等. 这个性质给出了积分涨落定理成立的数学原因. 我们首先看一个关于随机热式 (3.2) 的涨落定理. 根据式 (3.42) 以及特征函数与概率分布的关系, 立刻发现

$$
\langle e^{-\beta Q} \rangle = 1,
\tag{3.94}
$$

这个等式成立要求量子开系统在初始时刻的密度算符是完全随机算符 C (completely random operator). 以 D 维开系统为例, $C = I_A/D$.

式 (3.93) 还能解释量子开系统量子全功和部分功的两个定理. 根据式 (3.44), 如果开系统的初始条件 $\rho_A(0)$ 恰好是倒数温度等于 β 的热平衡态, 因为它和 $H_A(\lambda_0)$ 对易, 所以第一次能量投影测量后 ρ_0 就是开系统原来的热平衡态, 我们立刻得到

$$
\langle e^{-\beta W} \rangle = e^{-\beta \Delta F_A},
\tag{3.95}
$$

ΔF_A 是开系统瞬时 Hamilton 算符 $H_A(\lambda_t)$ 的自由能从过程的开始时刻到结束时刻的增加. 这个定理就是量子 Markov 主方程刻画的量子开系统的 Jarzynski 等式. 我们还能通过求复延拓 $\eta \to i\beta$ 后式 (3.45) 的解得到相同的结论: 在复延拓

后, 该方程有一个简单的算符解,

$$K_A(t, \mathrm{i}\beta) = \frac{\mathrm{e}^{-\beta H_A(\lambda_t)}}{Z_A(\lambda_0)}. \tag{3.96}$$

再根据式 (3.46) 求其对开系统的迹重新得到了量子 Jarzynski 等式. 重复相同的论证, 我们也能证明一个关于量子部分功的等式:

$$\langle \mathrm{e}^{-\beta W_0} \rangle = 1. \tag{3.97}$$

这就是量子 Markov 主方程的量子 Bochkov-Kuzovlev 等式.

　　量子 Markov 主方程描述的量子开系统仍然有量子功等式并不是很令人惊讶. 毕竟在这些开系统中, 我们定义的量子开系统的量子功总可以解释成是开系统和环境构成的复合闭体系的量子功, 然后令相互作用项趋于零极限的结果. 因为除了和外界以功的形式交换能量外, 整个体系闭合, 所以在取极限的过程中功等式总是成立. 即使如此, 因为在推导各类 Markov 量子主方程时用到了两个关键的近似, 包括旋波近似和 Markov 近似等, 在这些额外的近似下功等式还成立不再是那么显而易见. 从这个角度看, 在这些开系统中仍然有积分涨落定理还是有点令人出乎意料. 另外, 在经典领域里, 开系统 Jarzynski 等式的成立总和开系统存在瞬时热平衡态的解联系在一起, 也就是所谓的瞬时细致平衡条件 ①. 从物理上该条件等于说当时变外参数被 “冻结” 在某个瞬时值时, 经典开系统会自发地弛豫到由这个固定外参数指定的热平衡态. 如果把这个观察推广到量子开系统, 满足该条件的主方程只有慢驱动的情况, 此时的超算符

$$\mathcal{L}(t)[\rho_{\mathrm{eq}}(\lambda_t)] = 0, \tag{3.98}$$

它和瞬时细致平衡条件式 (2.99) 等价. 在此情况下量子 Jarzynski 等式的确成立. 然而, Jarzynski 等式 (3.95) 成立的范围超出了慢驱动的情况. 以周期驱动开系统为例, 它们的量子主方程通常不存在 $\rho_{\mathrm{eq}}(\lambda_t)$. 从式 (3.93) 的证明来看, 涨落定理成立的关键是 KMS 条件式 (2.40). 这是环境热平衡态具有稳定性质的数学结果, 它被认为足以刻画了热力学极限下的量子平衡态 [20]. 在量子主方程发展的早期已经注意到了这个条件和细致平衡条件式 (2.49) 有着紧密的关系 [21-23]. 不难理解, KMS 条件是细致平衡条件成立的先决条件, 它由环境总处于热平衡态所保证, 而和开系统自身是否满足细致平衡条件无关. Spohn 和 Lebowitz[23] 很早就强

---

① 经典跳跃主方程的瞬时细致平衡条件和式 (2.99) 有相同的形式 [18].

调了 KMS 条件对不可逆热力学的重要意义. 这两位作者注意到, 为了证明或者推导出不可逆过程的基本定律, 如 Onsager 关系、最小熵产生原理等, 必须要用到 KMS 条件. 由式 (2.101) 描述的量子非平衡过程都属于这类不可逆过程. 我们的结论还和 Talkner 等的一致 [1]. 这些作者证明, 只要量子开系统和环境之间的相互作用足够弱, 对任意驱动下的开系统 Jarzynski 等式都成立. 他们的弱相互作用条件实际上就是要求环境不受到开系统的影响, 环境总处在热平衡态.

3.5.2   开系统的时间反演

积分涨落定理的成立总能归结为正向过程和逆向过程的随机热力学量的概率分布满足细致涨落定理. 本节我们将证明量子开系统的正向和逆向过程的热力学量的特征函数满足特征函数等式. 因为在数学上特征函数和概率分布等价, 细致涨落定理也就自动成立. 对比第 1.2 节的讨论, 这样做的一个可能疑问是为什么不引入量子开系统的量子轨迹概念, 先证明开系统量子轨迹的涨落定理之后再证明细致涨落定理? 虽然这是一个很自然的想法, 但是我们暂时还不清楚量子开系统的量子轨迹的准确含义, 第 4 章会讨论这个问题. 另外一个更容易想到的方案是将开系统 "提升" 到开系统和环境组成的复合闭系统, 闭系统的量子轨迹有着明确的定义. 这个做法是 Talkner 等 [1] 采用的研究思路, 将在第 3.5.3 节给予介绍.

我们先回顾第 1.2.2 节用过的一些术语. 一个由时变外参数 λ_t 驱动的量子非平衡过程被称为正向过程, 而其逆向过程指的是相同的开系统, 但是对它的驱动由时间反转后的外参数

$$\overline{\lambda}_s = \lambda_t \tag{3.99}$$

实现, 其中

$$t + s = t_f. \tag{3.100}$$

为了区分这两个过程, 我们把和逆向过程相关的物理量的符号上方加横线. 另外, 我们约定 s 表示逆向非平衡过程的时间. 假设量子开系统和环境构成的复合闭系统具有时间反演不变的性质. 具体说来, 复合系统整体 Hamilton 算符是式 (3.1), 那么时间反演后的总 Hamilton 算符是

$$\overline{H}(s) = \overline{H}_A(\overline{\lambda}_s) + \overline{H}_B + \overline{V}, \tag{3.101}$$

其中时间反演后的开系统 Hamilton 算符、环境 Hamilton 算符、相互作用算符分别为

$$\overline{H}_A(\overline{\lambda}_s) = \Theta H_A(\overline{\lambda}_s)\Theta^{-1} = H_A(\overline{\lambda}_s) = H_A(\lambda_t), \tag{3.102}$$

$$\overline{H}_B = \Theta H_B \Theta^{-1} = H_B, \tag{3.103}$$

$$\overline{V} = \Theta V \Theta^{-1} = V, \tag{3.104}$$

Θ 是时间反演算符. 相互作用算符 V 的时间反演不变性意味着算符 A_a 和 B_a 的时间反演类型必须一致, 也就是说,

$$\overline{A}_a = \Theta A_a \Theta^{-1} = \delta_a A_a, \tag{3.105}$$

$$\overline{B}_a = \Theta B_a \Theta^{-1} = \delta_a B_a. \tag{3.106}$$

根据算符的时间反演类型是偶还是奇, δ_a 分别等于 $+1$ 或者 -1.

如在第 1.2.2 节指出的那样, 正向和逆向过程的划分完全是人为的. 我们可以简单地认为逆向过程就是一个不同驱动的正过程, 该驱动由

$$\overline{\lambda}_t = \lambda_{t_f - t} \tag{3.107}$$

描述. 这个观察立刻给出了逆向过程随机热的特征函数:

$$\overline{\Phi}_h(\overline{\eta}) = \mathrm{Tr}\left[\overline{\hat{\rho}}_A(t_f, \overline{\eta})\right], \tag{3.108}$$

$\overline{\eta}$ 是任意的实数. 热特征算符 $\overline{\hat{\rho}}_A$ 的演化方程是

$$\begin{aligned}
\partial_s \overline{\hat{\rho}}_A(s, \overline{\eta}) = &- \mathrm{i}[\overline{H}_A(\overline{\lambda}_s) + \overline{H}_{LS}(s), \overline{\hat{\rho}}_A(s, \overline{\eta})] \\
&+ \sum_{\overline{\omega}_s, a, b} r_{ab}(\overline{\omega}_s)\left[\mathrm{e}^{\mathrm{i}\overline{\eta}\overline{\omega}_s}\overline{A}_b(\overline{\omega}_s, s)\overline{\hat{\rho}}_A(s, \overline{\eta})\overline{A}_a^\dagger(\overline{\omega}_s, s)\right. \\
&\left. -\frac{1}{2}\left\{\overline{A}_a^\dagger(\overline{\omega}_s, s)\overline{A}_b(\overline{\omega}_s, s), \overline{\hat{\rho}}_A(s, \overline{\eta})\right\}\right] \\
\equiv &\overline{\mathcal{L}}(s, \overline{\eta})[\overline{\hat{\rho}}_A(s, \overline{\eta})].
\end{aligned} \tag{3.109}$$

我们暂时没有给出它的初始条件, 也没有明确指定式中 $\overline{\omega}_s$, $\overline{A}_l(\overline{\omega}_s, s)$ 和 $\overline{A}_l^\dagger(\overline{\omega}_s, s)$ 的具体形式, 以及它们和正向过程相应物理量的关系等. 这些结果需要依据特定的量子开系统具体地指定. 注意, 考虑到环境 Hamilton 算符和相互作用算符都具

有时间反演不变性, 我们没有在系数 r_{ab} 上再加横线. 接下来, 针对四类量子开系统, 我们逐个验证以下两个结论:

$$\overline{\omega}_s = \omega_t, \tag{3.110}$$

$$\overline{A}_a^\dagger(\overline{\omega}_s, s) = \delta_a \Theta A_a^\dagger(\omega_t, t) \Theta^{-1}. \tag{3.111}$$

对于恒定和弱驱动量子开系统, Bohr 频率 ω 是常数. 根据我们对逆向非平衡过程的定义, 它们的 Bohr 频率和算符 $\overline{A}_k^\dagger(\overline{\omega})$ 与正向过程的相应量完全等同, 即

$$\overline{\omega} = \omega. \tag{3.112}$$

$$\overline{A}_a^\dagger(\overline{\omega}) = A_a^\dagger(\omega). \tag{3.113}$$

另外, 根据算符 $A_a^\dagger(\omega)$ 的定义式 (2.32), 它的时间反演为

$$
\begin{aligned}
& \Theta A_a^\dagger(\omega) \Theta^{-1} \\
={}& \Theta \sum_{n,m} \delta_{\omega,\varepsilon_n-\varepsilon_m} \langle \varepsilon_n | A_a | \varepsilon_m \rangle |\varepsilon_n\rangle \langle \varepsilon_m | \Theta^{-1} \\
={}& \sum_{n,m} \delta_{\omega,\varepsilon_n-\varepsilon_m} \langle \varepsilon_n | A_a | \varepsilon_m \rangle^* \Theta |\varepsilon_n\rangle \langle \varepsilon_m | \Theta^{-1} \\
={}& \sum_{n,m} \delta_{\omega,\varepsilon_n-\varepsilon_m} \langle \varepsilon_n | \Theta^{-1}\Theta A_a \Theta^{-1}\Theta | \varepsilon_m \rangle \Theta |\varepsilon_n\rangle \langle \varepsilon_m | \Theta^{-1} \\
={}& \delta_a \sum_{n,m} \delta_{\omega,\varepsilon_n-\varepsilon_m} \langle \varepsilon_n | \Theta^{-1} A_a \Theta | \varepsilon_m \rangle \Theta |\varepsilon_n\rangle \langle \varepsilon_m | \Theta^{-1}.
\end{aligned} \tag{3.114}
$$

因为我们已经假设了量子开系统的 Hamilton 算符具有时间反演不变性, 它的本征态也不简并, 所以有

$$\Theta |\varepsilon_m\rangle = |\varepsilon_m\rangle. \tag{3.115}$$

式 (3.114) 的最后一个等式是 $\delta_a A_a^\dagger(\omega)$. 因此, 在恒定和弱驱动量子开系统中, 式 (3.110) 和式 (3.111) 成立.

然后是慢驱动开系统的情况. 因为逆向过程开系统的 Hamilton 算符是式 (3.102), 根据式 (2.89) 和式 (2.84), Bohr 频率和算符 $\overline{A}_a^\dagger(\overline{\omega}_s)$ 分别是

$$\overline{\omega}(s) = \omega(t_f - s) = \omega(t), \tag{3.116}$$

$$\overline{A}_a^\dagger(\overline{\omega}_s) = A_a^\dagger(\omega_{t_f-s}) = A_a^\dagger(\omega_t). \tag{3.117}$$

上述结果成立的原因是我们已经设定开系统 Hamilton 算符对时间的依赖只通过外参数 λ_t 实现. 和恒定开系统情况一样, 根据定义式 (2.83), $A_a^\dagger(\omega_t)$ 的时间反演为

$$
\begin{aligned}
&\Theta A_a^\dagger(\omega_t)\Theta^{-1}\\
&=\Theta \sum_{n,m}\delta_{\omega,\varepsilon_n(\lambda_t)-\varepsilon_m(\lambda_t)}\langle\varepsilon_n(\lambda_t)|A_a|\varepsilon_m(\lambda_t)\rangle|\varepsilon_n(\lambda_t)\rangle\langle\varepsilon_m(\lambda_t)|\Theta^{-1}\\
&=\delta_a A_a^\dagger(\omega_t).
\end{aligned}
\tag{3.118}
$$

因为和式 (3.114) 高度类似, 时间 t 的出现也不会影响时间反演算符的作用, 所以式 (3.118) 的中间步骤不再明显地写出. 这样我们证实了式 (3.110) 和式 (3.111) 对慢驱动量子开系统也成立.

最后一类是周期驱动量子开系统. 因为 Floquet 基式 (2.61) 和时间直接有关, 这里的情况稍微复杂. 首先注意到逆向过程的 Hamilton 算符

$$
\overline{H}_A(\overline{\lambda}_s) = H_A(\lambda_{t_f-s}),
\tag{3.119}
$$

它当然还是一个周期为 $\mathcal{T} = 2\pi/\Omega$ 的算符. 不难验证, 根据正向过程的 Floquet 基能构造出逆向过程的 Floquet 基:

$$
|\overline{\epsilon}_n(s)\rangle = \Theta|\epsilon_n(t_f-s)\rangle = \Theta|\epsilon_n(t)\rangle,
\tag{3.120}
$$

它们的准能量和正向过程相应基的准能量相同, 都是 ϵ_n, 且和时间无关. 根据式 (2.62), 我们不能简单地认为式 (3.120) 的右边等于 $|\epsilon_n(t)\rangle$, 这和前面三种情况不同. 既然 Bohr 频率是常数, 我们当然有 $\overline{\omega} = \omega$. 根据式 (2.68), 算符 $\overline{A}_a^\dagger(\overline{\omega}_s, s)$ 的明显形式是

$$
\overline{A}_a^\dagger(\overline{\omega}, s) = \sum_{n,m}\delta_{\omega,\epsilon_n-\epsilon_m+q\Omega}\langle\langle\overline{\epsilon}_{n,q}|A_a|\overline{\epsilon}_m\rangle\rangle|\overline{\epsilon}_n(s)\rangle\langle\overline{\epsilon}_m(s)|\mathrm{e}^{\mathrm{i}q\Omega s},
\tag{3.121}
$$

其中

$$
\langle\langle\overline{\epsilon}_{n,q}|A_a|\overline{\epsilon}_m\rangle\rangle = \frac{1}{\mathcal{T}}\int_0^{\mathcal{T}}\mathrm{d}u\mathrm{e}^{-\mathrm{i}q\Omega u}\langle\overline{\epsilon}_n(u)|A_a|\overline{\epsilon}_m(u)\rangle.
\tag{3.122}
$$

需要强调的是, 因为 Floquet 基通常不止是外参数 $\overline{\lambda}(s)$ 的函数, 所以这里明显地写出了时间变量 s. 现在我们可以检验式 (3.111) 是否对周期驱动开系统也成立.

根据式 (3.100), 我们有

$$
\begin{aligned}
&\Theta A_a^\dagger(\omega,t)\Theta^{-1}\\
&=\sum_{n,m}\delta_{\omega,\epsilon_n-\epsilon_m+q\Omega}\langle\langle\epsilon_{n,q}|A_a|\epsilon_m\rangle\rangle^*\Theta|\epsilon_n(t)\rangle\langle\epsilon_m(t)|\Theta^{-1}\mathrm{e}^{-\mathrm{i}q\Omega t}\\
&=\sum_{n,m}\delta_{\omega,\epsilon_n-\epsilon_m+q\Omega}\langle\langle\epsilon_{n,q}|A_a|\epsilon_m\rangle\rangle^*\mathrm{e}^{-\mathrm{i}q\Omega t_f}|\bar\epsilon_n(s)\rangle\langle\bar\epsilon_m(s)|\mathrm{e}^{\mathrm{i}q\Omega s}.
\end{aligned}
\tag{3.123}
$$

Kronecker 符号后边的两项相乘等于

$$
\begin{aligned}
&\frac{1}{\mathcal{T}}\int_0^{\mathcal{T}}\mathrm{d}u\mathrm{e}^{\mathrm{i}q\Omega(u-t_f)}\langle\epsilon_n(u)|A_a|\epsilon_m(u)\rangle^*\\
&=\delta_a\frac{1}{\mathcal{T}}\int_0^{\mathcal{T}}\mathrm{d}u\mathrm{e}^{-\mathrm{i}q\Omega u}\langle\bar\epsilon_n(u)|A_a|\bar\epsilon_m(u)\rangle,
\end{aligned}
\tag{3.124}
$$

我们已经做了变量替换 $u-t_f\to -u$, 并用到了 Floquet 基周期变化的特点. 上述积分项正好是式 (3.122). 由此我们再次确认了式 (3.111) 的正确性.

3.5.3　细致涨落定理

基于 3.5.2 节的符号设定和结论, 我们现在能够讨论正向和逆向过程的特征函数是否满足特定的数学等式. 从相对简单的随机热开始. 根据式 (3.42), 开系统初始状态是完全随机算符 C 的正向过程的热特征函数

$$
\begin{aligned}
\Phi_h(\eta)&=\mathrm{Tr}_A\left[T_-\mathrm{e}^{\int_0^{t_f}\mathrm{d}u\check{\mathcal{L}}(u,\eta)}(C)\right]\\
&=\mathrm{Tr}_A\left[T_+\mathrm{e}^{\int_0^{t_f}\mathrm{d}u\check{\mathcal{L}}^*(u,\eta)}(C)\right]\\
&=\mathrm{Tr}_A\left[\Theta\left(T_+\mathrm{e}^{\int_0^{t_f}\mathrm{d}u\check{\mathcal{L}}^*(u,\eta)}(C)\right)^\dagger\Theta^{-1}\right]\\
&=\mathrm{Tr}_A\left[\Theta T_+\mathrm{e}^{\int_0^{t_f}\mathrm{d}u\check{\mathcal{L}}^*(u,-\eta)}(C)\,\Theta^{-1}\right].
\end{aligned}
\tag{3.125}
$$

式 (3.125) 的第二个等式利用了完全随机算符 C 和单位算符 I_A 成正比, 而且

$$
\mathrm{Tr}_A\left[O_1 T_-\mathrm{e}^{\int_0^t\mathrm{d}u\check{\mathcal{L}}(u,\eta)}(O_2)\right]=\mathrm{Tr}_A\left[T_+\mathrm{e}^{\int_0^t\mathrm{d}u\check{\mathcal{L}}^*(u,\eta)}(O_1)O_2\right],
\tag{3.126}
$$

其中, $\check{\mathcal{L}}^*$ 是超算符 $\check{\mathcal{L}}$ 的对偶,

$$
\begin{aligned}
\check{\mathcal{L}}^*(s,\eta)(O)=&\,\mathrm{i}[H_A(t)+H_{LS}(t),O]\\
&+\sum_{\omega_t,a,b}r_{ab}(\omega_t)\Big[\mathrm{e}^{\mathrm{i}\eta\omega_t}A_a^\dagger(\omega_t,t)OA_b(\omega_t,t)\\
&-\frac{1}{2}\left\{A_a^\dagger(\omega_t,t)A_b(\omega_t,t),O\right\}\Big].
\end{aligned}
\tag{3.127}
$$

式 (3.78) 是上式在 $\eta = 0$ 的特例. 式 (3.125) 的第三个等式中, 我们用到了时间反演算符的一个性质 [24],

$$\mathrm{Tr}_A[\Theta O \Theta^{-1}] = \mathrm{Tr}_A[O^\dagger], \tag{3.128}$$

O 是任意一个线性算符. 如果把时间编序算符的定义明显地写出来, 容易看出式 (3.125) 最后一个等式成立. 接下来我们证明这个等式中求迹的整项恰好是式 (3.109) 在过程结束的 t_f 时刻的一个形式解, 而且 $\overline{\eta} = \mathrm{i}\beta - \eta$, 也就是说,

$$\overline{\rho}_A(s, \overline{\eta}) = \Theta T_+ \mathrm{e}^{\int_t^{t_f} \mathrm{d}u \check{\mathcal{L}}^*(u, -\eta)}\,(C)\,\Theta^{-1}. \tag{3.129}$$

这里再次强调 $s + t = t_f$. 为此我们暂时把上式右边的整项用符号 $\hat{\rho}'_A(s, \overline{\eta})$ 表示, 对其求时间 s 的偏导数, 我们有

$$\begin{aligned}
\partial_s \hat{\rho}'_A(s, \overline{\eta}) = &-\mathrm{i}\left[\Theta(H_A(\lambda_t) + H_{\mathrm{LS}}(t))\Theta^{-1}, \hat{\rho}'_A(s, \overline{\eta})\right] \\
&+ \sum_{\omega_t, a, b} r^*_{ab}(\omega_t)\bigg[\mathrm{e}^{\mathrm{i}\eta\omega_t}\Theta A_a^\dagger(\omega_t, t)\Theta^{-1}\hat{\rho}'_A(s, \overline{\eta})\Theta A_b(\omega_t, t)\Theta^{-1} \\
&- \frac{1}{2}\left\{\Theta A_a^\dagger(\omega_t, t)\Theta^{-1}\Theta A_b(\omega_t, t)\Theta^{-1}, \hat{\rho}'_A(s, \overline{\eta})\right\}\bigg].
\end{aligned} \tag{3.130}$$

值得注意的是, 相互作用算符 V 的时间反演不变性意味着两点时间关联函数的 Fourier 变换, 式 (2.38) 具有如下性质:

$$r^*_{ab}(\omega) = \delta_a \delta_b r_{ab}(\omega). \tag{3.131}$$

该关系表明, $r_{ab}(\omega)$ 构成的矩阵不仅 Hermite、半正定, 而且它只由纯实数或者纯虚数组成. 在早期研究涨落-耗散定理时已经注意到了这个结果 [25], 一个简单的证明见附录 C. 将式 (3.110)、式 (3.111) 和式 (3.131) 同时代入式 (3.130), 再注意到 KMS 条件式 (2.40), 我们得到

$$\begin{aligned}
\partial_s \hat{\rho}'_A(s, \overline{\eta}) = &-\mathrm{i}[\overline{H}_A(\overline{\lambda}_s) + \overline{H}_{LS}(s), \hat{\rho}'_A(s, \overline{\eta})] \\
&+ \sum_{\overline{\omega}_s, a, b} r_{ab}(\overline{\omega}_s)\bigg[\mathrm{e}^{\mathrm{i}\overline{\eta}\overline{\omega}_s}\overline{A}_b(\overline{\omega}_s, s)\hat{\rho}'_A(s, \overline{\eta})\overline{A}_a^\dagger(\overline{\omega}_s, s) \\
&- \frac{1}{2}\left\{\overline{A}_a^\dagger(\overline{\omega}_s, s)\overline{A}_b(\overline{\omega}_s, s), \hat{\rho}'_A(s, \overline{\eta})\right\}\bigg],
\end{aligned} \tag{3.132}$$

初始条件是完全随机算符 C. 将上式和式 (3.109) 做对比, 我们看到式 (3.129) 的确成立. 由此我们继续式 (3.125) 进而得到正向和逆向非平衡过程的热特征函数

之间满足一个精确等式:

$$\Phi_h(\eta) = \mathrm{Tr}_A \left[\bar{\rho}_A(t_f, \overline{\eta}) \right] = \overline{\Phi}_h(\mathrm{i}\beta - \eta). \tag{3.133}$$

根据第 1.3 节的结果, 从这个开系统热特征函数等式立即导出了一个类似 Crook 等式的数学关系:

$$P(Q) = \overline{P}(-Q)\mathrm{e}^{\beta Q}. \tag{3.134}$$

如果正向和逆向过程的外参数函数完全重合, 即 $\overline{\lambda}_t = \lambda_t$, 因为此时的逆向过程就是正向过程自身, 所以上式中的 $\overline{P}(-Q) = P(-Q)$, 此时式 (3.134) 预言开系统释放热 $(Q > 0)$ 的概率不仅比吸收相同大小的热的概率大, 而且它们的比值和释放热的大小成严格的指数关系.

我们能够很容易地把关于随机热的讨论推广到量子开系统量子功的情况. 根据式 (3.44), 我们有

$$\begin{aligned}
&\Phi_w(\eta) Z_A(\lambda_0) \\
&= \mathrm{Tr}_A \left[\mathrm{e}^{-\mathrm{i}\eta H_A(\lambda_0)} \rho_A(0) T_+ \mathrm{e}^{\int_0^{t_f} \mathrm{d}s \check{\mathcal{L}}^*(s,\eta)} \left(\mathrm{e}^{\mathrm{i}\eta H_A(t_{\lambda_f})} \right) \right] \\
&= \mathrm{Tr}_A \left[\Theta \left(\mathrm{e}^{-\mathrm{i}\eta H_A(\lambda_0)} \rho_A(0) T_+ \mathrm{e}^{\int_0^{t_f} \mathrm{d}s \check{\mathcal{L}}^*(s,\eta)} \left(\mathrm{e}^{\mathrm{i}\eta H_A(\lambda_{t_f})} \right) \right)^\dagger \Theta^{-1} \right] \\
&= \mathrm{Tr}_A \left[\Theta T_+ \mathrm{e}^{\int_0^{t_f} \mathrm{d}s \check{\mathcal{L}}^*(s,-\eta)} \left(\mathrm{e}^{-\mathrm{i}\eta H_A(\lambda_{t_f})} \right) \Theta^{-1} \rho_A(0) \mathrm{e}^{-\mathrm{i}\eta H_A(\lambda_0)} \right] \\
&= \mathrm{Tr}_A \left[\mathrm{e}^{\mathrm{i}\overline{\eta} H_A(\lambda_0)} \Theta T_+ \mathrm{e}^{\int_0^{t_f} \mathrm{d}s \check{\mathcal{L}}^*(s,-\eta)} \left(\mathrm{e}^{-\mathrm{i}\eta H_A(\lambda_{t_f})} / Z(t_f) \right) \Theta^{-1} \right] Z_A(\lambda_{t_f}). \tag{3.135}
\end{aligned}$$

根据之前随机热的结果, 在最后一个等式的求迹中, 除了第一个指数算符外, 剩余部分正是逆向过程取 $\overline{\eta} = \mathrm{i}\beta - \eta$ 时式 (3.109) 的解, 它的初始条件为

$$\overline{\rho}_A(0, \overline{\eta}) = \mathrm{e}^{-\mathrm{i}\overline{\eta} H(\lambda_{t_f})} \rho_{\mathrm{eq}}(t_f). \tag{3.136}$$

因此式 (3.135) 最后一个等式求迹的整项正好是逆向非平衡过程的量子功特征算符, 见定义式 (3.44). 因此, 我们得到了一个关于开系统量子功的特征函数等式:

$$\Phi_w(\eta) Z_A(\lambda_0) = \overline{\Phi}_w(\mathrm{i}\beta - \eta) Z_A(\lambda_{t_f}). \tag{3.137}$$

如果把上式 "翻译" 成量子功的概率分布表示就是量子开系统的 Crooks 等式,

$$P(W) = \overline{P}(-W) \mathrm{e}^{\beta(W - \Delta F_A)}. \tag{3.138}$$

以类似的方式我们还可以证明弱驱动开系统的量子部分功满足以下两个等式:

$$\Phi_{w_0}(\eta) = \overline{\Phi}_{w_0}(\mathrm{i}\beta - \eta), \tag{3.139}$$

$$P(W_0) = \overline{P}(-W_0)\mathrm{e}^{\beta W_0}. \tag{3.140}$$

事实上, 这两个结论并不需要再做额外的推导. 为了使量子自由开系统的部分功在正向和逆向过程同时具有测量的意义, 我们不得不要求弱驱动项在过程的开始和结束时刻精确为零, 此时开系统的量子部分功和量子全功不再有物理的区别, 式 (3.137) 和式 (3.138) 已经涵盖了这里的结论. 这个观察和量子闭系统关于量子部分功的讨论完全一致, 见第 1.5 节.

3.5.4 超越 Markov 条件

在本章开始的时候我们曾经提到, Talkner 等 [1] 证明, 只要量子开系统和其周围环境的相互作用足够弱, 量子功等式总是精确地成立, 而和量子开系统的动力学是否是 Markov 性质没有关系. 在这里我们不准备重复他们的证明过程 ①, 而是基于他们的思想说明量子开系统也有量子轨迹的功定理和热定理. 需要强调, 和本章开始时定义的热和功那样, 这里的轨迹构建在量子开系统和环境组成的复合闭系统上, 它和第 4 章将要讨论的定义在开系统空间的量子跳跃轨迹有着根本的不同.

以量子功式 (3.10) 为例, 根据式 (3.13), 我们证明观察到正向过程的一条量子轨迹, 它的首次能量测量得到开系统和环境的能量本征值分别是 $\varepsilon_m(\lambda_0)$ 和 χ_k, 第二次测得能量本征值分别是 $\varepsilon_n(\lambda_{t_f})$ 和 χ_l 的条件概率和逆向过程的逆轨迹, 它的第一次测量时得到量子开系统和环境的能量本征值分别是 $\varepsilon_n(\overline{\lambda}_0)$ 和 χ_l, 第二次测得的开系统和环境的能量本征值分别是 $\varepsilon_m(\overline{\lambda}_{t_f})$ 和 χ_k 的条件概率相等:

$$
\begin{aligned}
&P_{ln|km}(t_f)\\
&=\mathrm{Tr}_{A+B}\left[\mathcal{P}_A^m(\lambda_0)\otimes\mathcal{P}_B(k)U^\dagger(t_f)\mathcal{P}_A^n(\lambda_{t_f})\otimes\mathcal{P}_B(l)U(t_f)\right]\\
&=\mathrm{Tr}_{A+B}\left[\mathcal{P}_A^m(\lambda_0)\otimes\mathcal{P}_B(k)\Theta\overline{U}(t_f)\Theta^{-1}\mathcal{P}_A^n(\lambda_{t_f})\otimes\mathcal{P}_B(l)\right.\\
&\qquad\left.\Theta\overline{U}^\dagger(t_f)\Theta^{-1}\right]\\
&=\mathrm{Tr}_{A+B}\left[\mathcal{P}_A^m(\lambda_0)\otimes\mathcal{P}_B(k)\overline{U}(t_f)\mathcal{P}_A^n(\lambda_{t_f})\otimes\mathcal{P}_B(l)\overline{U}^\dagger(t_f)\right]
\end{aligned}
$$

---

① 他们证明的是功特征函数等式.

$$= \mathrm{Tr}_{A+B} \left[\overline{\mathcal{P}}_A^m(\overline{\lambda}_{t_f}) \otimes \overline{\mathcal{P}}_B(k) \overline{U}(t_f) \overline{\mathcal{P}}_A^n(\overline{\lambda}_0) \otimes \overline{\mathcal{P}}_B(l) \overline{U}^\dagger(t_f) \right.$$
$$\left. \overline{\mathcal{P}}_A^m(\overline{\lambda}_{t_f}) \otimes \overline{\mathcal{P}}_B(k) \right]$$
$$= \overline{P}_{km|ln}(t_f), \tag{3.141}$$

$U(t_f)$ 是复合系统在终止 t_f 时刻的时间演化算符, 见式 (3.7), 第二个等式用到了式 (1.39), 第三个等式是因为投影算符 $\mathcal{P}_A^n$ 和 $\mathcal{P}_B$ 在时间反演算符 Θ 作用下不变. 再考虑到正向和逆向过程的环境和量子开系统都处在无关联的热平衡态, 根据式 (3.13), 我们得到开系统的量子轨迹功定理,

$$P_{lnkm}(t_f) = \overline{P}_{kmln}(t_f) \mathrm{e}^{\beta(W_{lnkm} - \Delta F_A)}. \tag{3.142}$$

由此定理出发就能直接证明量子开系统的 Jarzynski 等式、Crooks 等式、功特征函数等式等. 它们的证明过程和第 1 章的式 (1.43) 和式 (1.61) 完全相同.

除了开系统的量子轨迹功定理外, 如果正向和逆向过程开系统的初始密度算符都是完全随机算符 C, 则开系统还有一个精确成立的量子轨迹热定理:

$$P_{lk}(t_f) = \overline{P}_{kl}(t_f) \mathrm{e}^{\beta Q_{lk}}. \tag{3.143}$$

基于随机热的定义式 (3.2), 量子轨迹的出现概率式 (3.4), 重复和式 (3.141) 类似的推导过程, 容易证明上式的正确性.

附录 A　式 (3.38) 中两点时间关联函数的 Fourier 变换

式 (3.38) 右边中的单边 Fourier 变换可以替换成双边 Fourier 变换, 做法和第 2 章的附录 A 完全相同. 以积分

$$\int_0^\infty \mathrm{d}s \mathrm{e}^{\mathrm{i}\omega s} \mathrm{Tr}_B[\widetilde{B}_a(s - \eta) B_b \rho_B] \tag{3.144}$$

为例, 注意到 $\mathrm{Tr}_B[\widetilde{B}_a(s - \eta) B_b \rho_B]$ 的 Fourier 变换是 $\exp(\mathrm{i}\eta\omega) r_{ab}(\omega)$, 利用式 (2.117), 我们立刻得到它等于

$$\frac{1}{2} r_{ab}(\omega) \mathrm{e}^{\mathrm{i}\eta\omega} + \mathrm{i} S_{ab}^\eta(\omega), \tag{3.145}$$

这里我们新定义了

$$S_{ab}^\eta(\omega) = \frac{1}{2\pi} P.V. \int_{-\infty}^\infty \mathrm{d}\omega' \frac{r_{ab}(\omega')}{\omega - \omega'} \mathrm{e}^{\mathrm{i}\eta\omega'}. \tag{3.146}$$

做相同的计算得到另一个积分,

$$\int_0^\infty \mathrm{d}s e^{\mathrm{i}\omega s} \mathrm{Tr}_B[\widetilde{B}_b(-s-\eta)B_a\rho_B]$$
$$= \frac{1}{2} r_{ab}^*(-\omega) e^{-\mathrm{i}\eta\omega} - \mathrm{i}S_{ab}^{-\eta^*}(-\omega). \tag{3.147}$$

当 $\eta = 0$ 时, 上述式子退化到之前的结果. 有意思的是, 因为等式

$$S_{ab}^\eta(\omega) = S_{ba}^{-\eta^*}(\omega), \tag{3.148}$$

在推导量子开系统热特征算符的演化方程时, 这些 $S_{ab}^\eta(\omega)$ 函数都会精确地相互抵消.

附录 B 多点时间关联函数

多点时间关联函数的定义和简写如下:

$$\mathrm{Tr}\left[O_N(t_N)G(t_N, t_{N-1})(\cdots O_1(t_1)G(t_1, t_0)[\rho(t_0)]B_1(t_1)\cdots)B_N(t_N)\right]$$
$$= \langle O_N(t_N)\cdots O_1(t_1)B_1(t_1)\cdots B_N(t_N)\rangle, \tag{3.149}$$

其中 O_i 和 B_i, $i = 1, \cdots, N$ 是任意的算符, 时间点 t_i 按照从现在到过去的顺序排列, 即 $t_N > \cdots > t_1 > t_0$.

附录 C 式 (3.131) 的证明

根据定义式 (2.38), 两点时间关联函数的 Fourier 变换 $r_{ab}(\omega)$ 的复共轭:

$$r_{ab}^*(\omega) = \int_{-\infty}^\infty \mathrm{d}u e^{-\mathrm{i}\omega u}\left(\mathrm{Tr}_B[\widetilde{B}_a(u)B_b\rho_B]\right)^*$$
$$= \int_{-\infty}^\infty \mathrm{d}u e^{-\mathrm{i}\omega u}\mathrm{Tr}_B[\Theta\widetilde{B}_a(u)B_b\rho_B\Theta^{-1}]$$
$$= \delta_a\delta_b \int_{-\infty}^\infty \mathrm{d}u e^{-\mathrm{i}\omega u}\mathrm{Tr}_B[\widetilde{B}_a(-u)B_b\rho_B]$$
$$= \delta_a\delta_b \int_{-\infty}^\infty e^{\mathrm{i}\omega u}\mathrm{Tr}_B[\widetilde{B}_a(u)B_b\rho_B]$$
$$= \delta_a\delta_b r_{ab}(\omega). \tag{3.150}$$

显然, 如果算符 B_a 和 B_b 具有不同的时间反演类型, $r_{ab}(\omega)$ 是纯虚数, 否则是实数. 相同的论证也能得到

$$S_{ab}^*(\omega) = \delta_a \delta_b S_{ab}(\omega). \tag{3.151}$$

附录 D　向后时间的演化方程

在经典随机扩散和跳跃过程中, 根据时间变量的不同选择, 系统的演化可以用两类等价的向前 (forward) 或者向后 Kolmogrov 方程描述. 向前方程就是在物理文献中广泛采用的 Fokker-Planck 方程, 而数学文献中经常用到的是向后 Kolmogrov 方程 [26,27]. 量子开系统中热和功特征算符满足的演化方程也有类似的对应 [5]. 以热特征函数式 (3.42) 为例,

$$
\begin{aligned}
\Phi_h(\eta) &= \mathrm{Tr}_A[T_- \mathrm{e}^{\int_0^{t_f} \mathrm{d}s \check{\mathcal{L}}(s,\eta)} (\rho_A(0))] \\
&= \mathrm{Tr}_A[T_+ \mathrm{e}^{\int_{t'}^{t_f} \mathrm{d}s \check{\mathcal{L}}^*(s,\eta)} (I_A) \rho_A(0)] \Big|_{t'=0} \\
&= \mathrm{Tr}_A[\mathcal{B}(t'=0,\eta) \rho_A(0)],
\end{aligned} \tag{3.152}
$$

第二个等式是式 (3.126) 的结果. 我们引入了 "向后" 时间 t' $(\leqslant t)$[①], 容易验证, 新定义的算符 $\mathcal{B}(t',\eta)$ 对时间 t' 的演化是

$$\partial_{t'} \mathcal{B} = -\check{\mathcal{L}}^*(t',\eta)[\mathcal{B}], \tag{3.153}$$

它满足一个终止条件, $\mathcal{B}(\eta, t_f) = I_A$. 对量子功也有类似的结果:

$$
\begin{aligned}
\Phi_w(\eta) &= \mathrm{Tr}_A \left[T_+ \mathrm{e}^{\int_{t'}^{t_f} \mathrm{d}s \check{\mathcal{L}}(s,\eta)} \left(\mathrm{e}^{\mathrm{i}\eta H_A(\lambda_{t_f})} \right) \mathrm{e}^{-\mathrm{i}\eta H_A(\lambda_{t'})} \rho_0 \right] \Big|_{t'=0} \\
&= \mathrm{Tr}_A [\mathcal{K}_A(t'=0,\eta) \rho_0],
\end{aligned} \tag{3.154}
$$

新算符 $\mathcal{K}_A(t',\eta)$ 对时间 t' 的演化方程是

$$
\begin{aligned}
\partial_{t'} \mathcal{K}_A = &-\check{\mathcal{L}}^*(t',\eta) \left[\mathcal{K}_A \mathrm{e}^{\mathrm{i}\eta H_A(\lambda_{t'})} \right] \mathrm{e}^{-\mathrm{i}\eta H_A(\lambda_{t'})} \\
&+ \mathcal{K}_A \mathrm{e}^{\mathrm{i}\eta H_A(\lambda_{t'})} \partial_{t'} \left[\mathrm{e}^{-\mathrm{i}\eta H_A(\lambda_{t'})} \right],
\end{aligned} \tag{3.155}
$$

它的终止条件还是 I_A. 对于特殊的慢驱动量子开系统, 上式右边的第一项简化为 $-\mathcal{L}^*(t')[\mathcal{K}_A]$.

---

① 向后的含义是指给定终止时刻的条件, 解方程的过程等价于从终止条件出发, "逆" 着时间方向向更早的时刻积分的意思. 即使如此, 方程的演化表述仍然是正常的时间方向.

参 考 文 献

[1] Talkner P, Campisi M, Hänggi P. Fluctuation theorems in driven open quantum systems. J. Stat. Mech., 2009, P02025

[2] Esposito M, Harbola U, Mukamel S. Nonequilibrium fluctuation theorems, and counting statistics in quantum systems. Rev. Mod. Phys., 2009, 81: 1665

[3] Liu F. Equivalence of two Bochkov-Kuzovlev equalities in quantum two-level systems. Phys. Rev. E, 2014, 89: 042122

[4] Liu F. Calculating work in adiabatic two-level quantum Markovian master equations: A characteristic function method. Phys. Rev. E, 2014, 90: 032121

[5] Liu F. Calculating work in weakly driven quantum master equations: Backward and forward equations. Phys. Rev. E, 2016, 93: 012127

[6] Liu F, Xi J Y. Characteristic functions based on a quantum jump trajectory. Phys. Rev., 2016, 94: 062133

[7] Liu F. Heat and work in Markovian quantum master equations: concepts, fluctuation theorems, and computations. Prog. Phys., 2018, 38:1

[8] 汪志诚. 热力学统计物理. 第四版. 北京: 高等教育出版社, 2008

[9] Gasparinetti S, Solinas P, Brggio A, et al. Heat-exchange statistics in driven open quantum systems. New. J. Phys., 2014, 16: 115001

[10] Kindermann M, Nazarov Y V. Full Counting Statistics in Electric Circuits: Quantum Noise in Mesoscopic Physics. Netherlands: Springer, 2003

[11] Cuetaral G B, Engel A, Esposito M. Stochastic thermodynamics of rapidly driven systems. New. J. Phys., 2015, **17**: 055002

[12] Silaev M, Heikkilä T T, Pauli V. Lindblad-equation approach for the full counting statistics of work and heat in driven quantum systems. Phys. Rev. E, 2014, 90: 022103

[13] Alicki R. The quantum open system as a model of the heat engine. J. Phys. A: Math. Theor., 1979, 12: L103

[14] Pusz W, Woronowicz S L. Passive states and KMS states for general quantum systems. Comm. Math. Phys., 1978, 58: 273

[15] Kosloff R. Quantum thermodynamics: A dynamical viewpoint. Entropy, 2013, 15: 2100

[16] Boukobza E, Tannor D J. Thermodynamics of bipartite systems: Application to light-matter interactions. Phys. Rev. A, 2006, 74: 063823

[17] Jarzynski C. Equalities and inequalities: Irreversibility and second law of thermodynamics at the nanoscale. Annu. Rev. Condens. Matter Phys., 2011, 2: 329

[18] Seifert U. Stochastic thermodynamics, fluctuation theorems and molecular machines. Rep. Prog. Phys., 2012, 75: 126001

[19] 郑志刚, 胡岗. 从动力学到统计物理学. 北京: 北京大学出版社, 2016

[20] Haag R, Hugeniioltz N, Winnink M. On the equilibrium states in quantum statistical mechanics. Commun. Math. Phys., 1967, 5: 215

[21] Alicki R. On the detailed balance condition for non-hamiltonian systems. Rep. Math. Phy., 1976, 10: 249

[22] Kossakowski A, Frigerio A, Gorini V, et al. Quantum detailed balance and KMS condition. Comm. Math. Phys., 1978, 60: 96

[23] Spohn H, Lebowitz J L. Irreversible thermodynamics for quantum systems weakly coupled to thermal reservoirs. Adv. Chem. Phys., 1978, 39: 109

[24] Messiah A. Quantum Mechanics. Vol. 2. Amsterdam: North-Holland, 1962

[25] Zubarev D N. Nonequilibrium Statistical Thermodynamics. New York: Consultants Bureau, 1974

[26] Liu F, Tong H, Ma R, et al. Linear response theory and transient fluctuation relations for diffusion processes: A backward point of view. J. Phys. A: Math. Theor., 2010, 43: 495003

[27] Gardiner C W. Handbook of Stochastic Methods for Physics, Chemistry and the Natural Sciences. Berlin: Springer, 1983

第 4 章　量子跳跃轨迹

在第 3 章我们得到了量子开系统功和热特征算符满足的演化方程. 和量子 Markov 主方程类似, 因为环境以对开系统的影响而非真正的自由度出现, 这些方程都属于有效理论. 我们不仅能利用它们计算量子开系统的功和热的特征函数以及等价的概率分布, 而且还能应用它们分析随机热力学量的统计性质. 因此, 原则上我们已经建立了量子开系统的随机热和功的理论. 本章介绍描述量子 Markov 开系统演化的另一个概念, 即量子跳跃轨迹 (quantum jump trajectory). 为了更好地理解引入这个概念的必要性, 我们模仿量子闭系统的图 1.2, 将第 3 章讨论过的关键定义、定理以及它们的联系做成图 4.1. 我们看到, 除了用问号标记的内容外, 这个图和量子闭系统的情况形成了一一对应的关系. 我们自然会问, 这样的对应关系能否更进一步? 如果这个想法成立, 我们应该期望在量子开系统的随机热力学理论中还有一个量子开系统的量子轨迹概念, 从它出发定义开系统轨迹的功和热, 构建特征算符、特征函数, 甚至证明开系统量子轨迹的涨落定理等. 读者可能奇怪, 在第 3 章的最后一节不是已经用到了量子轨迹? 需要强调的是, 在那里我们把量子开系统和其周围的环境看成是一个闭量子系统, 量子轨迹定义在这个复合的闭系统的 Hilbert 空间里. 和经典情况做一个类比也许更容易明白引入开系统量子轨迹的必要性. 研究经典布朗粒子的随机热力学有两条

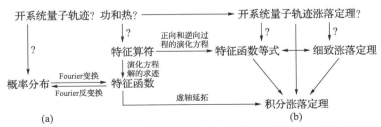

图 4.1　基于第 3 章内容的量子开系统随机热和功理论的示意图. (a) 部分展示了定义之间的关系, (b) 部分是定理之间的联系. 图中的问号 "?" 代表缺少的定义或定理. 虽然我们把量子开系统和环境看成一个闭的量子系统, 由此定义闭系统量子轨迹的热和功, 再约去环境自由度得到的功和热的特征算符和演化方程等, 但是这些结果是否和我们即将引入的基于量子跳跃轨迹构造的随机功和热的理论等价, 并不预先清楚

途径. 一条是将布朗粒子和它周围环境的所有原子作为一个整体, 研究这个闭系统在整个相空间的热力学后再约去环境的自由度. 这相当于是第 3 章采用的方案. 另一条途径是研究 Brown 粒子自身随机轨迹的热力学, 日本学者 Sekimoto 沿着这条途径做出了非常重要的贡献 [1]. 本章和第 5 章的内容相当于是沿着第二条途径开展的讨论.

量子跳跃轨迹的思想最早要追溯到 20 世纪 70 年代 [2], 它和光子计数实验的完全量子化处理有着紧密的联系 [3]. 在这类实验中, 光子计数器实时监测着量子系统, 记录下每个光子到达计数器的时刻. 在理论发展的过程中, 量子跳跃轨迹曾经被赋予不同的名字, 如量子跳跃模拟 [4]、Monte-Carlo 波函数方法 [5]、量子主方程的分解 (unravelling)[6−9] 等. 关于量子轨迹发展史的一个简要介绍可以参考 Gardiner 和 Zoller 的专著 [10] 或者 Plenio 和 Knight 的综述文章 [11]. 随着操纵和测量单个量子系统已经是不少量子实验室的常规实验内容 [12], 量子跳跃轨迹的重要性日益凸显 [13−18]. 虽然很早就知道量子跳跃轨迹的动力学平均重新得到量子 Markov 主方程, 后者在不可逆量子热力学的研究中有着重要的应用, 在很长的一段时间里, 应用轨迹的思想考察热力学几乎被完全忽视了. 这种状况直到 2005 年之后, 因为 De Roeck 和其合作者 [19,20], Crooks[21], Horowitz 和其合作者 [22−24], Hekking 和 Pekola[25], 以及我们一系列 [26−30] 的工作才有了显著改变. 我们会看到, 开系统量子跳跃轨迹的引入不仅完善了随机热力学理论, 而且也提供了一个从连续量子测量的视角重新认识热和功等基础热力学概念.

本章的内容安排如下. 我们先采用一个重复相互作用模型解释量子跳跃轨迹. 文献中有多种构建量子跳跃轨迹的理论 [9−11,31], 这里我们尝试把它和两次能量投影测量联系在一起. 这样做的优点是跳跃轨迹的引入非常自然, 特别是开系统和环境之间的能量交换有了一个很清晰的物理图像. 我们首先讨论恒定量子开系统. 根据开系统和环境之间相互作用的复杂程度, 分别介绍了波函数和密度算符描述的跳跃轨迹, 然后再讨论若干个时变量子开系统的跳跃轨迹. 我们会看到, 对于这些特定的时变开系统, 含时驱动的出现不会带来实质性的改变. 在最后一节, 我们引入一个构建量子跳跃轨迹的形式化理论. 虽然这个理论不能提供如重复相互作用模型那样清晰的物理图像, 但是它的确能够以更高效, 更一般的方式重新得到关于量子跳跃轨迹的所有结论. 除此以外, 它也为在第 5 章推导特征算符满足的演化方程提供了必要的数学准备.

4.1 重复相互作用模型

为了从能量交换的角度阐释量子跳跃轨迹, 我们考虑图 4.2 所示的一个重复相互作用模型 [32]: 感兴趣的量子开系统 A 用一个局限在空腔中的模表示, 环境由一系列处于热平衡态的 B 原子表示, 假设这些原子之间没有任何相互作用或者关联, 它们以恒定的速率依次通过空腔并和开系统发生短暂而又微弱的相互作用. 进一步假设当每一个环境原子进入和离开空腔时, 我们有能力对它的能量做精确地投影测量并且记录下这个能量的变化值.

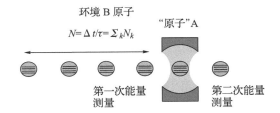

图 4.2 重复相互作用模型的示意图. 空腔中的一个模代表了我们感兴趣的量子开系统或者所谓的 "原子" A。一系列处于热力学平衡态的环境原子 B 们依次通过这个空腔, 它们和开系统发生短暂的相互作用, 它们的相互作用时间用 τ 表示. 在一个环境原子进入和离开空腔时, 对它的能量分别进行两次投影测量. 如果我们关注较长的时间间隔, 比如 Δt, 那么参与相互作用的环境原子的个数为 $N = \Delta t/\tau$, 它们由 N_k 个处在能量本征态 $|\chi_k\rangle$ 的原子组成

4.2 恒定开系统

4.2.1 简单相互作用

为了简化说明, 我们首先考虑一个具有恒定 Hamilton 算符的量子开系统, 该系统和环境原子的相互作用算符只有一项, 即

$$V = A \otimes B. \tag{4.1}$$

另外, 我们也设定在开系统 A 和 B 原子作用之前都处在各自的纯态. 这样安排的好处是我们能应用波函数描述量子跳跃轨迹. 初次接触轨迹概念的读者应该更容易理解量子跳跃轨迹的波函数表述, 在计算机程序的实现方面也比较简单. 实际上, 我们注意到几乎所有关于量子跳跃轨迹应用的文献都采用了这个描述. 如果不满足这两个要求, 我们需要引入密度算符. 这样做也不会太过复杂, 4.2.2 节会详细地解释.

　　和推导量子主方程类似, 这里的讨论也是在自由 Hamilton 算符 $H_A + H_B$ 的相互作用图像中进行. 前面提到, 在开系统和环境的原子发生作用之前, 我们已经对处于热平衡态的 B 原子做了第一次能量投影测量, 它的状态是算符 H_B 的某个能量本征态. 设这个本征波函数是 $|\chi_k\rangle$, 本征值等于 χ_k. 在和开系统发生持续时间为 τ 的相互作用后, 开系统和 B 原子构成的复合闭系统的波函数演变为

$$
\begin{aligned}
&|\widetilde{\Psi}(t+\tau)\rangle \\
&= T_- \mathrm{e}^{-\mathrm{i}\alpha \int_t^{t+\tau} \mathrm{d}s \widetilde{V}(s)} |\widetilde{\psi}(t)\rangle_A \otimes |\chi_k\rangle \\
&= \left[1 - \mathrm{i}\alpha \int_t^{t+\tau} \mathrm{d}s \widetilde{V}(s) - \alpha^2 \int_t^{t+\tau} \mathrm{d}s \int_t^s \mathrm{d}u \widetilde{V}(s)\widetilde{V}(u) \right] \\
&\quad |\widetilde{\psi}(t)\rangle_A \otimes |\chi_k\rangle + o(\alpha^2),
\end{aligned}
\tag{4.2}
$$

$|\widetilde{\psi}(t)\rangle_A$ 是发生相互作用前一时刻的系统波函数. 因为我们应用了微扰理论, 所以这里的相互作用算符 V 重新写成了 αV, α 是代表相互作用强度的无量纲参数. 在上式中我们保留到 α 的二阶, 很快会看到, 这是为了得到非零微扰所要求的最低阶近似. 根据式 (2.30), 相互作用图像的算符

$$
\widetilde{V}(s) = U_0^\dagger(s) V U_0(s) = \sum_\omega A(\omega)\mathrm{e}^{-\mathrm{i}\omega s} \otimes \widetilde{B}(s).
\tag{4.3}
$$

　　当量子开系统和环境原子发生短暂的相互作用后, 再次测量环境原子的能量. 根据投影测量假设, 有两种可能的结果. 第一种是环境 B 原子的能量本征值还是 χ_k, 此时测量之后开系统的波函数为

$$
\begin{aligned}
|\widetilde{\psi}(t+\tau)\rangle_A &= \frac{\langle \chi_k | \widetilde{\Psi}(t+\tau)\rangle}{\sqrt{p_{kk}}} \\
&= \frac{1}{\sqrt{p_{kk}}} \left[1 - \mathrm{i}\alpha \int_t^{t+\tau} \mathrm{d}s \widetilde{A}(s)\langle \chi_k | \widetilde{B}(s) | \chi_k \rangle \right. \\
&\quad \left. + \alpha^2 \sum_{\omega,\omega'} A^\dagger(\omega) A(\omega') \mathrm{e}^{\mathrm{i}(\omega-\omega')t} g_k(\tau,\omega,\omega') \right] |\widetilde{\psi}(t)\rangle_A,
\end{aligned}
\tag{4.4}
$$

系数为

$$
g_k(\tau,\omega,\omega') = -\int_0^\tau \mathrm{d}s \mathrm{e}^{\mathrm{i}(\omega-\omega')s} \int_0^s \mathrm{d}u \mathrm{e}^{\mathrm{i}\omega' u} \langle \chi_k | \widetilde{B}(s)\widetilde{B}(s-u) | \chi_k \rangle.
\tag{4.5}
$$

根据假设式 (2.12), 式 (4.4) 中 α 的一阶项等于零. 另外, 因为这里的指数求和项

与式 (2.35) 类似, 所以我们引入了旋波近似, 式 (4.4) 简化为

$$|\widetilde{\psi}(t+\tau)\rangle_A = \frac{1}{\sqrt{p_{kk}}}\left[1 + \alpha^2 \sum_\omega A^\dagger(\omega)A(\omega)g_k(\tau,\omega)\right]|\widetilde{\psi}(t)\rangle_A, \tag{4.6}$$

这里的 $g_k(\tau,\omega)$ 是式 (4.5) 在 $\omega = \omega'$ 条件下的函数. 第二种可能的测量结果是发现 B 原子的能量的确发生了变化, 比如第二次测量得到的值等于 χ_l $(l \neq k)$. 在此情况下, 量子开系统的波函数变为

$$\begin{aligned}|\widetilde{\psi}(t+\tau)\rangle_A &= \frac{\langle\chi_l|\widetilde{\Psi}(t+\tau)\rangle}{\sqrt{p_{lk}}}\\ &= \frac{\alpha}{\sqrt{p_{lk}}} \sum_\omega \mathrm{e}^{-\mathrm{i}(\omega-\chi_l+\chi_k)t} f_{lk}(\tau,\omega)A(\omega)|\widetilde{\psi}(t)\rangle_A,\end{aligned} \tag{4.7}$$

其中系数

$$f_{lk}(\tau,\omega) = -\mathrm{i}\int_0^\tau \mathrm{d}s\, \mathrm{e}^{-\mathrm{i}\omega s}\langle\chi_l|\widetilde{B}(s)|\chi_k\rangle. \tag{4.8}$$

我们保留了含 α 的最低阶近似. 在式 (4.4) 和式 (4.7) 中, 系数 p_{lk} (l 等于或者不等于 k) 确保了演化后的开系统波函数仍然满足归一条件,

$$p_{lk} = \left|\langle\chi_l|\widetilde{\Psi}(t+\tau)\rangle\right|^2. \tag{4.9}$$

虽然我们暂时没有写出它们具体的表达式, 但是容易看出, p_{kk} 最低阶是 $\mathcal{O}(1)$, 而 p_{lk} ($l \neq k$) 的最低阶是 $\mathcal{O}(\alpha^2)$, 所以环境原子由于和量子开系统的相互作用而改变自身的能量相比于没有改变是一个小概率事件, 这和弱相互作用的直观认识一致.

让我们考虑一个新的时间间隔 Δt, 它既比短暂的相互作用时间 τ 长很多, 但又比量子开系统自身的弛豫时间短很多. 在这样一个时间间隔内将有大量的环境原子穿过空腔, 通过的环境原子的个数为

$$N = \frac{\Delta t}{\tau}, \tag{4.10}$$

它比 1 大很多. 因为我们已经设定这些原子在和量子开系统发生作用前处在热平衡态, 它们的集合可以看成是由各种能量本征态的原子组成的一个 "系综", 所以在实施了第一次能量投影测量后发现 B 原子处在某一个能量本征态, 比如 $|\chi_k\rangle$ 的个数

$$N_k \simeq NP_k = N\frac{\mathrm{e}^{-\beta\chi_k}}{Z}, \tag{4.11}$$

P_k 是原子处在相应能量本征态的概率, 它有 Boltzmann 分布形式.

当这样的 N 个 B 原子和量子开系统发生相互作用后, 我们想知道这一系列原子的能量变化. 一种可能的结果是, 虽然它们都和开系统发生了相互作用, 但是在实施了两次能量投影测量后发现它们的能量都没有变化. 在此情况下, 根据式 (4.6), 经过时间间隔 Δt 后的开系统的波函数演化为

$$|\widetilde{\psi}(t+\Delta t)\rangle_A \propto \left[1 + \alpha^2 N \sum_\omega A^\dagger(\omega)A(\omega)\sum_{k=1}^N P_k g_k(\tau,\omega)\right]|\widetilde{\psi}(t)\rangle_A. \qquad (4.12)$$

我们保留了最低阶的近似, 即 $\mathcal{O}(\alpha^2)$. 需要注意的是, 我们还没有对波函数做归一化的处理. 明显写出上式中对量子数 k 求和的整项,

$$\sum_k P_k g_k(\tau,\omega)$$
$$= -\int_0^\tau \mathrm{d}s \int_0^s \mathrm{d}u e^{\mathrm{i}\omega u} P_k\langle\chi_k|\widetilde{B}(s)\widetilde{B}(s-u)|\chi_k\rangle$$
$$= -\int_0^\tau \mathrm{d}s \int_0^s \mathrm{d}u e^{\mathrm{i}\omega u}\mathrm{Tr}_B[\widetilde{B}(u)B\rho_B]$$
$$= -\int_0^\tau \mathrm{d}u e^{\mathrm{i}\omega u}\mathrm{Tr}_B[\widetilde{B}(u)B\rho_B]\int_u^\tau \mathrm{d}s$$
$$\approx -\tau\left[\frac{1}{2}r(\omega)+\mathrm{i}S(\omega)\right], \qquad (4.13)$$

函数 $r(\omega)$ 和 $S(\omega)$ 的定义已经由式 (2.37) 给出. 为了使上述结论合理, 我们必须要求热平衡态环境的两点时间关联函数的衰减时间比相互作用时间 τ 还要短. 将上述结果代入式 (4.12) 并考虑到波函数的归一化条件, 我们得到

$$|\widetilde{\psi}(t+\Delta t)\rangle_A = \left\{1 - \mathrm{i}H_{LS}\Delta t + \frac{1}{2}\sum_\omega r(\omega)\left[\langle A^\dagger(\omega)A(\omega)\rangle\right.\right.$$
$$\left.\left. - A^\dagger(\omega)A(\omega)\right]\Delta t\right\}|\widetilde{\psi}(t)\rangle_A + o(\Delta t^1), \qquad (4.14)$$

其中, H_{LS} 的表达式见式 (2.42), 左右尖括号表示对 t 时刻初始波函数 $|\widetilde{\psi}(t)\rangle_A$ 的平均, 这里已经重新吸收了微扰参数 α. 我们称上式为量子开系统波函数的连续演化方程.

除了所有环境原子的能量没有发生变化的一种可能外, 另一种可能是经过时间间隔 Δt 后, 这些 B 原子的能量的确发生了变化. 根据之前的讨论, 和没有发生任何能量变化的概率相比, 因为相互作用而引起环境原子的能量发生变化是小概

率事件, 所以我们假设在这个时间间隔内只有一个原子改变了它的能量. 为了使这个假设成立, Δt 的选择非常关键. 设这个能量变化发生在从能量本征值 χ_k 到另一个本征值 χ_l 的跳跃. 明显积分出式 (4.8),

$$f_{lk}(\tau, \omega) = \frac{\mathrm{e}^{-\mathrm{i}[\omega - (\chi_l - \chi_k)]\tau} - 1}{\omega - (\chi_l - \chi_k)} \langle \chi_l | B | \chi_k \rangle. \tag{4.15}$$

把右边的第一项写成一个更为熟悉的形式,

$$-\mathrm{i}\tau \mathrm{e}^{-\mathrm{i}\tau\delta/2} \frac{\sin(\delta\tau/2)}{(\delta\tau/2)}. \tag{4.16}$$

其中

$$\delta = \omega - (\chi_l - \chi_k). \tag{4.17}$$

在任何一本关于含时微扰论的量子力学教材中都能找到式 (4.16)[33]: 它是一个关于变量 $\delta\tau/2$ 的快速衰减的振荡函数, 在经典波动光学中它的模平方被称为衍射因子. 因此, 只要相互作用时间 τ 取足够长, 只有当 $\delta = 0$, 即

$$\omega = \chi_l - \chi_k \tag{4.18}$$

时, 式 (4.15) 才非零. 我们称该条件为能量守恒条件. 它意味着在式 (4.7) 的整个求和项中, 只有满足能量守恒条件的 ω 项才有非零的贡献. 反过来, 如果我们真的测量到了某个环境原子的能量发生了变化, 它的变化值必须等于某一个 Bohr 频率. 总结上述讨论, 在过了时间间隔 Δt 后, 如果测量到某个环境原子的能量发生了 ω 的变化, 那么在 $t + \Delta t$ 时刻量子开系统的波函数演化为

$$|\widetilde{\psi}(t + \Delta t)\rangle_A = \frac{A(\omega)|\widetilde{\psi}(t)\rangle_A}{\sqrt{\langle A^\dagger(\omega)A(\omega)\rangle}}, \tag{4.19}$$

这里加上了归一化条件. 我们称这样的波函数演化为 ω 型波函数跳跃. 关于式 (4.19) 有两点说明. 首先, 如果我们只记录了环境原子的能量变化而忽略了参与这个变化的能量本征态的具体信息, 满足能量守恒条件式 (4.18) 的量子数 l 和 k 可以非常不同 (相当于不同的初始波函数 $|\chi_l\rangle$), 它们对应着不同的系数 $f_{lk}(\tau, \omega)$, 但是因为有归一化条件的 "保护", 式 (4.19) 不会有任何改变. 然而, 如果量子开系统和环境原子的相互作用比较复杂, 也就是说式 (2.3) 中的 $a \geqslant 2$ 时, 我们很可能得不到这么简单的式 (4.19). 在 4.2.2 节中我们会再对这个问题进行专门讨

论. 其次, 除了能量发生变化的环境原子外, 其他没有检测到能量变化的环境原子仍然会以式 (4.4) 的方式改变量子开系统的波函数, 但是它们的影响都是 $o(\alpha^1)$.

接下来的问题是发生 ω 型波函数跳跃的概率等于多少. 根据式 (4.9), 如果发生能量变化的环境原子是从能量本征值 χ_k 跳到另一个本征值 χ_l $(l \neq k)$, 那么这个事件发生的概率为

$$p_{kl} = \alpha^2 |f_{lk}(\tau, \omega)|^2 \langle A^\dagger(\omega) A(\omega) \rangle. \tag{4.20}$$

考虑到环境原子的能量本征态非常密集, 容易设想从任何出发的 χ_k, 总有 χ_l 满足能量守恒条件式 (4.18). 因此, 在时间间隔 Δt 内如果确实观测到一个大小为 ω 的能量变化, 发生能量变化的环境原子可以发生在通过空腔的 N 个原子中的任何一个, 由此发生 ω 型波函数跳跃的概率为

$$P_\omega(t) = \alpha^2 N \langle A^\dagger(\omega) A(\omega) \rangle \sum_{k=1}^{N} P_k |f_{lk}(\tau, \omega)|^2. \tag{4.21}$$

上式右边的求和项还能做进一步简化. 首先我们注意到, 虽然求和项中的量子数 l 被能量守恒条件 (4.18) 限定, 但是根据式 (4.15), 任何不满足能量守恒条件的 $f_{lk}(\tau, \omega)$ 贡献几乎为零, 把这些项重新加上, 那么该求和项重新写成

$$\sum_{k=1}^{N} P_k \sum_l |f_{lk}(\tau, \omega)|^2$$
$$= \int_0^\tau \int_0^\tau \mathrm{d}s\mathrm{d}s' e^{i\omega(s-s')} \mathrm{Tr}_B[\widetilde{B}(s - s') B \rho_B]$$
$$\approx \tau r(\omega). \tag{4.22}$$

最后一步的近似仍然是考虑到两点时间关联函数的关联时间比相互作用时间 τ 短得多的结果. 代入式 (4.21), 最终得到发生 ω 型波函数跳跃的概率

$$P_\omega(t) = r(\omega) \langle A^\dagger(\omega) A(\omega) \rangle \Delta t, \tag{4.23}$$

这里再次吸收了参数 α. 虽然我们在相互作用图像中得到了上述概率公式, 但它在 Schrödinger 图像中也成立. 最后需要指出的是, Breuer 和 Petruccione 曾经在不同的情形下也用到了近似式 (4.13) 和式 (4.22)[34].

总结目前所有的讨论, 我们得到了一个关于量子开系统和一系列环境原子发生相互作用过程的波函数描述: 这一系列环境原子持续通过和量子开系统相互作

用的区域, 同时有一个能量测量仪器不间断地测量和记录这些原子的能量变化值; 在每一个时间间隔 $t \sim t + \Delta t$, 测量仪器可能会发现只有一个环境原子的能量发生了变化, 发生该事件的概率为

$$\sum_\omega P_\omega(t) = \Delta t \sum_\omega r(\omega) \langle A^\dagger(\omega) A(\omega) \rangle$$
$$= \Delta t \Gamma(t), \tag{4.24}$$

这里定义了总瞬时跳跃速率 $\Gamma(t)$; 如果测量仪器确实记录到了一个能量变化等于 ω 的事件, 量子开系统的波函数就发生了一次由式 (4.19) 描述的跳跃; 因为概率式 (4.24) 很小, 在大部分的时间间隔里测量仪器没有记录到环境原子能量发生变化的事件, 则测量前后量子开系统的波函数演化由确定性方程 (4.14) 描述. 当这样的一次实验结束时, 我们把在量子开放系统的 Hilbert 空间中记录到的一个波函数的历史, 它由系统波函数的连续演化和偶然的跳跃交替组成, 称为量子开放系统的一条量子跳跃轨迹, 用符号 $\{|\widetilde{\psi}\rangle_A\}$ 表示.

式 (4.14) 和式 (4.19) 可以合并写成一个更为紧凑的式子:

$$\Delta|\widetilde{\psi}\rangle_A = |\widetilde{\psi}(t + \Delta t)\rangle_A - |\widetilde{\psi}(t)\rangle_A$$
$$= \prod_\omega [1 - \Delta N_\omega(t)] \Delta t \left\{ -\mathrm{i} H_{LS} - \frac{1}{2} \sum_\omega r(\omega) \left[A^\dagger(\omega) A(\omega) \right. \right.$$
$$\left. - \langle A^\dagger(\omega) A(\omega) \rangle \right] \Big\} |\widetilde{\psi}(t)\rangle_A$$
$$+ \sum_\omega \Delta N_\omega(t) \left(\frac{A(\omega)}{\sqrt{\langle A^\dagger(\omega) A(\omega) \rangle}} - 1 \right) |\widetilde{\psi}(t)\rangle_A, \tag{4.25}$$

这里引入了随机变量 $\Delta N_\omega(t)$, 它等于 1 或者 0, 取相应值的概率分别是 $P_\omega(t)$ 和 $1 - P_\omega(t)$, 显然它的平均值为

$$E[\Delta N_\omega(t)] = r(\omega) \langle A^\dagger(\omega) A(\omega) \rangle \Delta t. \tag{4.26}$$

值得指出的是, 式 (4.26) 是在给定 $|\widetilde{\psi}(t)\rangle_A$ 下的平均, 因此它是一个条件概率的平均值. 式 (4.25) 清楚地告诉我们, 如何产生一条量子轨迹: 已知某一时刻的波函数 $|\widetilde{\psi}(t)\rangle_A$, 首先根据概率式 (4.24) 判断是否发生跳跃, 如果没有跳跃, 则根据式中花括号部分演化原有的波函数; 如果发生了跳跃, 则根据式 (4.23) 判断发生的是哪一个 ω 型量子跳跃; 最后根据式中大括号部分升级原有的波函数; 重复这样的操作直到实验结束.

另外, 如果引入波函数的密度算符

$$\widetilde{\sigma}_A(t) = |\widetilde{\psi}(t)\rangle_A \langle\widetilde{\psi}(t)|, \tag{4.27}$$

根据式 (4.25) 能导出密度算符的演化方程,

$$
\begin{aligned}
\Delta\widetilde{\sigma}_A =& \widetilde{\sigma}_A(t + \Delta t) - \widetilde{\sigma}_A(t) \\
=& \prod_\omega [1 - \Delta N_\omega(t)]\Delta t \left\{ -\mathrm{i}[H_{LS}, \widetilde{\sigma}_A] - \frac{1}{2}\sum_\omega r(\omega)\left\{ A^\dagger(\omega)A(\omega), \widetilde{\sigma}_A \right\} \right. \\
& \left. + \sum_\omega r(\omega)\mathrm{Tr}_A[A^\dagger(\omega)\widetilde{\sigma}_A A(\omega)]\widetilde{\sigma}_A \right\} \\
& + \sum_\omega \Delta N_\omega(t)\left(\frac{A(\omega)\widetilde{\sigma}_A A^\dagger(\omega)}{\mathrm{Tr}_A[A(\omega)\widetilde{\sigma}_A A^\dagger(\omega)]} - \widetilde{\sigma}_A \right),
\end{aligned}
\tag{4.28}
$$

相应地, 式 (4.26) 用开系统的密度算符重新表述为

$$E[\Delta N_\omega(t)] = r(\omega)\mathrm{Tr}_A[A^\dagger(\omega)A(\omega)\widetilde{\sigma}_A]\Delta t. \tag{4.29}$$

我们把关于 $\widetilde{\sigma}_A$ 的一个演化历史也称为一条量子跳跃轨迹, 并用符号 $\{\widetilde{\sigma}_A\}$ 标记, 它发生在量子开系统抽象的密度算符空间里. 在 4.2.2 节我们会说明, 得到式 (4.28) 并不需要借助波函数的演化方程. 虽然在这里式 (4.28) 和式 (4.25) 完全等价, 但是我们会看到, 只有前者的表述能够适用于量子开系统开始时刻处在混合态, 或者和量子开系统、环境有着复杂相互作用的情况.

4.2.2 轨迹和量子主方程

根据式 (4.25), 产生的一条量子跳跃轨迹是一个随机过程. 在同一时刻不同的轨迹可能有不同的波函数. 因此, 我们很自然地想知道这些波函数密度算符的平均

$$\widetilde{\rho}_A(t) = M[\widetilde{\sigma}_A(t)] \tag{4.30}$$

会满足什么样的方程. 符号 M 表示对所有量子跳跃轨迹出现概率的经典平均, 在 4.2.3 节将给出这个概率的具体公式. 请注意平均 M 和式 (4.26) 定义的平均 E 的区别, 后者是条件概率的平均值. 为此我们需要用到以下公式 [9]:

$$M[f(\widetilde{\sigma}_A)\Delta N_\omega(t)] = M\left[f(\widetilde{\sigma}_A)r(\omega)\mathrm{Tr}_A[A^\dagger(\omega)A(\omega)\widetilde{\sigma}_A] \right]\Delta t, \tag{4.31}$$

f 是 $\widetilde{\sigma}_A$ 的任意函数. 该式成立的原因不难理解: 发现特定的 $\widetilde{\sigma}_A$ 和 $\Delta N_\omega(t)$ 的联合概率等于发现密度算符 $\widetilde{\sigma}_A$ 和在给定该密度算符条件下发现 $\Delta N_\omega(t)$ 的条件概率的乘积, 后者只是简单地等于 $P_\omega(t)$, 见式 (4.23). 对式 (4.28) 两边做 M 平均, 不难看出

$$
\begin{aligned}
\Delta \widetilde{\rho}_A / \Delta t =& [\widetilde{\rho}_A(t + \Delta t) - \widetilde{\rho}_A(t)] / \Delta t \\
=& - \mathrm{i}[H_{LS}, \widetilde{\rho}_A] + \sum_\omega r(\omega) \Big[A(\omega) \widetilde{\sigma}_A A^\dagger(\omega) \\
& - \frac{1}{2} \big\{ A^\dagger(\omega) A(\omega), \widetilde{\sigma}_A \big\} \Big].
\end{aligned}
\tag{4.32}
$$

当时间间隔 Δt 趋于零时, 上述方程就是相互作用图像下恒定量子开系统的 Markov 主方程, 见式 (2.41).

在思考引入量子跳跃轨迹的理论动机时, 我们可能会把经典随机轨迹和概率分布函数满足的主方程的联系类比于量子跳跃轨迹和量子主方程的联系, 比如经典 Brown 粒子在物理空间中的 Langevian 方程和 Fokker-Planck 方程. 虽然这样的类比能够增进对新概念的接受程度, 但是上面的讨论表明这样做并不是很恰当. 实际上, 量子主方程对应的应该是经典随机轨迹的平均值演化. 量子跳跃轨迹由波函数或者密度算符的确定性演化以及随机跳跃交替组成. 在 Markov 随机理论中, 它们被归类为分段确定性过程 (piecewise deterministic process). 虽然在同一时刻每条量子轨迹的波函数或者密度算符可能不相等, 但是只要记录足够多的量子轨迹后就可以统计出特定波函数或者密度算符出现的概率, 由此得到一个和 Fokker-Planck 方程类似的关于概率分布泛函 (波函数的函数) 的确定性方程. Breuer 和 Petruccione 曾经详细研究过这个方程 [31].

4.2.3 轨迹的概率

假设一条量子跳跃轨迹从 0 时刻开始到 t 时刻结束, 根据式 (4.25), 我们将记录到一系列波函数或者密度算符发生跳跃的时刻以及跳跃的类型. 设这些跳跃发生的时间区间依次是 $t_i \sim t_i + \Delta t_i$, 跳跃类型是 ω_i $(0 \leqslant t_1 \leqslant \cdots t)$, 我们想知道记录到这样一条量子轨迹的概率等于多少. 为此, 我们首先计算一条相对简单的量子轨迹的概率: 这条轨迹从 0 时刻连续演化到 t 时刻, 并且在接下来的 $t \sim t + \Delta t$ 区间内发生了一次 ω 型的跳跃. 这个概率等于在 $(0, t)$ 时间内没有发生任何波函数跳跃的概率, 乘以 $t \sim t + \Delta t$ 区间内发生跳跃的概率, 再乘以跳跃是 ω 型的概率.

第二个概率就是式 (4.24). 最后一个概率是条件概率, 它简单地等于

$$\frac{P_\omega(t)}{\Delta t \Gamma(t)}. \tag{4.33}$$

对于第一个概率, 如果我们用 $Q(t)$ 表示, 那么它满足如下关系:

$$Q(t + \mathrm{d}t) = [1 - \Delta t \Gamma(t)]Q(t). \tag{4.34}$$

该式右边的概率含义很清楚: $0 \sim t + \mathrm{d}t$ 时间区间内没有任何波函数跳跃意味着在 $(0, t)$ 和 $(t, t + \mathrm{d}t)$ 时间区间内都没有跳跃事件. 注意式 (4.24) 是 Δt 区间内发生所有类型跳跃的概率之和. 式 (4.34) 的解为

$$Q(t) = \mathrm{e}^{-\int_0^t \Gamma(s)\mathrm{d}s}. \tag{4.35}$$

因此, 我们得到了观察到这样一条简单量子跳跃轨迹的概率,

$$\Delta t \Gamma(t) \mathrm{e}^{-\int_0^t \Gamma(s)\mathrm{d}s} \frac{P_\omega(t)}{\Delta t \Gamma(t)}. \tag{4.36}$$

为了清楚地显示概率的含义, 我们暂时没有对上式做简化. 这些结果也适用于计算从任意 t' 时刻开始到 t 时刻以 ω 型跳跃为结束的量子轨迹的概率, 唯一的区别就是把 0 的积分下限换成 t'. 在此基础上, 我们很容易明白, 假如记录到一条从 0 时刻开始到 t 时刻结束的量子跳跃轨迹, 在此期间的 N 个时间区间 $t_i \sim t_i + \Delta t_i$ 内发生类型为 ω_i $(i = 1, \cdots, N)$ 的波函数跳跃, 该轨迹出现的概率为

$$\Delta P\{|\psi\rangle_A\} = \mathrm{e}^{-\int_{t_N}^t \Gamma(s_N)\mathrm{d}s_N} P_{\omega_N}(t_N) \mathrm{e}^{-\int_{t_{N-1}}^{t_N} \Gamma(s_{N-1})\mathrm{d}s_{N-1}}$$
$$\cdots P_{\omega_1}(t_1) \mathrm{e}^{-\int_0^{t_1} \Gamma(s_0)\mathrm{d}s_0}. \tag{4.37}$$

这里用 ΔP 是考虑到右边包括了一系列的时间区间的长度 Δt_i.

　　式 (4.37) 给出了一个生成量子跳跃轨迹的新方法. 还以上面用到的简单量子轨迹为例. 根据式 (4.36), 中间两项的乘积表示波函数从 0 时刻连续演化到 t 时刻并发生波函数跳跃的概率分布函数, 我们可以用求逆生成方法 (inverse generating method)[35,36] 生成满足该分布的抽样时间 t. 在确定了时间 t 后, 再根据条件概率式 (4.33), 利用抽样方法得到波函数的跳跃类型. 模拟的细节见附录 A. 即使如此, 和原来的方法一样, 实现这个新方法的关键是求解式 (4.25) 中连续的演化部分. 因为其中出现了对波函数的平均, 这是一个非线性方程, 数值实现起来并不容

易. 稍加观察就会发现, 这个平均项的求和实际上就是总速率 $\Gamma(t)$, 这意味着我们能引入新的非归一的波函数 $|\widetilde{\phi}(t)\rangle$ [31],

$$|\widetilde{\psi}(t)\rangle_A = \mathrm{e}^{\frac{1}{2}\int_{t'}^{t}\Gamma(s)\mathrm{d}s}|\widetilde{\phi}(t)\rangle. \tag{4.38}$$

和原波函数不同, 它满足线性方程

$$\begin{aligned}
\partial_t|\widetilde{\phi}(t)\rangle &= -\mathrm{i}\hat{H}|\widetilde{\phi}(t)\rangle \\
&= \left[-\mathrm{i}H_{LS} - \frac{1}{2}\sum_{\omega}r(\omega)A^{\dagger}(\omega)A(\omega)\right]|\widetilde{\phi}(t)\rangle.
\end{aligned} \tag{4.39}$$

显然

$$\langle\widetilde{\phi}(t)|\widetilde{\phi}(t)\rangle = \mathrm{e}^{-\int_{t'}^{t}\Gamma(s)\mathrm{d}s}. \tag{4.40}$$

注意在 t' 时刻, $|\widetilde{\phi}(t)\rangle$ 的确是归一的. 新引进的波函数不仅简化了计算的难度, 而且还提供了式 (4.37) 的另一个表述:

$$\begin{aligned}
\Delta P\{|\widetilde{\psi}\rangle_A\} = &|U_0(t,t_N)A(\omega_N)U_0(t_N,t_{N-1})\cdots \\
&A(\omega_1)U_0(t_1,0)|\psi(0)\rangle|^2\prod_{i=1}^{N}r(\omega_i)\Delta t_i,
\end{aligned} \tag{4.41}$$

其中, $U_0(t,t')$ 表示式 (4.39) 非幺正的时间演化算符, 即

$$U_0(t,t') = \mathrm{e}^{-\mathrm{i}\hat{H}(t-t')}. \tag{4.42}$$

我们用一个特殊情形说明该式子的正确性. 假设整个过程中只在 t_1 时刻发生了一次 ω 型的跳跃, 根据式 (4.41), 则

$$\begin{aligned}
&\Delta P\{|\widetilde{\psi}\rangle_A\} \\
=&\langle\psi(0)|U_0^{\dagger}(t_1,0)A^{\dagger}(\omega_1)U_0^{\dagger}(t,t_1)U_0(t,t_1)A(\omega_1)U_0(t_1,0)|\psi(0)\rangle r(\omega_1)\Delta t_1 \\
=&\left\langle\widetilde{\psi}(t_1)|A^{\dagger}(\omega_1)U_0^{\dagger}(t,t_1)U_0(t,t_1)A(\omega_1)|\widetilde{\psi}(t_1)\right\rangle r(\omega_1)\Delta t_1\mathrm{e}^{-\int_0^{t_1}\Gamma(s_0)\mathrm{d}s_0} \\
=&\frac{1}{\langle A^{\dagger}(\omega_1)A(\omega_1)\rangle}\langle\widetilde{\psi}(t_1)|A^{\dagger}(\omega_1)U_0^{\dagger}(t,t_1)U_0(t,t_1)A(\omega_1)|\widetilde{\psi}(t_1)\rangle \\
&\times P_{\omega_1}(t_1)\mathrm{e}^{-\int_0^{t_1}\Gamma(s_0)\mathrm{d}s_0} \\
=&\langle\widetilde{\psi}(t)|\widetilde{\psi}(t)|\rangle\mathrm{e}^{-\int_{t_1}^{t}\Gamma(s_1)\mathrm{d}s_1}P_{\omega_1}(t_1)\mathrm{e}^{-\int_0^{t_1},\Gamma(s_0)\mathrm{d}s_0},
\end{aligned} \tag{4.43}$$

最后一步用到了式 (4.19) 以及 t 时刻波函数 $|\widetilde{\psi}(t)\rangle$ 的归一性质. 一般情形下式 (4.37) 和式 (4.41) 的等价性也可以通过重复上述相同的过程加以论证.

除了用波函数演化表示外, 量子跳跃轨迹的概率公式 (4.37) 还可以用密度算符的演化表示:

$$\Delta P\{\widetilde{\sigma}_A\} = \mathrm{Tr}_A\left[G_0(t,t_N)J(\omega_N)G_0(t_N,t_{N-1})\right.$$
$$\left.\cdots J(\omega_1)G_0(t_1,0)\sigma_A(0)\right]\prod_{i=1}^{N}\Delta t_i, \tag{4.44}$$

这里超算符 $J(\omega)$ 的定义为

$$J(\omega)O = r(\omega)A(\omega)OA^\dagger(\omega), \tag{4.45}$$

O 是任意的一个算符. $G_0(t_i,t_{i-1})$ $(i=1,\cdots,N,\ t_0=0)$ 是以下方程的超传播子:

$$\partial_t\widetilde{\pi}_A(t) = L_0\widetilde{\pi}_A(t)$$
$$= -\mathrm{i}[H_{LS},\widetilde{\pi}_A(t)] - \frac{1}{2}\sum_\omega r(\omega)\left\{A^\dagger(\omega)A(\omega),\widetilde{\pi}_A(t)\right\}, \tag{4.46}$$

$(t_{i-1} \leqslant t \leqslant t_i)$, 即

$$G_0(t,t') = T_-\mathrm{e}^{L_0(t-t')}. \tag{4.47}$$

所有的超算符和超传播子都只作用在它们右边的算符上. 式 (4.46) 是一个线性方程, 从一个归一的初始密度算符演化后, 它的解还没有归一. 引入该式和引入式 (4.39) 的动机相同: 式 (4.28) 连续演化部分是一个复杂的非线性方程, 它的最后一项正好是瞬时总速率式 (4.24), 令

$$\widetilde{\sigma}_A(t) = \mathrm{e}^{\int_{t'}^{t}\mathrm{d}s\,\Gamma(s)}\widetilde{\pi}_A(t), \tag{4.48}$$

代入式 (4.28) 的连续部分就得到了式 (4.46). 我们还是用只有一次波函数跳跃的特殊情形验证式 (4.44) 和式 (4.37) 的等价性: 此时,

$$\Delta P\{\widetilde{\sigma}_A\} = \mathrm{Tr}_A\left[G_0(t,t_1)J(\omega_1)G_0(t_1,0)\sigma_A(0)\right]\Delta t_1,$$
$$= \mathrm{Tr}_A\left[G_0(t,t_1)J(\omega_1)\mathrm{e}^{\int_0^{t_1}\Gamma(s_1)\mathrm{d}s_1}G_0(t_1,0)\sigma_A(0)\right]\mathrm{e}^{-\int_0^{t_1}\Gamma(s_1)\mathrm{d}s_1}\Delta t_1$$
$$= \mathrm{Tr}_A\left[G_0(t,t_1)\frac{J(\omega_1)\widetilde{\sigma}_A(t_1)}{\mathrm{Tr}_A[A(\omega_1)\widetilde{\sigma}_A(t_1)A^\dagger(\omega_1)]}\right]$$
$$\times \mathrm{Tr}_A[A(\omega_1)\widetilde{\sigma}_A(t_1)A^\dagger(\omega_1)]\mathrm{e}^{-\int_0^{t_1}\Gamma(s_1)\mathrm{d}s_1}\Delta t_1$$
$$= \mathrm{Tr}_A\left[\widetilde{\sigma}_A(t)\right]\mathrm{e}^{-\int_{t_1}^{t}\Gamma(s_1)\mathrm{d}s_1}P_{\omega_1}(t_1)\mathrm{e}^{-\int_0^{t_1}\Gamma(s_0)\mathrm{d}s_0}, \tag{4.49}$$

注意到 $\tilde{\sigma}_A(t)$ 是 t 时刻的密度算符, 它总是归一的, 因此我们完成了在这个特殊情形下的等价性证明. 重复相同的过程就能够证明一般情形下这两种表述的等价性. 值得指出的是, 式 (4.47) 的超传播子 G_0 和非幺正的时间演化算符 U_0 式 (4.42) 满足如下关系:

$$G_0(t,t')O = U_0(t,t')OU_0^\dagger(t,t'). \tag{4.50}$$

该结构和式 (4.45) 完全一致, 因此式 (4.41) 和式 (4.44) 有着非常明显的等价关系.

我们之所以花费较大的篇幅介绍不同形式的量子跳跃轨迹出现的概率, 是因为它们有着不同的应用价值: 式 (4.37) 明确地告诉我们如何利用随机数生成一条量子跳跃轨迹; 式 (4.41) 提醒我们需要求解的连续方程是线性的式 (4.39) 而不是归一但非线性的式 (4.25), 但是它只适用于量子开系统的初始状态是纯态以及系统和环境只有简单的相互作用, 更一般的情形只能用式 (4.44), 比如将要讨论的复杂相互作用的情况; 式 (4.44) 具有更高的普适性, 在证明量子跳跃轨迹的涨落定理时会用到它.

根据量子跳跃轨迹出现的概率公式, 我们能写出式 (4.30) 的精确表示,

$$\begin{aligned}
\tilde{\rho}_A(t) &= \sum \Delta P\{\tilde{\sigma}_A\}\tilde{\sigma}_A(t) \\
&= G_0(t,0)\rho_A(0) + \sum_{N=1}^\infty \sum_{\{\omega_i\}} \left(\prod_{i=N}^1 \int_0^{t_{i+1}} \mathrm{d}t_i\right) G_0(t,t_N)J(\omega_N) \\
&\quad G_0(t_N,t_{N-1})\cdots J(\omega_1)G_0(t_1,0)\rho_A(0).
\end{aligned} \tag{4.51}$$

上式的第一个等式中求和针对所有可能的量子跳跃轨迹. 它只是一个形式, 具体含义出现在第二个等式里, 在那里的 $\{\omega_i\}=\{\omega_1,\cdots,\omega_N\}$ 表示各个 t_i 时刻的各种可能的 Bohr 频率, 这些时刻以 $0 \leqslant t_1 \cdots \leqslant t_N \leqslant t_{N+1} = t$ 的顺序排列. 我们用式 (4.49) 这个特例说明第二个等式的正确性: 在该式的最后一行里, 求迹符号外的部分是观察到这条特定量子轨迹的概率, 因为是简单的数, 所以它能被移到求迹符号内, 对比式 (4.49) 的第一行, 我们立刻得到

$$\Delta P\{\tilde{\sigma}_A\}\tilde{\sigma}_A(t) = G_0(t,t_1)J(\omega_1)G_0(t_1,0)\sigma_A(0)\mathrm{d}t_1. \tag{4.52}$$

因此, 式 (4.51) 的第二个等式就是上述特例的推广. 值得注意的是, 根据式 (4.46) 和式 (4.45) 的定义, 上式中的超算符 G_0 和 J 对其右边项的重复作用相当于使初始密度算符 $\rho_A(0)$ 随时间做交替的连续演化和跳跃, 而和之前定义的量子跳跃轨

迹密度算符 ($\widetilde{\sigma}_A(t)$) 不同的是这些演化中的 "密度算符" 没有被归一. 如果我们仍然把这样的历史称为量子跳跃轨迹的话, 那么式 (4.51) 意味着系综的密度算符不仅等于所有归一的量子跳跃轨迹密度算符的加权求和, 也等于未归一的量子跳跃轨迹密度算符的等权求和.

4.2.4　复杂相互作用

本节我们尝试把在简单相互作用下得到的量子跳跃轨迹结果推广到具有复杂相互作用的情形, 也就是式 (2.3) 的 $a \geqslant 2$. 首先解释为什么在这种情形下量子跳跃轨迹的波函数表述不再成立. 当然, 如果量子开系统的初始状态是混态, 波函数描述自然不合适, 该表述本来就应该做适当的推广. 然而, 如果开系统的初始状态是纯态, 波函数描述的失效并非显而易见.

假设 t 时刻量子开系统的波函数已经制备在 $|\widetilde{\psi}(t)\rangle_A$ 描述的纯态上. 做与之前完全相同的推导就会发现, 在过了一个时间间隔 Δt 后, 如果恰好有一个环境原子的能量发生了 ω 的变化, 那么开系统波函数的跳跃为

$$|\widetilde{\psi}(t+\tau)\rangle_A = \frac{\displaystyle\sum_a A_a(\omega) f_{lk}^a(\tau,\omega)|\widetilde{\psi}(t)\rangle_A}{\left(\displaystyle\sum_{a,b} f_{lk}^a(\tau,\omega)^* f_{lk}^b(\tau,\omega) \langle A_a^\dagger(\omega) A_b(\omega)\rangle\right)^{1/2}}. \tag{4.53}$$

因为再次出现了系数

$$f_{lk}^a(\tau,\omega) = -\mathrm{i}\int_0^\tau \mathrm{d}s e^{-\mathrm{i}\omega s}\langle \chi_l|\widetilde{B}_a(s)|\chi_k\rangle, \tag{4.54}$$

我们已经考虑了能量守恒条件 (4.18). 和式 (4.7) 不同, 式 (4.53) 中出现了对算符下标 a 的求和, 这是因为根据式 (2.30) 的定义, 在不同算符 A_a 的谱分解中, 可以有相同 Bohr 频率的谱分量. 显然, 即使对应着完全相同的跳跃类型, 对于不同的量子数 k 和 l 波函数式 (4.53) 并不等同[①]. 考虑到测量仪器只记录了环境原子能量的变化而忽略了波函数跳跃前后具体的量子数, 我们将被迫采用密度算符而非波函数描述在 $t+\Delta t$ 时刻的开系统的状态.

假设在第一次能量投影测量结束的 t 时刻, 环境原子和开系统的密度算符分

---

① 即使忽略了相位的差别.

别是 $|\chi_k\rangle\langle\chi_k|$ 和 $\widetilde{\sigma}_A(t)$. 在发生短暂的相互作用后, 整个复合系统演变为

$$
\begin{aligned}
&\widetilde{\rho}(t+\tau) \\
&= \left[T_{\leftarrow}\mathrm{e}^{-\mathrm{i}\alpha\int_t^{t+\tau}\mathrm{d}s\widetilde{V}(s)}\right]\widetilde{\sigma}_A(t)\otimes|\chi_k\rangle\langle\chi_k|\left[T_{\leftarrow}\mathrm{e}^{-\mathrm{i}\alpha\int_t^{t+\tau}\mathrm{d}s\widetilde{V}(s)}\right]^\dagger \\
&= \widetilde{\sigma}_A(t)\otimes|\chi_k\rangle\langle\chi_k| - \mathrm{i}\alpha\int_t^{t+\tau}\mathrm{d}s\widetilde{V}(s)|\chi_k\rangle\langle\chi_k|\otimes\widetilde{\sigma}_A(t) \\
&\quad + \mathrm{i}\alpha\widetilde{\sigma}_A(t)\otimes|\chi_k\rangle\langle\chi_k|\int_t^{t+\tau}\mathrm{d}s\widetilde{V}(s) \\
&\quad - \alpha^2\int_t^{t+\tau}\mathrm{d}s\int_t^s\mathrm{d}u\widetilde{V}(s)\widetilde{V}(u)|\chi_k\rangle\langle\chi_k|\otimes\widetilde{\sigma}_A(t) \\
&\quad - \alpha^2\widetilde{\sigma}_A(t)\otimes|\chi_k\rangle\langle\chi_k|\int_t^{t+\tau}\mathrm{d}s\int_t^s\mathrm{d}u\widetilde{V}(u)\widetilde{V}(s) \\
&\quad + \alpha^2\int_t^{t+\tau}\mathrm{d}s\widetilde{V}(s)\widetilde{\sigma}_A(t)\otimes|\chi_k\rangle\langle\chi_k|\int_t^{t+\tau}\mathrm{d}u\widetilde{V}(u) + o(\alpha^2). \quad (4.55)
\end{aligned}
$$

紧接着我们立即测量了相互作用后的环境原子的能量. 如果测量表明原子的能量仍然等于 χ_k, 那么开系统的密度算符

$$
\begin{aligned}
\widetilde{\sigma}_A(t+\tau) &= \frac{\mathrm{Tr}_B[|\chi_k\rangle\langle\chi_k|\widetilde{\rho}(t+\tau)]\chi_k\rangle\langle\chi_k|]}{\mathrm{Tr}\left[|\chi_k\rangle\langle\chi_k|\widetilde{\rho}(t+\tau)\right]} \\
&\propto \widetilde{\sigma}_A(t) + \alpha^2\sum_{a,b,\omega,\omega'}\mathrm{e}^{\mathrm{i}(\omega-\omega')t}g_{ab}^k(\tau,\omega,\omega')A_a^\dagger(\omega)A_b(\omega')\widetilde{\sigma}_A(t) \\
&\quad + \alpha^2\sum_{a,b,\omega,\omega'}\mathrm{e}^{-\mathrm{i}(\omega-\omega')t}g_{ab}^k(\tau,\omega,\omega')^*\widetilde{\sigma}_A(t)A_b^\dagger(\omega')A_a(\omega), \quad (4.56)
\end{aligned}
$$

其中

$$
g_{ab}^k(\tau,\omega,\omega') = -\int_0^\tau\mathrm{d}s\int_0^s\mathrm{d}u\mathrm{e}^{\mathrm{i}(\omega-\omega')s+\mathrm{i}\omega'u}\langle\chi_k|\widetilde{B}_a(s)\widetilde{B}_b(s-u)|\chi_k\rangle. \quad (4.57)
$$

和量子主方程的推导类似, 根据旋波近似, 我们通过只保留所有 $\omega=\omega'$ 的项进而简化式 (4.56). 特别是当经过更长的时间间隔 Δt 后, 因为有 $N\,(\gg 1)$ 个环境原子和开系统发生相互作用, 如果测量发现所有这些原子的能量都没有变化, 那么在 $t+\Delta t$ 时刻量子开系统的密度算符演化为

$$
\begin{aligned}
\widetilde{\sigma}_A(t+\Delta t) &\propto \widetilde{\sigma}_A(t) + \alpha^2 N\sum_{a,b,\omega}\left[\sum_n P_n g_{ab}^k(\tau,\omega)\right]A_a^\dagger(\omega)A_b(\omega)\widetilde{\sigma}_A(t) \\
&\quad + \alpha^2 N\sum_{a,b,\omega}\left[\sum_n P_n g_{ab}^k(\tau,\omega)\right]^*\widetilde{\sigma}_A(t)A_b^\dagger(\omega)A_a(\omega), \quad (4.58)
\end{aligned}
$$

$g_{ab}^k(\tau, \omega)$ 是 $\omega = \omega'$ 的式 (4.57). 利用和论证式 (4.13) 完全相同的方法, 上式对量子数 k 的求和等于

$$-\tau \left[\frac{1}{2} r_{ab}(\omega) + \mathrm{i} S_{ab}(\omega) \right]. \tag{4.59}$$

代入式 (4.58) 并做归一化处理, 我们得到

$$
\begin{aligned}
\widetilde{\sigma}_A(t + \Delta t) =& \widetilde{\sigma}_A(t) - \mathrm{i}\Delta t [H_{LS}, \widetilde{\sigma}_A(t)] \\
& - \Delta t \sum_{\omega, k, l} \frac{1}{2} r_{ab}(\omega) \left\{ A_a^\dagger(\omega) A_b(\omega), \widetilde{\sigma}_A(t) \right\} \\
& + \Delta t \sum_{\omega, a, b} r_{ab}(\omega) \mathrm{Tr}_A [A_a^\dagger(\omega) A_b(\omega) \widetilde{\sigma}_A(t)] \widetilde{\sigma}_A(t) \\
& + o(\Delta t^1).
\end{aligned}
\tag{4.60}
$$

我们称式 (4.60) 为量子开系统密度算符的连续演化方程.

除了能量都不变的结果外, 另一种可能的测量结果是在 $(t, t + \Delta t)$ 间隔内恰好有某个环境原子的能量发生了变化. 假设这个变化是 ω, 而且是从能量本征值 χ_k 跃迁到了 χ_l. 在此情况下, 量子开系统的密度算符跳跃为

$$
\begin{aligned}
\widetilde{\sigma}_A(t + \tau) =& \frac{\mathrm{Tr}_B[|\chi_l\rangle\langle\chi_l|\widetilde{\rho}(t + \tau)|\chi_l\rangle\langle\chi_l|]}{\mathrm{Tr}\,[|\chi_l\rangle\langle\chi_l|\widetilde{\rho}(t + \tau)]} \\
& \propto \alpha^2 \sum_{a,b} f_{lk}^a(\tau, \omega) f_{lk}^b(\tau, \omega)^* A_a(\omega) \widetilde{\sigma}_A(t) A_b^\dagger(\omega),
\end{aligned}
\tag{4.61}
$$

这里已经考虑了能量守恒条件式 (4.18). 很明显, 跳跃之后的密度算符和具体的量子数 k 有关. 因为测量仪器只是简单地记录了能量的变化值 ω 而非具体的量子数 k, 在 $t + \Delta t$ 时刻我们所能观察到的密度算符应该是这些不同 k 值的密度算符的加权求和, 也就是

$$
\begin{aligned}
\widetilde{\sigma}_A(t + \Delta t) =& \frac{\displaystyle\sum_{a,b} \left[\sum_k P_k f_{lk}^a(\tau, \omega) f_{lk}^b(\tau, \omega)^* \right] A_a(\omega) \widetilde{\sigma}_A(t) A_b^\dagger(\omega)}{\displaystyle\sum_{a,b} \left[\sum_k P_k f_{lk}^a(\tau, \omega) f_{lk}^b(\tau, \omega)^* \right] \mathrm{Tr}_A[A_a(\omega) \widetilde{\sigma}_A(t) A_b^\dagger(\omega)]} \\
=& \frac{\displaystyle\sum_{a,b} r_{ab}(\omega) A_a(\omega) \widetilde{\sigma}_A(t) A_b^\dagger(\omega)}{\displaystyle\sum_{a,b} r_{ab}(\omega) \mathrm{Tr}_A[A_a(\omega) \widetilde{\sigma}_A(t) A_b^\dagger(\omega)]},
\end{aligned}
\tag{4.62}
$$

这里已经加上了密度算符归一化的要求. 在推导上式的第二个等式时, 我们用到了下述结论:

$$\sum_k P_k f_{lk}^a(\tau,\omega) f_{lk}^b(\tau,\omega)^* \approx \tau r_{ab}(\omega). \tag{4.63}$$

在推导式 (4.22) 时我们解释过其成立的原因. 根据式 (4.62), 在时间区间 $(t, t + \Delta t)$ 内观测到有环境原子能量变化等于 ω 的概率为

$$P_\omega(t) = \Delta t \sum_{a,b} r_{ab}(\omega) \mathrm{Tr}_A[A_a(\omega)\widetilde{\sigma}_A(t)A_b^\dagger(\omega)]. \tag{4.64}$$

由此可知, 在相同的时间区间内观察到有环境原子发生能量变化的概率就是上式对所有可能的 Bohr 频率做求和, 即

$$\Delta t \Gamma(t) = \Delta t \sum_{\omega,a,b} r_{ab}(\omega) \mathrm{Tr}_A[A_a(\omega)\widetilde{\sigma}_A(t)A_b^\dagger(\omega)]. \tag{4.65}$$

我们把式 (4.60) 和式 (4.62) 组合成一个演化方程:

$$
\begin{aligned}
\Delta\widetilde{\sigma}_A =& \widetilde{\sigma}_A(t+\Delta t) - \widetilde{\sigma}_A(t) \\
=& \prod_\omega [1 - \Delta N_\omega(t)]\Delta t \Bigg\{ -\mathrm{i}[H_{LS}, \widetilde{\sigma}_A(t)] \\
& - \frac{1}{2}\sum_{\omega,a,b} r_{ab}(\omega)\left\{ A_a^\dagger(\omega)A_b(\omega), \widetilde{\sigma}_A(t)\right\} \\
& + \sum_{\omega,a,b} r_{ab}(\omega)\mathrm{Tr}_A[A_a^\dagger(\omega)A_b(\omega)\widetilde{\sigma}_A(t)]\widetilde{\sigma}_A(t) \Bigg\} \\
& + \sum_\omega \Delta N_\omega(t)\left\{ \frac{\sum_{a,b} r_{ab}(\omega)A_a(\omega)\widetilde{\sigma}_A(t)A_b^\dagger(\omega)}{\sum_{a,b} r_{ab}(\omega)\mathrm{Tr}_A[A_a(\omega)\widetilde{\sigma}_A(t)A_b^\dagger(\omega)]} - \widetilde{\sigma}_A(t) \right\},
\end{aligned} \tag{4.66}
$$

其中, $\Delta N_\omega(t)$ 是一个随机变量, 它等于 0 或者 1, 且平均值

$$E[\Delta N_\omega(t)] = \Delta t \sum_{a,b} r_{ab}(\omega)\mathrm{Tr}_A[A_a(\omega)\widetilde{\sigma}_A(t)A_b^\dagger(\omega)], \tag{4.67}$$

注意这是一个条件平均值. 我们称由式 (4.66) 描述的一个演化历史为量子系统开密度算符的量子跳跃轨迹, 它发生在开系统的密度算符空间中. 和简单相互作用

的情形类似, 如果对所有量子跳跃轨迹在 t 时刻的密度算符以轨迹出现概率做加权平均, 即

$$\widetilde{\rho}_A(t) = M[\widetilde{\sigma}_A(t)], \tag{4.68}$$

我们发现这样的密度算符满足如下方程:

$$\partial_t \widetilde{\rho}_A(t) = -\mathrm{i}[H_{LS}, \widetilde{\rho}_A(t)] + \sum_{\omega,a,b} r_{ab}(\omega) \Big[A_b(\omega)\widetilde{\rho}_A(t)A_a^\dagger(\omega)$$
$$- \frac{1}{2} \big\{ A_a^\dagger(\omega)A_b(\omega), \widetilde{\rho}_A(t) \big\} \Big], \tag{4.69}$$

在推导时需要用到以下结论:

$$M\left[f(\widetilde{\sigma}_A)\Delta N_\omega(t)\right] = M\left[f(\widetilde{\sigma}_A)\sum_{a,b} r_{ab}(\omega)\mathrm{Tr}_A[A_a(\omega)\widetilde{\sigma}_A(t)A_b^\dagger(\omega)]\right]\Delta t, \tag{4.70}$$

它是式 (4.31) 的推广. 式 (4.69) 正是相互作用图像下恒定量子开系统的量子 Markov 主方程.

式 (4.66) 提醒我们, 一条密度算符量子跳跃轨迹可以用生成随机数的方法加以模拟, 这一点和波函数量子跳跃轨迹的模拟没有区别. 另外, 该式也给出了一条特定密度算符量子跳跃轨迹的出现概率: 它还是具有式 (4.37) 或者式 (4.44) 的表述, 不同之处在于先前关于 $P_\omega(t)$ 的公式 (4.23) 换成了式 (4.64), 其中超算符

$$J(\omega)O = \sum_{ab} r_{ab}(\omega)A_a(\omega)OA_b^\dagger(\omega), \tag{4.71}$$

而且这里的 $G_0(t_i, t_{i-1})$ 是以下方程的超传播子:

$$\partial_t \widetilde{\pi}_A(t) = -\mathrm{i}[H_{LS}, \widetilde{\pi}_A] - \frac{1}{2}\sum_{\omega,a,b} r_{ab}(\omega)\big\{ A_a^\dagger(\omega)A_b(\omega), \widetilde{\pi}_A \big\}. \tag{4.72}$$

因为相同的原因, 式 (4.51) 也成立. 如果下标 a 和 b 都取为 1, 那么本节得出的所有结论都退化到 4.2.3 节关于简单相互作用下的密度算符量子跳跃轨迹的结论.

4.3　时变开系统

在 4.2 节, 我们利用重复相互作用模型详细介绍了量子跳跃轨迹. 在那里, 量子开系统的 Hamilton 算符被设定为恒定不变. 本节把之前的结果推广到有含时

驱动的量子开系统的情况. 按照以前的做法, 我们应该根据开系统和环境相互作用的复杂情况分别讨论基于波函数和密度算符描述的量子跳跃轨迹, 但是我们也看到, 从推导的技术角度看这两种描述并没有实质性的差别, 后者只是在符号的表述上更为繁杂而已. 因此, 在这里我们只讨论简单相互作用下含时开系统的波函数量子跳跃轨迹. 密度算符的版本在 4.4 节给出, 在那里将会介绍另一种更为简洁的推导方案. 就像讨论含时量子主方程时一样, 我们按照弱驱动系统、周期驱动系统、慢驱动系统的顺序逐个分析. 因为关于它们的结论和恒定开系统的结论非常类似, 我们的讨论相对简略. 为了和第 2 章的内容保持一致, 这里不要求含时外驱动必须通过外参数 λ_t 实现.

首先是量子开系统的 Hamilton 算符为弱驱动的情况. 重新写出式 (2.54),

$$H_A(t) = H_A + \gamma H_1(t), \tag{4.73}$$

因为驱动强度 γ 被设定为小量, 我们对相互作用图像的算符 $\widetilde{V}(s)$ 做 γ 的 Taylor 展开,

$$\widetilde{V}(s) = \sum_\omega [A(\omega)\mathrm{e}^{-\mathrm{i}\omega s} + o(\gamma^0)] \otimes \widetilde{B}(s). \tag{4.74}$$

上式中的 $A(\omega)$ 是算符 A 关于自由 Hamilton 算符 H_A 的谱展开的分量. 我们已经假设了 γ 和开系统—环境相互作用强度 α 具有相同的量级, 见第 2.2.1 节的说明, 在相互作用图像中, 和 γ 相关的项的阶数总会等于或者高于 $\alpha^2\gamma$. 因为量子跳跃轨迹的理论仅考虑最低阶近似, 相比于 α^2 阶的项, 这些高阶项都被忽略不计, 所以之前在恒定 Hamilton 情况下得到的所有关于量子跳跃轨迹的结论在弱驱动情况下自动地保留了下来, 唯一需要改变的是在 Schrödinger 图像中恒定 Hamilton 算符 H_A 应该替换为式 (4.73).

接下来是周期驱动量子开系统, 它的 Hamilton 算符是式 (2.56). 根据式 (2.66), 在相互作用图像中,

$$\widetilde{V}(s) = \sum_\omega A(\omega, 0)\mathrm{e}^{-\mathrm{i}\omega s} \otimes \widetilde{B}(s). \tag{4.75}$$

对比式 (4.75) 和式 (4.3) 发现, 它们具有完全一致的形式. 因此, 不需要再做额外的推导, 我们就能确信在周期驱动量子开系统中, 量子跳跃轨迹的概念、物理解释以及数学表述等能和在恒定量子开系统中一样——建立起来. 需要注意的是算

符 $A(\omega, 0)$ 中的 0 参数, 它是为了把相互作用图像中的数学结果返回 Schrödinger 图像而特地保留的, 见式 (2.75).

最后一类是慢驱动量子开系统. 根据式 (2.82), 同样在相互作用图像中,

$$\widetilde{V}(s) = \sum_{m,n} A_{mn}(t, 0) \mathrm{e}^{-\mathrm{i}\mu_{mn}(t)} \otimes \widetilde{B}(s), \tag{4.76}$$

和前面三种情况不同, 这里的谱分量 $A_{nm}(t, 0)$ 和时间 t 有关. 根据式 (4.2), 经过很短的相互作用时间 τ 后, 如果开始时处于状态 $|\chi_k\rangle$ 的环境原子的能量在相互作用前后没有发生变化, 那么开系统的波函数演化为

$$
\begin{aligned}
&|\widetilde{\psi}(t+\tau)\rangle_A \\
&\propto \left[1 - \int_0^\tau \mathrm{d}s \int_0^s \mathrm{d}u \langle \chi_k | \widetilde{V}(t+s) \widetilde{V}(t+s-u) | \chi_k \rangle \right] |\widetilde{\psi}(t)\rangle_A \\
&\propto \left\{ 1 + \alpha^2 \sum_{m_1, n_1, m_2, n_2} A_{m_1 n_1}^\dagger(t, 0) A_{m_2 n_2}(t, 0) \right. \\
&\quad \left. \mathrm{e}^{\mathrm{i}[\mu_{m_1 n_1}(t) - \mu_{m_2 n_2}(t)]} g_k \left[\tau, \omega_{m_1 n_1}(t), \omega_{m_2 n_2}(t) \right] \right\} |\widetilde{\psi}(t)\rangle_A. \\
&\propto \left\{ 1 + \alpha^2 \sum_{m_1 n_1} A_{m_1 n_1}^\dagger(t, 0) A_{m_1 n_1}(t, 0) g_k \left(\tau, \omega_{m_1 n_1}(t) \right) \right\} |\widetilde{\psi}(t)\rangle_A. \tag{4.77}
\end{aligned}
$$

在得到上式的第二个等式时, 我们已经利用了 s 和 $s-u$ 相比于时间 t 是小量的事实, 由此合理地应用近似公式 (2.91), 第三个等式是旋波近似的结果. 进一步考虑在更长的时间间隔 Δt 内大量环境原子和开系统发生 N 次持续的作用. 因为慢驱动条件下外参数随时间的改变非常缓慢 (绝热定理近似成立的要求), 我们认为在此期间式 (4.77) 最后一个等式中的时间参数 t 就是一个常数, 因此即使发生了 N 次相互作用, 我们仍然得到一个和式 (4.14) 类似的演化方程, 它们的不同之处在于那里的 $A(\omega)$ 被换成了 $A_{m_1, n_1}(t, 0)$, 而对 ω 的求和换成对 m_1 和 n_1 的求和. 另外, 如果一个环境原子因为和开系统的短暂作用而从能量本征值 χ_k 跃迁到 χ_l, 那么开系统波函数相应跳跃为

$$|\widetilde{\psi}(t+\tau)\rangle_A \propto \sum_{mn} \mathrm{e}^{-\mathrm{i}[\mu_{mn}(t) - (\chi_l - \chi_k)t]} f_{lk}[\tau, \omega_{mn}(t)] A_{mn}(t, 0) |\widetilde{\psi}(t)\rangle_A. \tag{4.78}$$

我们知道, 只有当满足能量守恒条件式 (4.18) 时, 在这里也就是

$$\omega_{mn}(t) = \chi_l - \chi_k, \tag{4.79}$$

函数 f_{lk} 才显著非零. 如果和第 2.2.3 节推导慢驱动量子主方程一样, 我们仍然假设 $\omega_{mn}(t)$ 对应着唯一一组量子数 (m, n), 上述守恒条件意味着在式 (4.78) 的求和项中有非零贡献的只有一项. 因此, 对于慢驱动的量子开系统, 我们仍然得到一个和式 (4.19) 类似的波函数跳跃, 只是那里的算符 $A(\omega)$ 被替换成了这里的 $A_{mn}(t, 0)$. 综合这两个结果, 我们就构建了慢驱动量子开系统的波函数量子跳跃轨迹.

4.4 一个形式理论

在前面的 4.2 和 4.3 节里, 我们利用重复相互作用模型得到了若干个量子开系统的量子跳跃轨迹, 应用这些轨迹满足的演化方程重新得到了量子主方程. 本节将说明这个流程也可以反过来, 即不再借助模型而从量子主方程出发形式地推导出量子跳跃轨迹的图像和理论. 这样做的原因有以下几点. 首先这应该是一条得到不同量子开系统量子跳跃轨迹更为简洁高效的途径. 虽然针对不同的开系统, 利用重复相互作用模型得到跳跃轨迹没有根本的困难, 过程也很相似, 但是这样重复的讨论总显得枯燥而乏味. 在很多真实情况下往往是先有了量子主方程. 第 2 章的讨论表明这些不同开系统的量子主方程有一个统一的形式. 如果从这个量子主方程出发得到一个一般的量子跳跃轨迹理论, 那么不同量子开系统的情况只是简单地替换不同的符号而已. 其次, 重复相互作用模型是量子跳跃轨迹的一个物理实现, 然而这个概念完全可以作为模拟求解量子主方程的算法而存在, 物理模型还不足以全面展示这个概念的价值. 最后, 这里的形式理论为第 5 章研究量子跳跃轨迹的功和热准备了必要的数学基础.

首先把式 (2.101) 重新写成如下形式:

$$\partial_t \rho_A(t) = \mathcal{L}_0(t)\rho_A(t) + \sum_{\omega_t} J(\omega_t, t)\rho_A(t), \tag{4.80}$$

在这里我们定义了两个超算符,

$$\mathcal{L}_0(t)O = -\mathrm{i}[H_A(t) + H_{LS}(t), O] - \frac{1}{2}\sum_{\omega_t, a, b} r_{ab}(\omega_t)\left\{A_a^\dagger(\omega_t, t)A_b(\omega_t, t), O\right\}, \tag{4.81}$$

$$J(\omega_t, t)O = \sum_{a, b} r_{ab}(\omega_t)A_b(\omega_t, t)OA_a^\dagger(\omega_t, t). \tag{4.82}$$

现在把式中 J 相关的项看成是扰动项, 那么式 (4.80) 的解有一个 Dyson 级数的

表示:

$$
\begin{aligned}
\rho_A(t) =& G_0(t,0)\left[\rho_A(0)\right] \\
&+ \sum_{N=1}^{\infty} \sum_{\{\omega_{t_i}\}} \left(\prod_{i=N}^{1} \int_0^{t_{i+1}}\right) \left(\prod_{i=N}^{1} \mathrm{d}t_i\right) G_0(t,t_N) J(\omega_{t_N},t_N) \\
& G_0(t_N,t_{N-1}) \cdots J(\omega_{t_1},t_1) G_0(t_1,0)\rho_A(0) \\
=& \int \mathcal{D}(t) G_0(t,t_N) J(\omega_{t_N},t_N) G_0(t_N,t_{N-1}) \\
& \cdots J(\omega_{t_1},t_1) G_0(t_1,0)\rho_A(0),
\end{aligned}
\tag{4.83}
$$

这里的 $\{\omega_{t_i}\}=\{\omega_{t_1},\cdots,\omega_{t_N}\}$ 表示各个 t_i 时刻的 Bohr 频率 $(0 \leqslant t_1 \cdots \leqslant t_N \leqslant t_{N+1} = t)$, 求和是对所有的 N、所有的时间点, 以及各个时刻所有可能的 Bohr 频率进行, 另外

$$
G_0(t,t') \equiv T_- \mathrm{e}^{\int_{t'}^{t} \mathrm{d}u \mathcal{L}_0(u)}
\tag{4.84}
$$

是未扰动部分的超传播子. 上述提及的超算符都只作用在它们右边的算符上. 在式 (4.83) 的最后一步引入了简写符号 $\int \mathcal{D}(t)$, 以表示对所有可能的轨迹进行求和以及时间积分. 因为之前我们曾经定义了超传播子式 (2.104), 当然

$$
G(t,0) = \int \mathcal{D}(t) G_0(t,t_N) J(\omega_{t_N},t_N) G_0(t_N,t_{N-1})
$$
$$
\cdots J(\omega_{t_1},t_1) G_0(t_1,0).
\tag{4.85}
$$

我们立即看到, 如果是恒定量子开系统, 式 (4.83) 和式 (4.51) 完全一致, 这给出了式 (4.80) 看似随意分解的原因. 还是根据和这个特殊的量子开系统做类比, 我们预期式 (4.83) 的积分部分应该解释为由超算符式 (4.81) 和式 (4.82) 控制的一个未归一的 "密度算符", 因此我们自然会想到定义一个归一的密度算符 σ_A:

$$
\begin{aligned}
\sigma_A(t)\Delta P\{\sigma_A\} =& G_0(t,t_N) J(\omega_{t_N},t_N) G_0(t_N,t_{N-1}) \\
& \cdots J(\omega_{t_1},t_1) G_0(t_1,t_0)\rho_A(0) \prod_{i=1}^{N} \Delta t_i,
\end{aligned}
\tag{4.86}
$$

而

$$
\begin{aligned}
\Delta P\{\sigma_A\} =& \mathrm{Tr}_A[G_0(t,t_N) J(\omega_{t_N},t_N) G_0(t_N,t_{N-1}) \\
& \cdots J(\omega_{t_1},t_1) G_0(t_1,t_0)\rho_A(0)] \prod_{i=1}^{N} \Delta t_i
\end{aligned}
\tag{4.87}
$$

是观察到一条特定量子跳跃轨迹的概率: 这条轨迹在初始时刻的密度算符是 $\rho_A(0)$, 按照时间的顺序在 $t_i(i = 1, \cdots, N)$ 发生了 N 跳跃, 跳跃类型分别是 ω_{t_i}, 它们可能是时间的函数. 如果 $\Delta P\{\sigma_A\}$ 有概率解释, 那么它必须大于等于零, 这一点的论证见附录 B. 因此, 我们能把式 (4.83) 写成另一种形式:

$$\rho_A(t) = \sum_{\{\sigma_A\}} \Delta P\{\sigma_A\} \sigma_A(t). \tag{4.88}$$

显然, 它的应用范围超出了恒定量子开系统的情况.

上面的讨论表明, 我们能够不借助重复相互作用物理模型, 而仅从符号操作的角度得到量子跳跃轨迹, 所以也就不奇怪它们曾经作为一种求解量子主方程的模拟算法出现在文献 [4] 和 [5] 中. 这个形式的量子测量解释出现在 Srinivas 和 Davies[3] 对光子计数统计的研究中. Carmichael[7], Wiseman 和 Milburn[8] 进一步把这套形式理论系统地应用于量子光学的研究, 他们的工作都局限在零温环境下的二能级量子开系统的情况. 之后 Kist 等 [32] 将这些结果推广到了非零温的热环境的情况.

附录 A 量子跳跃轨迹的模拟

假设连续随机变量 t 的概率分布函数是 $p(t)$. 根据求逆生成方法 [35,36], 为了得到满足该分布的一次抽样, 我们首先产生一个均匀分布在 $(0, 1)$ 之间的随机数 ξ, 然后计算分布函数的累积分布函数 (cumulative distribution function)

$$F(t) = \int_{-\infty}^{t} p(t)\mathrm{d}t, \tag{4.89}$$

并求解以下方程:

$$\xi = F(t), \tag{4.90}$$

由此得到的 t 值就是我们想要的一次抽样.

求逆生成方法可以用于量子跳跃轨迹的模拟. 以第 4.2.3 节提到的那条简单量子跳跃轨迹为例, 我们想生成一个时间 t (> 0), 使得量子轨迹从 0 时刻连续演化到这一刻并在 $t \sim t + \Delta t$ 期间发生波函数跳跃. 根据式 (4.36), t 满足的概率分布函数为

$$p(t) = \Gamma(t)\mathrm{e}^{-\int_0^t \Gamma(s)\mathrm{d}s}. \tag{4.91}$$

如果引入未归一的波函数 $\widetilde{\phi}(t)$, 根据式 (4.40), 寻找满足式 (4.90) 的抽样时间 t 等价于求解方程

$$\xi = \langle \widetilde{\phi}(t)|\widetilde{\phi}(t)\rangle. \tag{4.92}$$

一般情况下上式没有简单的函数形式, 我们不得不先数值求解式 (4.39) 再找到满足上式的时间 t.

在确定跳跃发生的时间 t 后, 要确定发生波函数跳跃的类型. 按任意顺序排列算符 A 谱分量的所有 Bohr 频率, 比如从小到大排列为 $\{\omega(1),\omega(2),\cdots\}$, 对应的概率为 $\{P_{\omega(1)}(t), P_{\omega(2)}(t),\cdots\}$. 再次生成一个均匀分布在 $(0,1)$ 的随机数 χ, 并找到满足以下不等式的最小的 n:

$$\chi < \frac{1}{\Gamma(t)} \sum_{n'=1}^{n} P_{\omega(n')}(t), \tag{4.93}$$

那么在 $t \sim t + \Delta t$ 时间区间内发生的跳跃类型就是 $\omega(n)$. 这个跳跃类型的选择规则实际上就是求逆生成方法, 只是这里涉及的是离散型的随机变量.

附录 B　式 (4.87) 非负性的证明

在第 2.3 节我们曾经提及, 量子主方程 (2.101) 的结构遵循一般含时量子 Markov 主方程, 即式 (2.114). 在数学上我们可以模仿后者通过引入幺正变换 $P(t)$ 使得两点时间关联函数的 Fourier 变换系数 $r_{ab}(\omega_t, t)$ 对角化, 此时超算符 $\mathcal{L}_0(t)$ 和 $J(\omega_t, t)$ 也相应地 "对角化" 为[①]

$$\mathcal{L}_0(t)O = -\mathrm{i}[H_A(t) + H_{LS}(t), O] \\ - \frac{1}{2} \sum_{\omega_t, a} \gamma_a(\omega_t, t)\{F_a^{\dagger}(\omega_t, t)F_a(\omega_t, t), O\}, \tag{4.94}$$

$$J(\omega_t, t)O = \sum_a \gamma_a(\omega_t, t)F_a(\omega_t, t)OF_a^{\dagger}(\omega_t, t). \tag{4.95}$$

系数 $\gamma_a(\omega_t, t)$ $(\geqslant 0)$ 是半正定 Hermite 矩阵 $r_{ab}(\omega_t)$ 的本征值,

$$r_{ab}(\omega_t, t) = \sum_{d,b} P_{ad}(t)P_{bd}^*(t)\gamma_d(\omega_t, t), \tag{4.96}$$

[①] 也相当于解释了为什么式 (2.112) 和式 (2.114) 等价.

$P_{ab}(t)$ 是幺正变换 $P(t)$ 的矩阵元, 而新算符为

$$F_a(\omega_t, t) = \sum P_{ba}^*(t) A_b(\omega_t, t). \tag{4.97}$$

直接时间求导就能确认以下公式的正确性:

$$G_0(t, t')(O) = U_0(t, t') O U_0^\dagger(t, t'), \tag{4.98}$$

U_0 是非幺正的时间演化算符, 且

$$\partial_t U_0(t, t') = \Bigg\{ - \mathrm{i} \big[H_A(t) + H_{LS}(t) \big]$$
$$- \frac{1}{2} \sum_{\omega_t, a} \gamma_a(\omega_t, t) F_a^\dagger(\omega_t, t) F_a(\omega_t, t) \Bigg\} U_0(t, t'). \tag{4.99}$$

这些结果自然让我们回想起式 (4.45) 和式 (4.50). 超算符式 (4.95) 和式 (4.98) 的结构和第 2 章的式 (2.107) 一致, 它们都属于具有正定性质的 Kraus 超算符, 也就是说, 它们作用在任何一个正定算符上仍然是正定算符. 因为式 (4.87) 右边求迹的内部由这两类算符交替组成并作用在一个半正定的密度算符 $\rho_A(0)$ 上, 所以该式的非负性得到了证明.

参 考 文 献

[1] Sekimoto K. Stochastic Energetics. Berlin: Springer, 2010

[2] Mollow B R. Pure-state analysis of resonant light scattering: Radiative damping, saturation, and multiphoton effects. Phys. Rev. A, 1975, 12: 1919

[3] Srinivas M D, Davies E B. Photon counting probabilities in quantum optics. Opt. Acta., 1981, 28: 981

[4] Zoller P, Marte M, Walls D F. Quantum jumps in atomic systems. Phys. Rev. A, 1987, 35: 198

[5] Mølmer K, Castin Y, Dalibard J. Monte Carlo wave-function method in quantum optics. J. Opt. Soc. Am. B, 1993, 10: 524

[6] Carmichael H J, Singh S, Vyas R, et al. Photoelectron waiting times and atomic state reduction in resonance fluorescence. Phys. Rev. A., 1989, 39: 1200

[7] Carmichael H J. An Open Systems Approach to Quantum Optics. Berlin: Springer, 1993

[8] Wiseman H M, Milburn G J. Interpretation of quantum jump and diffusion processes illustrated on the Bloch sphere. Phys. Rev. A, 1993, 47: 1652

[9] Wiseman H M, Milburn G J. Quantum Measurement and Control. Cambridge: Cambridge University Press, 2010

[10] Gardiner C. Zoller P. Quantum Noise: A Handbook of Markovian and Non-Markovian Quantum Stochastic Methods with Applications to Quantum Optics. Berlin: Springer, 2004

[11] Plenio M B, Knight P L. The quantum-jump approach to dissipative dynamics in quantum optics. Rev. Mod. Phys., 1998, 70: 101

[12] Clerk A A, Devoret M H, Girvin S M, et al. Introduction to quantum noise, measurement, and amplification. Rev. Mod. Phys., 2010, 82: 1155

[13] Nagourney W, Sandberg J, Dehmelt H. Shelved optical electron amplifier: Observation of quantum jumps. Phys. Rev. Lett., 1986, 56: 2797

[14] Berquist J C, Hulet R G, Itano W M, et al. Observation of quantum jumps in a single atom. Phys. Rev. Lett., 1986, 57: 1699

[15] Basché Th, Kummer S, Bräuchle C. Direct spectroscopic observation of quantum jumps in a single molecule. Nature, 1995, 373: 132

[16] Gleyzes S, Kuhr S, Guerlin C, et al. Quantum jumps of light recording the birth and death of a photon in a cavity. Nature, 2007, 446: 297

[17] Sun L, Petrenko A, Leghtas Z, et al. Tracking photon jumps with repeated quantum non-demolition parity measurements. Nature, 2013, 511: 444

[18] Minev Z K, Mundhada S O, Shankar S, et al. To catch and reverse a quantum jump mid-flight. Nature, 2019, 570: 200

[19] De Roeck W, Maes C. Steady state fluctuations of the dissipated heat for a quantum stochastic model. Rev. Math. Phys., 2006, 18: 619

[20] Dereziński J, De Roeck W, Maes C. Fluctuations of quantum currents and unravelings of master equations. J. Stat. Phys., 2008, 131: 341

[21] Crooks G E. On the Jarzynski relation for dissipative quantum dynamics. J. Stat. Mech.: Theor. and Exp., 2008, P10023

[22] Horowitz J M. Quantum-trajectory approach to the stochastic thermodynamics of a forced harmonic oscillator. Phys. Rev. E, 2012, 85: 031110

[23] Horowitz J M, Parrrondo J M R. Entropy production along nonequilibrium quantum jump trajectories. New J. Phys., 2013, 15: 085028

[24] Manzano G, Horowitz J M, Parrrondo J M R. Nonequilibrium potential and fluctuation theorems for quantum maps. Phys. Rev. E, 2015, 92: 032129

[25] Hekking F W J, Pekola J P. Quantum jump approach for work and dissipation in a two-level system. Phys. Rev. Lett., 2013, 111: 093602

[26] Liu F. Equivalence of two Bochkov-Kuzovlev equalities in quantum two-level systems. Phys. Rev. E, 2014, 89: 042122

[27] Liu F. Calculating work in adiabatic two-level quantum Markovian master equations: A characteristic function method. Phys. Rev. E, 2014, 90: 032121

[28] Liu F. Calculating work in weakly driven quantum master equations: Backward and forward equations. Phys. Rev. E, 2016, 93: 012127

[29] Liu F, Xi, J Y. Characteristic functions based on a quantum jump trajectory. Phys. Rev. E, 2016, 94: 062133

[30] Liu F. Heat and work in Markovian quantum master equations: Concepts, fluctuation theorems, and computations. Prog. Phys., 2018, 38:1

[31] Breuer H P, Petruccione F. The Theory of Open Quantum Systems. New York: Oxford University Press, 2002

[32] Kist T B L, Orszag M, Brun T A, et al. Stochastic Schrödinger equations in cavity QED: physical interpretation and localization. J. Opt. B: Quantum Semiclass. Opt., 1999, 1: 251

[33] 曾谨言. 量子力学 I. 第四版. 北京: 科学出版社, 2007

[34] Breuer H P, Petruccione F. Stochastic dynamics of quantum jumps. Phys. Rev. E, 1995, 52: 428

[35] Gillespie D T. Markov Processes: An introduction for Physical Scientists. Boston: Academic Press, 1992

[36] 包景东. 经典和量子耗散系统的随机模拟方法. 北京: 科学出版社, 2009

第 5 章　量子跳跃轨迹的热和功

5.1　热和功的定义

第 4 章的讨论清楚地表明, 实现量子跳跃轨迹的一个方法是外部仪器连续地测量环境原子的能量变化: 在很小的时间间隔内, 如果没有监测到能量变化, 则开系统的状态发生微小的变化; 如果监测到有一个原子的能量发生变化, 则开系统的状态发生了一次跳跃. 因此, 如果外部仪器在一段有限长的时间内记录到一条完整的量子跳跃轨迹, 那么仪器记录下的所有环境原子能量的变化之和就是量子开系统和环境原子在这段时间内交换的总能量. 以热力学的观点看, 这部分能量自然地被解释为沿着该特定轨迹量子开系统释放的热. 定量上, 假设量子跳跃轨迹发生了 N 次 ω_{t_i} $(i = 1, \cdots, N)$ 类型的跳跃, 该轨迹释放的热 [1–11]

$$Q\{\sigma_A\} = \sum_{i=1}^{N} \omega_{t_i}. \tag{5.1}$$

值得强调的是, 这里没有对开系统的初始密度算符加任何的限制. 就我们所知, Breuer 最早把量子跳跃轨迹的 Bohr 频率解释成了开系统释放的量子热, 当时他仅考虑了恒定量子开系统的情况 [12].

在量子跳跃轨迹热定义的基础上, 我们还能定义轨迹的功. 和热的情况稍微不同, 除了持续监视环境原子的能量变化外, 外界仪器还需要在实验的开始和结束的时刻分别对量子开系统做两次能量投影测量. 和第 3.1 节讨论的情况类似, 开系统的初始密度算符可能因为第一次投影测量而发生改变. 设量子开系统的哈密顿算符 $H_A(\lambda_t)$ 有瞬时能量本征态 $|\varepsilon_n(\lambda_t)\rangle$, $\varepsilon_n(\lambda_t)$ 是瞬时本征值. 假设因为第一次投影测量后开系统的密度算符是 $|\varepsilon_m(\lambda_0)\rangle\langle\varepsilon_m(\lambda_0)|$, 从它出发得到一条量子跳跃轨迹 $\{\sigma_A\}$. 如果这条轨迹上发生了 N 次 $\{\omega_{t_i}\}$ 类型的跳跃, 在轨迹结束的 t_f 时刻第二次能量投影后的密度算符是 $|\varepsilon_n(\lambda_{t_f})\rangle\langle\varepsilon_n(\lambda_{t_f})|$, 则定义轨迹功 [4,7–9]

$$W_{nm}\{\sigma_A\} = \varepsilon_n(\lambda_{t_f}) - \varepsilon_m(\lambda_0) + Q\{\sigma_A\}. \tag{5.2}$$

我们也称上式为量子跳跃轨迹的热力学第一定律. 另外, 如果量子开系统的 Hamilton 算符具有式 (3.17) 的结构, 当然也可以只对自由 Hamilton 算符 H_A 做两次能量投影测量, 由此定义量子跳跃轨迹的部分功

$$W_{nm}^0\{\sigma_A\} = \varepsilon_n - \varepsilon_m + Q\{\sigma_A\}, \tag{5.3}$$

ε_n 和 ε_m 是算符 H_A 的能量本征值. 注意, 式 (5.3) 只对弱驱动量子开系统才有量子部分功的意义, 3.1 节已经解释过其中的原因.

5.2 轨迹特征算符

出现量子跳跃轨迹是一个随机事件. 因此, 沿着轨迹定义的热和功, 式 (5.1)~ 式 (5.3) 都是随机变量, 如何刻画它们的统计性质是一个非常有趣的议题. 因为量子跳跃轨迹和量子主方程有着紧密的联系, 我们会猜测轨迹热和功的统计性质与把量子开系统—环境当成一个复合闭系统做两次能量投影测量而定义的热和功的统计性质一致, 见式 (3.2)、式 (3.10) 和式 (3.19). 考虑到这两类热力学量的测量定义如此不同, 我们并不能先验地认为这个猜测成立. 毕竟, 前者的定义是基于量子跳跃轨迹的概念, 对于很多量子开系统并不存在这样的概念, 比如有非 Markov 效应或者强耦合等, 而后者的测量定义没有这些限制. 为了探讨量子跳跃轨迹功和热的统计性质, 模仿第 3 章的做法, 转而考察它们的特征函数. 以热为例,

$$\Phi_h(\eta) = \sum_{\{\sigma_A\}} \Delta P\{\sigma_A\} e^{i\eta Q\{\sigma_A\}}. \tag{5.4}$$

代入式 (4.87) 和式 (5.1), 上式的右边等于

$$\mathrm{Tr}_A\Bigg[\int \mathcal{D}(t) G_0(t,t_N) e^{i\eta\omega_{t_N}} J(\omega_{t_N}, t_N) G_0(t_N, t_{N-1})$$
$$\cdots e^{i\eta\omega_{t_1}} J(\omega_{t_1}, t_1) G_0(t_1, t_0) \rho_A(0) \Bigg]. \tag{5.5}$$

我们立刻发现, 方括号中的整项和 Dyson 级数式 (4.83) 几乎相同, 它们的区别在于这里的每个超算符 $J(\omega_t, t)$ 前面都出现了一个指数 "相" 因子 $\exp(i\eta\omega_t)$. 因此, 不需要进一步的推导, 这个相似性提醒我们, 如果定义式 (5.5) 中的整个积分项为量子跳跃轨迹的热特征算符, 它满足的演化方程和第 3.2 节 $\hat{\rho}_A(t,\eta)$ 的方程完全相同, 见式 (3.40). 因此, 我们证实了之前对轨迹热和复合系统热定义的统计性质一致的猜测. 既然这样, 我们也就没有必要再额外引进新的热特征算符和特征函

数的数学符号. 需要指出的是, 在构建量子跳跃轨迹时, 已经隐含地用到了弱耦合极限, 比如式 (4.6) 和式 (4.13) 仅在这个极限下才有严格的数学意义, 所以这些基于不同测量方案定义的热力学随机量实际上有着相同的数学基础.

接下来是量子跳跃轨迹的功 (5.2), 它的特征函数

$$\Phi_w(\eta) = \sum_{n,m} \sum_{\{\sigma_A\}} \Delta P_{n|m}\{\sigma_A\} P_m(0) \mathrm{e}^{\mathrm{i}\eta W_{nm}\{\sigma_A\}}. \tag{5.6}$$

$P_m(0)$ 是第一次投影测量发现开系统处在能量本征态 $|\varepsilon_m(\lambda_0)\rangle$ 的概率. $\Delta P_{n|m}$ 是发现一条特定量子轨迹的条件概率: 它的初始密度算符是

$$|\varepsilon_m(\lambda_0)\rangle\langle\varepsilon_m(\lambda_0)|, \tag{5.7}$$

在 t_i ($i=1, \cdots, N$) 时刻共发生 N 次类型分别为 $\{\omega_{t_i}\}$ 的跳跃, 在第二次测量时发现能量本征态为 $|\varepsilon_n(\lambda_{t_f})\rangle$. 不难看出, 这个概率为

$$\begin{aligned} \Delta P_{n|m}\{\sigma_A\} &= \mathrm{Tr}_A\left[|\varepsilon_n(\lambda_{t_f})\rangle\langle\varepsilon_n(\lambda_{t_f})|\sigma_A(t_f)\right]\Delta P\{\sigma_A\} \\ &= \mathrm{Tr}_A\Big[|\varepsilon_n(\lambda_{t_f})\rangle\langle\varepsilon_n(\lambda_{t_f})|G_0(t,t_N)J(\omega_{t_N},t_N)G_0(t_N,t_{N-1}) \\ &\quad \cdots J(\omega_{t_1},t_1)G_0(t_1,0)|\varepsilon_m(\lambda_0)\rangle\langle\varepsilon_m(\lambda_0)|\Big]\prod_{i=1}^N \Delta t_i, \end{aligned} \tag{5.8}$$

在第二个等式里用到了式 (4.86). 把式 (5.2) 和式 (5.8) 代入式 (5.6), 发现它的右边等于

$$\begin{aligned} \mathrm{Tr}_A\Big[&\mathrm{e}^{\mathrm{i}\eta H_A(t)}\int \mathcal{D}(t)G_0(t,t_N)\mathrm{e}^{\mathrm{i}\eta\omega_{t_N}}J(\omega_{t_N},t_N)G_0(t_N,t_{N-1}) \\ &\cdots \mathrm{e}^{\mathrm{i}\eta\omega_{t_1}}J(\omega_{t_1},t_1)G_0(t_1,t_0)\mathrm{e}^{-\mathrm{i}\eta H_A(0)}\rho_0\Big], \end{aligned} \tag{5.9}$$

初始密度算符

$$\rho_0 = \sum_m P_m(0)|\varepsilon_m(\lambda_0)\rangle\langle\varepsilon_m(\lambda_0)|. \tag{5.10}$$

和式 (5.5) 做一个对比, 除了初始密度算符用 $\exp[-\mathrm{i}\eta H_A(\lambda_0)]\rho_0$ 代替外, 另一个不同是这里多出了一个指数 Hamilton 算符 $\exp[\mathrm{i}\eta H_A(\lambda_{t_f})]$. 因此, 式 (5.9) 求迹中的整项就是第 3.3 节式 (3.44) 求迹中的整项, 它当然也和功特征算符 $K_A(\eta,t_f)$ 完全一致. 对于量子跳跃轨迹量子部分功式 (5.3) 的情况也有类似的结论, 这里不再展开说明.

基于上述讨论, 我们得到如下重要结论: 对于我们关注的四类量子开系统, 定义在对量子开系统和环境构成的复合闭系统所做的两次能量投影测量的热和功, 和定义在对环境原子进行连续能量投影测量得到的量子跳跃轨迹的热和功, 它们的统计性质完全一致. 这个结论的重要意义有两点. 首先, 我们可以用这两种看似非常不同的实验方法研究同一个开系统的随机热力学. 到目前为止, 我们还不是非常清楚如何实验地实现对开系统和环境进行两次能量投影测量以得到热和功的随机分布. 与之形成鲜明对比的是现在的实验室有能力测量单条量子跳跃轨迹 [13-18]. 其次, 统计性质的等价意味着在理论研究随机的功和热时, 我们能自由地选择先数值求解演化方程 (3.40) 或者 (3.45), 再做 Fourier 反变换得到随机热力学量的分布, 或者直接模拟生成量子跳跃轨迹得到功和热的分布. 不难看出, 前者和求解量子主方程 (2.101) 类似. 如果量子开系统的 Hilbert 空间维数是 D, 那么需要求解算符 $\hat{\rho}_A(t, \eta)$ 或者 $K_A(t, \eta)$ 的未知复变量的个数近似等于 D^2. 如果采用模拟方法, 那么求解式 (4.25) 的未知复变量只有 D 个. 当量子开系统的维度很大时, 模拟方法对计算机资源的要求显然比数值求解演化方程小得多 [19].

5.3 轨迹涨落定理

5.3.1 热和功

考虑到量子跳跃轨迹的热特征算符和功特征算符满足的演化方程仍然是式 (3.40) 和式 (3.45), 它们的特征函数当然具有第 3.5.3 节描述过的性质, 轨迹上定义的热和功也满足积分涨落定理和细致涨落定理. 不仅如此, 量子跳跃轨迹还暗含了一类轨迹层次上的涨落定理. 为此, 我们引入量子跳跃轨迹的概率分布函数 $p\{\sigma_A\}$, 它的定义是

$$\Delta P\{\sigma_A\} = p\{\sigma_A\} \prod_{i=1}^{N} \Delta t_i \tag{5.11}$$

也就是式 (4.87) 右边求迹的部分.

第一个结论是一条正向量子跳跃轨迹和它逆轨迹的概率分布函数之比等于该轨迹热的指数函数, 即

$$p\{\sigma_A\} = e^{\beta Q\{\sigma_A\}} \overline{p}\{\overline{\sigma}_A\}. \tag{5.12}$$

所谓正向轨迹是指来自正向量子主方程 (2.101) 的量子跳跃轨迹, 其初始条件是

完全随机密度算符 C. 它的逆轨迹则来自逆向量子主方程 (3.109) 的量子跳跃轨迹. 设正向轨迹 $\{\sigma_A\}$ 有 N 次类型分别为 $\omega_{t_1}, \cdots, \omega_{t_N}$ 的跳跃, 它们按时间增加的顺序依次排序, 那么它的逆轨迹 $\{\bar\sigma_A\}$ 也从完全随机密度算符 C 出发. 虽然它还是由 N 次跳跃构成, 但是这些跳跃类型按时间顺序依次为 $-\bar\omega_{s_1}, \cdots, -\bar\omega_{s_N}$, $\bar\omega_{s_i} = \omega_{t_j}$, 且

$$s_i + t_j = t_f, \tag{5.13}$$

$i + j = N + 1$ $(i = 1, \cdots, N)$, 这里我们仍然用 s 表示逆过程的时间变量. 图 5.1 给出了一条正向轨迹和其逆轨迹的示意图

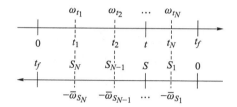

图 5.1   正向量子主方程的量子跳跃轨迹 (上方带箭头的直线) 和它的逆向轨迹 (下方带箭头的直线). 箭头表示了时间流逝的方向. 正向轨迹的跳跃类型按时间增加的顺序排列成 $\omega_{t_1}, \cdots, \omega_{t_N}$. 逆向量子轨迹的跳跃类型按时间增加方向的排序是 $-\bar\omega_{s_1}, \cdots, -\bar\omega_{s_N}$, 其中 $\bar\omega_{s_i} = \omega_{t_j}$, $s_i + t_j = t_f$, 而且 $i + j = N + 1$

为了证明式 (5.12), 我们先定义式 (4.82) 超算符 J 和式 (4.84) 超传播子 G_0 的对偶:

$$G_0^*(t, t') = T_+ e^{\int_{t'}^t du \mathcal{L}_0^*(u)}, \tag{5.14}$$

$$J^*(\omega_t, t)O = \sum_{a,b} r_{ab}(\omega_t) A_a^\dagger(\omega_t, t) O A_b(\omega_t, t), \tag{5.15}$$

其中

$$\mathcal{L}_0^*(t)O = i[H_A(t) + H_{LS}(t), O]$$
$$- \frac{1}{2} \sum_{\omega_t, a, b} r_{ab}(\omega_t) \{A_a^\dagger(\omega_t, t) A_b(\omega_t, t), O\}. \tag{5.16}$$

O 表示任意的算符. 超算符对偶的定义见式 (3.126). 另外, 如果这些超算符对偶

在作用之后再取共轭, 我们有

$$[G_0^*(t,t')(O)]^\dagger = G_0^*(t,t')(O^\dagger),\tag{5.17}$$

$$[J^*(\omega_t,t)(O)]^\dagger = J^*(\omega_t,t)(O^\dagger).\tag{5.18}$$

基于这些符号和公式, 我们能够把正向量子跳跃轨迹的概率分布函数式 (4.87) 重新表述为

$$
\begin{aligned}
p\{\sigma_A\} =& \mathrm{Tr}_A[G_0(t_f,t_N)(J(\omega_{t_N},t_N)(G_0(t_N,t_{N-1}) \\
& \cdots(J(\omega_{t_1},t_1)(G_0(t_1,0)(C)))\cdots))] \\
=& \mathrm{Tr}_A[G_0^*(t_1,0)(J^*(\omega_{t_1},t_1)(G_0^*(t_2,t_1) \\
& \cdots(J^*(\omega_{t_N},t_N)(G_0^*(t_f,t_N)(C)))\cdots))] \\
=& \mathrm{Tr}_A[\Theta(G_0^*(t_1,0)(J^*(\omega_{t_1},t_1)(G_0^*(t_2,t_1) \\
& \cdots(J^*(\omega_{t_N},t_N)(G_0^*(t_f,t_N)(C)))\cdots)))^\dagger\Theta^{-1}] \\
=& \mathrm{Tr}_A[\Theta G_0^*(t_1,0)(J^*(\omega_{t_1},t_1)(G_0^*(t_2,t_1) \\
& \cdots(J^*(\omega_{t_N},t_N)(G_0^*(t_f,t_N)(C)))\cdots))\Theta^{-1}].
\end{aligned}
\tag{5.19}
$$

为了明确显示出超算符的作用范围, 我们加上了多层圆括号.

式 (5.19) 还需要和逆轨迹的概率分布函数建立起联系. 我们用到另外两个公式. 第一个是关于超算符 J 的:

$$\mathrm{e}^{-\beta\omega_t}\Theta J^*(\omega_t,t)(O)\Theta^{-1} = \overline{J}(-\overline{\omega}_s,s)(\Theta O\Theta^{-1}),\tag{5.20}$$

$\overline{J}$ 是逆向量子主方程的 J 超算符, 也就是说,

$$\overline{J}(\overline{\omega}_s,s)O = \sum_{a,b} r_{ab}(\overline{\omega}_s)\overline{A}_b(\overline{\omega}_s,s)O\overline{A}_a^\dagger(\overline{\omega}_s,s).\tag{5.21}$$

只要注意到 KMS 条件式 (2.40), (3.110), (3.111) 和 (3.131), 证实式 (5.20) 并不困难. 另一个公式是

$$\Theta G_0^*(t_j,t)(O)\Theta^{-1} = \overline{G}_0(s,s_i)(\Theta O\Theta^{-1}),\tag{5.22}$$

其中 $t_{j-1} \leqslant t \leqslant t_j$, $s_i \leqslant s \leqslant s_{i+1}$, $t+s = t_f$, $\overline{G}_0(s,s_i)$ 是逆量子跳跃轨迹中确定性演化的超传播子. 上式的证明和式 (3.129) 的证明类似. 令式 (5.22) 的左边等

于 $\pi'_A(s)$, 对它求时间 s 的导数, 我们有

$$
\begin{aligned}
\partial_s \pi'_A(s) =& \Theta \mathcal{L}_0^*(t_f - s)\left(\Theta^{-1}\pi'_A(s)\Theta\right) \\
=& -\mathrm{i}[\overline{H}_A(s) + \overline{H}_{LS}(s), \pi'_A(s)] \\
& - \frac{1}{2}\sum_{\overline{\omega}_s, a, b} r_{ab}(\overline{\omega}_s)\left\{\overline{A}_a^\dagger(\overline{\omega}_s, s)\overline{A}_b(\overline{\omega}_s, s), \pi'_A(s)\right\}.
\end{aligned} \tag{5.23}
$$

最后一个公式是由代入 $\mathcal{L}_0^*$ 的式 (5.16), 利用了式 (3.110)、式 (3.111) 和式 (3.131) 得到. 这就是逆轨迹演化的确定性部分. 考虑到初始条件 $\pi'_A(s_i) = \Theta\Theta^{-1}$, 就证明了式 (5.22).

　　有了上述准备后, 我们终于可以实施量子跳跃轨迹热涨落定理的最后证明步骤. 对式 (5.19) 重复应用式 (5.20) 和式 (5.22), 我们发现它等于

$$
\begin{aligned}
p\{\sigma_A\} =& \mathrm{e}^{\beta\sum_{i=1}^N \omega_{t_i}} \mathrm{Tr}_A[\overline{G}_0(t_f, s_N)(\overline{J}(-\overline{\omega}_{s_N}, s_N)(\overline{G}_0(s_N, s_{N-1}) \\
& \cdots (\overline{J}(-\overline{\omega}_{s_1}, s_1)(\overline{G}_0(s_1, 0)(C)))\cdots)].
\end{aligned} \tag{5.24}
$$

上式右边的整个求迹项显然是观察到正向量子跳跃轨迹的逆轨迹的概率分布函数 $\overline{p}(\overline{\sigma}_A)$, 由此我们证明了式 (5.12).

　　我们推广上述的讨论证明轨迹功和轨迹部分功涨落定理. 首先注意到轨迹的概率分布函数式 (5.8) 可以重新写成

$$
\begin{aligned}
p_{n|m}\{\sigma_A\} =& \mathrm{Tr}_A[|\varepsilon_n(\lambda_{t_f})\rangle\langle\varepsilon_n(\lambda_{t_f})|G_0(t_f, t_N)(J(\omega_{t_N}, t_N)(G_0(t_N, t_{N-1}) \\
& \cdots(J(\omega_{t_1}, t_1)(G_0(t_1, 0)(|\varepsilon_m(\lambda_0)\rangle\langle\varepsilon_m(\lambda_0)|)))\cdots)] \\
=& \mathrm{e}^{\beta\sum\omega_{t_i}}\mathrm{Tr}_A[\Theta|\varepsilon_m(\lambda_0)\rangle\langle\varepsilon_m(\lambda_0)|\Theta^{-1}\overline{G}_0(t_f, s_N)(\overline{J}(-\overline{\omega}_{s_N}, s_N) \\
& (\overline{G}_0(s_N, s_{N-1}) \\
& \cdots(\overline{J}(-\overline{\omega}_{s_1}, s_1)(\overline{G}_0(s_1, 0)(\Theta|\varepsilon_n(\lambda_{t_f})\rangle\langle\varepsilon_n(\lambda_{t_f})|\Theta^{-1})))\cdots)] \\
=& \mathrm{e}^{\beta\sum_{i=1}^N \omega_{t_i}}\overline{p}_{m|n}\{\overline{\sigma}_A\}.
\end{aligned} \tag{5.25}
$$

上式最后一步中的 $\overline{p}_{m|n}$ 是观察到相应逆轨迹的概率分布函数: 它的初始状态是 $|\varepsilon_n(\lambda_{t_f})\rangle$, 发生了 N 次跳跃, 跳跃类型沿着时间的方向按 $-\overline{\omega}_{s_1}, \cdots, -\overline{\omega}_{s_N}$ 依次排序, 在结束的 t_f 时刻测量得到开系统的能量本征态是 $|\varepsilon_m(\lambda_0)\rangle$. 我们已经用到了量子开系统的 Hamilton 算符时间反演不变的性质, 见式 (3.102). 基于这个等式, 我们进一步得到

$$
p_{n|m}\{\sigma_A\}P_m(0)Z_A(\lambda_0) = \mathrm{e}^{\beta W_{nm}\{\sigma_A\}}\overline{p}_{m|n}\{\overline{\sigma}_A\}P_n(t_f)Z_A(\lambda_{t_f}), \tag{5.26}
$$

其中

$$P_d(t_i) = \frac{\mathrm{e}^{-\beta \varepsilon_d(\lambda_{t_i})}}{Z_A(\lambda_{t_i})}, \tag{5.27}$$

$t_i = 0, t_f, d = m, n.$ 式 (5.26) 的左边是测量到开系初始时刻处在能量本征态 $|\varepsilon_m(\lambda_0)\rangle$, 量子跳跃轨迹是 $\{\sigma_A\}$ 的联合概率密度函数. 右边具有类似的解释, 只是它的初始状态是能量本征态 $|\varepsilon_n(\lambda_{t_f})\rangle$, 而且是逆轨迹. 因为 $P_m(0)$ 和 $P_n(t_f)$ 是正则分布, 所以正向和逆向非平衡量子过程的初始时刻开系处在外参数分别等于 λ_0 和 λ_{t_f}, 热环境倒数温度都是 β 的热平衡态. 另外, 根据第 3.5.3 节的解释, 式 (5.26) 已经包含了部分功的轨迹涨落定理:

$$p_{n|m}\{\sigma_A\}P_m(0) = \mathrm{e}^{\beta W_{nm}^0\{\sigma_A\}}\overline{p}_{m|n}\{\overline{\sigma}_A\}P_n(0), \tag{5.28}$$

其中, $P_d(0) = \exp(-\beta \varepsilon_m)/Z_0, d = m, n, p_{n|m}$ 和 $\overline{p}_{m|n}$ 的概率解释和式 (5.26) 的情况相同, 比如, $p_{n|m}$ 是发现一条量子跳跃轨迹 $\{\sigma_A\}$ 的概率分布函数, 轨迹开始时的波函数是 $|\varepsilon_m\rangle$, 最后测得波函数是 $|\varepsilon_n\rangle$, 它们都是自由 Hamilton 算符 H_A 的能量本征态, 见式 (3.17).

有了量子跳跃轨迹涨落定理就能很容易地证明其他层次的涨落定理. 首先考察量子跳跃轨迹的热. 轨迹热的概率分布和轨迹出现的概率之间有如下关系:

$$P(Q) = \sum_{\{\sigma_A\}} \delta(Q - Q\{\sigma_a\})\Delta P\{\sigma_A\}. \tag{5.29}$$

代入式 (5.12), 上式的右边变为

$$\mathrm{e}^{\beta Q} \sum_{\{\sigma_A\}} \delta(Q - Q\{\sigma_a\})\Delta \overline{P}\{\overline{\sigma}_A\}. \tag{5.30}$$

指数函数能从求和项中移出的原因在于求和项中有非零贡献的量子跳跃轨迹释放了相同的热. 根据量子跳跃轨迹热的定义, 正向轨迹和逆轨迹的热之间有如下关系:

$$Q\{\sigma_A\} = \sum_{i=1}^{N} \omega_{t_i} = -\sum_{j=1}^{N}(-\overline{\omega}_{s_j}) = -Q\{\overline{\sigma}_A\}, \tag{5.31}$$

因此, 利用式 (5.29) 我们重新得到了量子开系统热的细致涨落定理:

$$P(Q) = \mathrm{e}^{\beta Q}\overline{P}(-Q), \tag{5.32}$$

也见式 (3.134). 类似的讨论也适用于量子跳跃轨迹功的情况. 以量子功 W_{nm} 为例,

$$
\begin{aligned}
& P_{n|m}(W)P_m(0)Z(\lambda_0) \\
&= \sum_{\{\sigma_A\}} \delta(W - W_{nm}\{\sigma_A\})\Delta P_{n|m}\{\sigma_A\}P_m(0)Z(\lambda_0) \\
&= \mathrm{e}^{\beta W} \sum_{\{\sigma_a\}} \delta(W - W_{nm}\{\sigma_a\})\Delta \overline{P}_{m|n}\{\overline{\sigma}_A\}P_n(t_f)Z(\lambda_{t_f}).
\end{aligned}
\tag{5.33}
$$

因为正向轨迹和逆轨迹的功满足如下关系:

$$
\begin{aligned}
W_{nm}\{\sigma_A\} &= -\left[\varepsilon_m(0) - \varepsilon_n(t_f) + \sum_{j=1}^{N}(-\overline{\omega}_{s_j}) \right] \\
&= -W_{mn}\{\overline{\sigma}_A\},
\end{aligned}
\tag{5.34}
$$

代入式 (5.33) 我们得到

$$
P_{n|m}(W)P_m(0)Z(\lambda_0) = \mathrm{e}^{\beta W}\overline{P}_{m|n}(-W)P_n(t_f)Z(\lambda_{t_f}).
\tag{5.35}
$$

式 (5.35) 也是一个关于量子功的细致涨落定理, 但和 Crooks 定理不同, 它成立的对象是初始和结束测量时得到特定量子态的所有量子跳跃轨迹的系综. 如果想得到 Crooks 定理, 我们还需要再做一点推导,

$$
\begin{aligned}
P(W)Z(\lambda_0) &= \sum_{n,m} P_{n|m}(W)P_m(0)Z(\lambda_0) \\
&= \mathrm{e}^{\beta W}Z(\lambda_{t_f}) \sum_{m,n} \overline{P}_{m|n}(-W)P_n(t_f) \\
&= \mathrm{e}^{\beta W}\overline{P}(-W)Z(t_f).
\end{aligned}
\tag{5.36}
$$

只要去掉式 (5.35) 和式 (5.36) 中的配分函数, 用部分功符号 W_0 替换 W, 就得到了量子跳跃轨迹部分功的结果.

5.3.2　熵产生

除了热和功外, 在不可逆热力学中熵产生 (entropy production) 也是一个非常重要的热力学量 [20]. Seifert 最早在单条经典随机轨迹上定义了熵产生. 他发现, 和热、功类似, 总熵产生也满足不同层次的涨落定理 [21]. 因为我们已经有了量子跳跃轨迹的图像, 在此基础上能直截了当地推广 Seifert 的熵产生定义并考察它的统计性质.

量子开系统的密度算符 $\rho_A(t)$ 是 Hermite 算符, 我们总能找到一组瞬时的正交基使其在这个特定的表象中对角化. 设该基为 $\{|\xi_\mu(t)\rangle\}$, 则

$$\rho_A(t) = \sum_\mu \xi_\mu(t)|\xi_\mu(t)\rangle\langle\xi_\mu(t)|. \tag{5.37}$$

考虑到密度算符是半正定算符, 它的本征值 $\xi_\mu(t)$ 非负, 不仅如此, 这些本征值具有测量开系统得到相应基的概率解释. 对于一条量子跳跃轨迹, 如果它的初始密度算符是纯态 $|\xi_\mu(0)\rangle\langle\xi_\mu(0)|$, 轨迹上发生了 N 次类型分别为 ω_{t_i} $(i = 1, \cdots, N)$ 的跳跃, 在结束 t_f 时刻再次测量得到纯态 $|\xi_\nu(t_f)\rangle\langle\xi_\nu(t_f)|$, 我们定义这条轨迹的熵产生为

$$\Sigma_{\nu\mu}\{\sigma_A\} = k_B[-\ln\xi_\nu(t_f) + \ln\xi_\mu(0)] + \frac{Q\{\sigma_A\}}{T}, \tag{5.38}$$

T 是热环境的温度. 我们称上式右边的第二项为量子跳跃轨迹的随机熵流 (entropy flux), 轨迹热 $Q\{\sigma_A\}$ 的定义见式 (5.1).

$$-k_B\ln\xi_\mu(t) \tag{5.39}$$

是 t 时刻测得开系统在纯态 $|\xi_\mu(t)\rangle\langle\xi_\mu(t)|$ 的随机 von Neumann 熵[①], 这是因为它的平均值等于量子力学中的系综 von Neumann 熵 [22][②],

$$\begin{aligned} S_A(t) &= -k_B\sum\xi_\mu(t)\ln\xi_\mu(t) \\ &= -k_B\mathrm{Tr}_A[\rho_A(t)\ln\rho_A(t)]. \end{aligned} \tag{5.40}$$

因此, 式 (5.38) 右边的第一项表示了量子跳跃轨迹在 t_f 和 0 时刻的随机 von Neumann 熵的增加. 这个量子跳跃轨迹熵产生的定义和量子功式 (5.2) 高度相似. 简单的论证表明, 观察到这样一条特定量子跳跃轨迹的概率分布函数

$$\begin{aligned} p_{\nu|\mu}\{\sigma_A\} =&\mathrm{Tr}_A[|\xi_\nu(t_f)\rangle\langle\xi_\nu(t_f)|G_0(t_f,t_N)(J(\omega_{t_N},t_N)(G_0(t_N,t_{N-1}) \\ &\cdots(J(\omega_{t_1},t_1)(G_0(t_1,0)(|\xi_\mu(0)\rangle\langle\xi_\mu(0)|)))\cdots))]. \end{aligned} \tag{5.41}$$

一方面, 通过做和证明轨迹功涨落定理式 (5.26) 相同的论证, 我们得到了熵产生的量子跳跃轨迹涨落定理:

$$p_{\nu|\mu}\{\sigma_A\}\xi_\mu(0) = e^{\Sigma_{\nu\mu}\{\sigma_A\}/k_B}\overline{p}_{\mu|\nu}\{\overline{\sigma}_A\}\xi_\nu(t_f), \tag{5.42}$$

---

① 我们排除了 $\xi_\mu(t) \neq 0$ 的情况.

② 经典随机轨迹的熵产生定义和式 (5.38) 非常类似, 只是前者和开系统相关的熵是经典系统概率分布函数的随机 Shannon 熵 [21], 而后者是随机 von Neumann 熵. 当初始密度算符是正则系综时, 两类随机熵等同.

其中, $\overline{p}_{\mu|\nu}$ 是观察到逆量子跳跃轨迹的概率分布函数, 该轨迹从纯态

$$\Theta|\xi_\nu(t_f)\rangle\langle\xi_\nu(t_f)|\Theta^{-1} \tag{5.43}$$

出发, 发生了 N 次依次为 $-\overline{\omega}_{s_1},\cdots,-\overline{\omega}_{s_N}$ 类型的跳跃, 在 t_f 时刻测量发现开系统处在纯态 $\Theta|\xi_\mu(0)\rangle\langle\xi_\mu(0)|\Theta^{-1}$ 上. 在式 (5.42) 的基础上, 我们容易证明熵产生的概率分布为

$$P(\Sigma) = \sum_{\mu,\nu}\sum_{\{\sigma_A\}}\delta(\Sigma - \Sigma_{\nu\mu}\{\sigma_A\})\Delta P_{\nu|\mu}\{\sigma_A\}\xi_\mu(0), \tag{5.44}$$

它分别满足细致涨落定理

$$P(\Sigma) = \overline{P}(-\Sigma)\mathrm{e}^{\Sigma/k_\mathrm{B}} \tag{5.45}$$

与积分涨落定理

$$\langle\mathrm{e}^{-\Sigma/k_\mathrm{B}}\rangle = 1. \tag{5.46}$$

与热和功的涨落定理不同, 熵产生涨落定理对开系统的初始状态没有限制. 另一方面, 式 (5.41) 也提醒我们熵产生的特征函数为

$$\begin{aligned}
\Phi_s(\eta) &= \sum_{\mu,\nu}\sum_{\{\sigma_A\}}\mathrm{e}^{\mathrm{i}\eta\Sigma_{\nu\mu}\{\sigma_A\}}\Delta P_{\nu|\mu}\{\sigma_A\}\xi_\mu(0)\\
&= \mathrm{Tr}_A\left[\rho_A(t_f)^{-\mathrm{i}\eta k_\mathrm{B}}T_-\mathrm{e}^{\int_0^{t_f}\mathrm{d}s\check{\mathcal{L}}(s,\eta\beta k_\mathrm{B})}\left(\rho_A(0)^{\mathrm{i}\eta k_\mathrm{B}}\rho_A(0)\right)\right].
\end{aligned} \tag{5.47}$$

如果做复延拓 $\eta \to \mathrm{i}/k_\mathrm{B}$, 根据超算符 $\check{\mathcal{L}}$ 的性质式 (3.93), 这个特征函数的值精确地等于 1, 也就是说我们重新证明了等式 (5.46).

根据 Jensen 不等式, 式 (5.46) 蕴含了一个重要的不等式:

$$\langle\Sigma\rangle \geqslant 0. \tag{5.48}$$

这是一般 Markov 量子主方程 (2.101) 的热力学第二定律: 当量子开系统发生不可逆过程时, 开系统和环境作为孤立体系, 其平均熵只增不减. 注意到式 (5.48) 对于任意初始状态的开系统都成立, 如果定义平均熵产生速率 σ_S, 那么有一个和上式等价的新表述:

$$\sigma_S = \frac{\mathrm{d}S_A}{\mathrm{d}t} + \frac{1}{T}\sum_{\omega_s,a,b}\omega_s r_{ab}(\omega_s)\langle A_b(\omega_s,s)A_a^\dagger(\omega_s,s)\rangle \geqslant 0. \tag{5.49}$$

不等式 (5.49) 的左边正好是量子开系统的熵平衡方程 [23](entropy balance equation): 等号右边第一项是开系统的 von Neumann 熵的变化速率, 第二项是熵流, 它等于开系统释放平均热的速率和环境温度的比, 平均热见式 (3.76). 对于恒定量子开系统, 熵产生速率还等于相对熵 [19,22] 对时间求导的负号, 即

$$\sigma_S = -\frac{\mathrm{d}}{\mathrm{d}t} k_\mathrm{B} \mathrm{Tr}_A[\rho_A(t)(\ln \rho_A(t) - \ln \rho_\mathrm{eq})]$$
$$= -\frac{\mathrm{d}}{\mathrm{d}t} S(\rho_A(t)||\rho_\mathrm{eq}). \tag{5.50}$$

Spohn 严格证明了上式的非负性质并将其推广到有稳态解的齐次量子动力学半群的情况 [20,24]. 对含时量子主方程, 式 (5.50) 不再成立①. Alicki 和 Breuer 分别得到过式 (5.49) 在慢驱动和弱驱动量子开系统中的特定形式 [12,26]②.

最后, 就像我们在第 3 章研究的随机热和量子功一样, 因为量子开系统和环境可以被看成是一个复合闭系统, 如果我们有能力在非平衡过程的开始和结束时刻同时测量开系统的瞬时本征态 $|\xi_\kappa(t)\rangle$ ($\kappa = \mu$ 和 ν) 和环境的能量本征态 $|\chi_d\rangle$ ($d = k$ 和 l), 可以在这个闭系统演化的量子轨迹上定义随机的熵产生:

$$S_{l\nu k\mu} = k_\mathrm{B}[-\ln \xi_\nu(t_f) + \ln \xi_\mu(0)] + \frac{\chi_l - \chi_k}{T}. \tag{5.51}$$

模仿第 3.3 节开始时关于量子功特征算符的论证, 立刻发现上述定义的熵产生特征函数

$$\Phi_s(\eta) = \mathrm{Tr}[\mathrm{e}^{\mathrm{i}\eta[-k_\mathrm{B} \ln \rho_A(t_f) + H_B]} U(t_f) \mathrm{e}^{-\mathrm{i}\eta[-k_\mathrm{B} \ln \rho_A(0) + H_B]}$$
$$\rho_A(0) \otimes \rho_B U^\dagger(t_f)]. \tag{5.52}$$

实际上它就是式 (5.47). 由此我们得到一个结论: 就像量子开系统的随机热和量子功那样, 基于开系统—环境复合闭系统两次测量定义的总熵产生和基于量子跳跃轨迹定义的总熵产生具有完全相同的概率分布和统计性质.

---

① 即使如此, 根据式 (5.45), 容易看出 $\langle \Sigma \rangle = S(P(\Sigma)||\overline{P}(-\Sigma))$, 也就是说, 熵产生总有相对熵表述的等式. 根据式 (5.42), 熵产生甚至还可以表示成正向量子跳跃轨迹和其逆轨迹的出现概率分布函数的相对熵. 考虑到相对熵具有非负性质 [19], 我们重新得到不等式 (5.48). 这个结果也能推广到量子功的情况. 根据 Crooks 等式 (5.36), 我们有 $\langle W \rangle - \Delta F = TS(P(W)||\overline{P}(-W))$. 进一步的讨论见文献 [25].

② 不难证明, 对慢驱动情况, 熵产生式 (5.49) 还有一个表述: $\sigma_S = -k_\mathrm{B}\mathrm{Tr}_A[D(t)[\rho_A(t)](\ln \rho_A(t) - \ln \rho_\mathrm{eq}(\lambda_t))]$. 根据 Lieb 定理 [19,20,27], 其严格非否. 因为恒定量子开系统是慢驱动开系统的一个特殊情况, 容易验证熵产生的新表述和式 (5.50) 等价. 对弱驱动开系统, 我们也能写出一个几乎相同的熵产生表达式, 需要做微小改动的是这里的耗散超算符和时间无关, 瞬时热平衡态 $\rho_\mathrm{eq}(\lambda_t)$ 替换成自由 Hamilton 算符 H_A 的热平衡态.

参 考 文 献

[1] De Roeck W, Maes C. Steady state flucutations of the dissipated heat for a quantum stochastic model. Rev. Math. Phys., 2016, 18: 619

[2] Dereziński J, De Roeck W, Maes C. Fluctuations of quantum currents and unravelings of master equations. J. Stat. Phys., 2008, 131: 341

[3] Crooks G E. On the Jarzynski relation for dissipative quantum dynamics. J. Stat. Mech.: Theor. and Exp., 2008, P10023

[4] Horowitz J M. Quantum-trajectory approach to the stochastic thermodynamics of a forced harmonic oscillator. Phys. Rev. E, 2012, 85: 031110

[5] Horowitz J M, Parrrondo J M R. Entropy production along nonequilibrium quantum jump trajectories. New J. Phys., 2013, 15: 085028

[6] Manzano G, Horowitz J M, Parrrondo J M R. Nonequilibrium potential and fluctuation theorems for quantum maps. Phys. Rev. E, 2015, 92: 032129

[7] Hekking F W J, Pekola J P. Quantum jump approach for work and dissipation in a two-level system. Phys. Rev. Lett., 2013, 111: 093602

[8] Liu F. Equivalence of two Bochkov-Kuzovlev equalities in quantum two-level systems. Phys. Rev. E, 2014, 89: 042122

[9] Liu F. Calculating work in adiabatic two-level quantum Markovian master equations: A characteristic function method. Phys. Rev. E, 2014, 90: 032121

[10] Liu F, Xi, J Y. Characteristic functions based on a quantum jump trajectory. Phys. Rev. E, 2016, 94: 062133

[11] Liu F. Heat and work in Markovian quantum master equations: Concepts, fluctuation theorems, and computations. Prog. Phys., 2018, 38:1

[12] Breuer H P. Quantum jumps and entropy production. Phys. Rev. A, 2003, 68: 032105

[13] Nagourney W, Sandberg J, Dehmelt H. Shelved optical electron amplifier: Observation of quantum jumps. Phys. Rev. Lett., 1986, 56: 2797

[14] Berquist J C, Hulet R G, Itano W M, et al. Observation of quantum jumps in a single atom. Phys. Rev. Lett., 1986, 57: 1699

[15] Basché Th, Kummer S, Bräuchle C. Direct spectroscopic observation of quantum jumps in a single molecule. Nature, 1995, 373: 132

[16] Gleyzes S, Kuhr S, Guerlin C, et al. Quantum jumps of light recording the birth and death of a photon in a cavity. Nature, 2007, 446: 297

[17] Sun L, Petrenko A, Leghtas Z, et al. Tracking photon jumps with repeated quantum non-demolition parity measurements. Nature, 2013, 511: 444

[18] Minev Z K, Mundhada S O, Shankar S, et al. To catch and reverse a quantum jump mid-flight. Nature, 2019, 570: 200

[19] Breuer H P, Petruccione F. The Theory of Open Quantum Systems. Oxford: Oxford University Press, 2002

[20] Spohn H. Entropy production for quantum dynamical semigroups. J. Math. Phys., 1978, 19: 1227

[21] Seifert U. Entropy production along a stochastic trajectory and an integral fluctuation theorem. Phys. Rev. Lett., 2005, 95: 040602

[22] Nielsen M A, Chuang I L. Quantum Computation and Quantum Information. Cambridge: Cambridge University Press, 2000

[23] de Groot S R, Mazur P. Non-equilibrium Thermodynamics. Amsterdam: North-Holland, 1962

[24] Spohn H, Lebowitz J L. Irreversible thermodynamics for quantum systems weakly coupled to thermal reservoirs. Adv. Chem. Phys., 1978, 39: 109

[25] Kawai R, Parrondo J M R, Van den Broeck C. Dissipation: The phase-space perspective. Phys. Rev. Lett., 2007, 98: 080602

[26] Alicki R. The quantum open system as a model of the heat engine. J. Phys. A: Math. Theor., 1979, 12: L103

[27] Lieb E H, Ruskai M B. Proof of the strong subadditivity of quantum mechanical entropy. J. Math. Phys., 1973, 14: 1938

第 6 章　应用：二能级量子开系统

6.1　弱驱动开系统

本节讨论两个问题. 一个问题是确认基于量子跳跃轨迹定义的功的统计性质和基于复合系统做两次能量投影测量定义的功的统计性质的一致性. 根据第 5 章的结果, 这个结论显然成立. 然而, 我们希望从轨迹而非如之前那样从轨迹定义的特征函数出发, 直接证明这个等价性. 我们考察量子功的一阶矩和二阶矩, 后者的证明要比前者来得复杂. 这样做的目的是加深对轨迹功的理解并检验理论的自洽性. 另一个更有意思的问题是弱驱动量子开系统的热力学是否合理. 我们曾经多次提及弱场驱动下的量子开系统有着广泛的应用, 比如刻画量子光学中的荧光共振现象 [1,2]. 它们也是量子热力学发展早期最先考虑的半经典量子模型 [3]. 然而, 有不少研究者认为这类量子开系统理论给出了违反了热力学第二定律的结果, 因此对它们的热力学研究很早就被放弃 [4~6]. 我们之前的讨论并未涉及这一点. 因为二能级量子开系统相对简单, 我们将详细考察此模型是否真的违反了热力学第二定律.

　　首先写出二能级量子开系统的量子 Markov 主方程. 设弱驱动下开系统的 Hamilton 算符为

$$H_A(t) = \frac{\hbar\omega_0}{2}\sigma_z + H_1(t). \tag{6.1}$$

第一项是自由二能级系统的能量算符, 记作 H_A. $H_1(t)$ 是系统和外场之间的相互作用算符, 其相互强度和系统与环境的相互作用强度相当. 我们暂时不写出它具体的形式. 假设环境是倒数温度为 β 的量子化电磁场. 二能级量子系统和环境的相互作用算符用电偶极子模型近似:

$$V = -\vec{d}\sigma_x \cdot \hat{\vec{E}}, \tag{6.2}$$

其中, $\vec{d}$ 是电偶极矩, σ_x 是二能级系统的类 Pauli 算符, $\hat{\vec{E}}$ 是电场算符. 根据定义可知, 这个量子开系统有两个 Bohr 频率, $\omega = \{+\omega_0, -\omega_0\}$, 相互作用算符系统部

分的谱分量分别是

$$A(+\omega_0) = \vec{d}\sigma_-, \tag{6.3}$$

$$A(-\omega_0) = \vec{d}\sigma_+. \tag{6.4}$$

根据第 2 章的推导过程, 我们得到在弱场驱动下的二能级量子开系统的主方程 [1]:

$$\partial_t \rho_A = -\frac{\mathrm{i}}{\hbar}[H_A(t), \rho_A] + D[\rho_A]. \tag{6.5}$$

耗散超算符

$$D[\rho_A] = r(+\omega_0)\left(\sigma_-\rho_A\sigma_+ - \frac{1}{2}\{\rho_A, \sigma_+\sigma_-\}\right)$$
$$+ r(-\omega_0)\left(\sigma_+\rho_A\sigma_- - \frac{1}{2}\{\rho_A, \sigma_-\sigma_+\}\right), \tag{6.6}$$

其中

$$r(+\omega_0) = [\bar{n}(\omega_0) + 1]\gamma_0(\omega_0), \tag{6.7}$$

$$r(-\omega_0) = \bar{n}(\omega_0)\gamma_0(\omega_0), \tag{6.8}$$

$\gamma_0(\omega_0)$ 是自发辐射速率, 它等于

$$\frac{1}{4\pi\epsilon_0}\frac{4\omega_0^3|\vec{d}|^2}{3\hbar c^3} = \mathcal{A}\omega_0^3, \tag{6.9}$$

$\bar{n}(\omega_0)$ 是频率等于 ω_0 模的平均光子数,

$$\bar{n}(\omega_0) = \frac{1}{\mathrm{e}^{\beta\hbar\omega_0} - 1}, \tag{6.10}$$

$r(+\omega_0)$ 和 $r(-\omega_0)$ 分别具有热激 (自发) 辐射和热激吸收速率的物理解释, 因为

$$\bar{n}(\omega_0) + 1 = \mathrm{e}^{\beta\hbar\omega_0}\bar{n}(\omega_0), \tag{6.11}$$

所以这两个速率满足 KMS 条件,

$$r(-\omega_0) = r(+\omega_0)\mathrm{e}^{-\beta\hbar\omega_0}. \tag{6.12}$$

这些微观公式的推导见附录 A. 因为和随机热力学真正相关的是 KMS 条件式 (6.12) 而非微观式 (6.7) ~ 式 (6.11), 所以我们可以把式 (6.5) 看成是一个弱场驱

---

[1] 因为 Lamb 移动项和二能级自由哈密顿算符对易, 所以我们认为它已经被合并到 ω_0 中. 本章其他几个二能级量子开系统的量子主方程都不考虑这一项.

动下同时带有耗散的二能级开系统的唯象模型. 除此以外, 我们假设在初始时刻
开系统处在外场等于零的热平衡态

$$\rho_0 = \frac{1}{2}I - \Delta\frac{\sigma_z}{2}, \tag{6.13}$$

其中

$$\Delta = \frac{r(+\omega_0) - r(-\omega_0)}{r(+\omega_0) + r(-\omega_0)} = \tanh\left(\frac{\beta\hbar\omega_0}{2}\right) \tag{6.14}$$

是系统基态和激发态的布居数或者概率的差.

6.1.1　轨迹热和功的矩

我们首先证明量子跳跃轨迹量子部分功对所有轨迹的随机平均等于复合系统
两次能量投影测量定义的量子部分功的平均 [7]. 根据第 5 章的式 (5.3), 量子跳跃
轨迹的部分功为

$$\begin{aligned}
W_{nm}^0\{\sigma_A\} &= \varepsilon_n - \varepsilon_m + \sum_{i=1}^{N}\hbar\omega_{t_i} \\
&= \varepsilon_n - \varepsilon_m + \int_0^{t_f}\hbar\omega_s \mathrm{d}N_{\omega_s},
\end{aligned} \tag{6.15}$$

ε_n 和 ε_m 是自由 Hamilton 算符 H_A 的能量本征值, 在第二个等式中引入了随机
变量 $\mathrm{d}N_{\omega_t}$, 根据跳跃发生与否, 它简单地等于 0 或者 1. 因为是弱驱动情况, 因跳
跃而引发开系统和环境之间的能量交换 $\hbar\omega_t = \{+\hbar\omega_0, -\hbar\omega_0\}$ 都是时间无关的常
数. 根据式 (4.68) 和式 (4.70),

$$M[\mathrm{d}N_{+\omega_0}(t)] = r(+\omega_0)\mathrm{Tr}[\sigma_+\sigma_-\rho_A(t)]\mathrm{d}t, \tag{6.16}$$

$$M[\mathrm{d}N_{-\omega_0}(t)] = r(-\omega_0)\mathrm{Tr}[\sigma_-\sigma_+\rho_A(t)]\mathrm{d}t, \tag{6.17}$$

我们容易得到随机部分功的平均值

$$\begin{aligned}
M[W_{nm}^0] &= M[\epsilon_n] - M[\epsilon_m] + \int_0^{t_f}M[\hbar\omega_t\mathrm{d}N_{\omega_t}] \\
&= \mathrm{Tr}[H_A\rho_A(t_f)] - \mathrm{Tr}[H_A\rho_A(0)] \\
&\quad + \hbar\omega_0\int_0^{t_f}\mathrm{Tr}\left[(r(+\omega_0)\sigma_+\sigma_- - r(-\omega_0)\sigma_-\sigma_+)\rho_A(s)\right]\mathrm{d}s \\
&= \mathrm{Tr}[H_A\rho_A(t_f)] - \mathrm{Tr}[H_A\rho_A(0)] + M[Q_{kl}].
\end{aligned} \tag{6.18}$$

上式第三个等式的最后一项是轨迹热的平均值, 显然它也是式 (3.76) 在弱驱动二能级量子开系统中的具体形式. 因此, 如我们期望的那样, 量子跳跃轨迹热和功的平均值和通过对复合系统两次能量投影测量定义的热和功的平均值精确相等, 见式 (3.87). 相比之下, 如果按照量子部分功的轨迹定义直接计算它的二阶矩, 整个推导过程会变得比较复杂. 写出部分功二阶矩的定义,

$$
\begin{aligned}
M[(W_{nm}^0)^2] = {} & M[\varepsilon_n^2] + M[\varepsilon_m^2] - 2M[\varepsilon_n\varepsilon_m] \\
& + 2\int_0^{t_f} M[\varepsilon_n\hbar\omega_s\mathrm{d}N_{\omega_s}] - 2\int_0^{t_f} M[\hbar\omega_s\mathrm{d}N_{\omega_s}\varepsilon_m] \\
& + \int_0^{t_f}\int_0^{t_f} M[\hbar\omega_{s_1}\hbar\omega_{s_2}\mathrm{d}N_{\omega_{s_1}}\mathrm{d}N_{\omega_{s_2}}].
\end{aligned}
\tag{6.19}
$$

前两个平均相对简单, 它们的和等于

$$
\mathrm{Tr}[H_A^2\rho_A(t_f)] + \mathrm{Tr}[H_A^2\rho_A(0)].
\tag{6.20}
$$

对于第三个平均值,

$$
\begin{aligned}
M[\varepsilon_n\varepsilon_m] & = \sum_{m,n}\int_C \mathcal{D}(t)\varepsilon_n\varepsilon_m p_{n|m}\{\sigma_A\}P_m^0 \\
& = \mathrm{Tr}[H_A G(t_f,0)(H_A\rho_A(0))].
\end{aligned}
\tag{6.21}
$$

代入 $p_{n|m}\{\sigma_A\}$ 的求迹表示式 (类似式 (5.8)) 并注意式 (4.85), 我们就能证明第二个等式, 在那里我们加上圆括号表示超传播子作用的范围. 第四个平均值为

$$
\begin{aligned}
& M[\varepsilon_n\hbar\omega_s\mathrm{d}N_{\omega_s}] \\
& = \sum_n\int_C \mathcal{D}(t)\varepsilon_n\hbar(+\omega_0)p_{n\sigma_A(s)}\{\sigma_A\}P_{+\omega_0}(s)p\{\sigma_A(s)\} \\
& \quad + \sum_n\int_C \mathcal{D}(t)\varepsilon_n\hbar(-\omega_0)p_{n\sigma_{A-}(s)}\{\sigma_A\}P_{-\omega_0}(s)p\{\sigma_A(s)\}.
\end{aligned}
\tag{6.22}
$$

$p\{\sigma_A(s)\}$ 表示从 0 时刻开始到 s ($\leqslant t_f$) 时刻的某条量子跳跃轨迹的概率分布函数, 在 s 时刻, 它的密度算符是 $\sigma_A(s)$. $P_{+\omega_0}(s)$ 是 $s \sim s + \mathrm{d}s$ 时间区间内发生 $+\omega_0$ 型跳跃的概率式 (4.23):

$$
P_{+\omega_0}(s) = r(+\omega_0)\mathrm{Tr}[\sigma_-\sigma_A(s)\sigma_+]\mathrm{d}s.
\tag{6.23}
$$

$P_{-\omega_0}(s)$ 有相同的含义, 只是形式稍微不同,

$$
P_{-\omega_0}(s) = r(-\omega_0)\mathrm{Tr}[\sigma_+\sigma_A(s)\sigma_-]\mathrm{d}s.
\tag{6.24}
$$

$p_{n\sigma_{A+}(s)}\{\sigma_A\}$ 是从 s 时刻到 t_f 时刻的某条量子跳跃轨迹的概率分布函数: 开始时轨迹的密度算符是 $\sigma_{A+}(s)$, 而在 t_f 时刻测量自由 Hamilton 算符的能量得到本征值 ε_n, 即

$$p_{n\sigma_{A+}(s)}\{\sigma_A\} = \text{Tr}_A\left[|\varepsilon_n\rangle\langle\varepsilon_n|G_0(t_f,t_N)J(\omega_{t_N},t_N)G_0(t_N,t_{N-1})\right.$$
$$\left.\cdots J(\omega_{t_1},t_1)G_0(t_1,s)\sigma_{A+}(s)|\right]. \tag{6.25}$$

需要注意的是 $\sigma_{A+}(s)$ 是在 s 时刻发生了 $+\omega_0$ 型跳跃后的密度算符, 它等于

$$\frac{\sigma_-\sigma_A(s)\sigma_+}{\text{Tr}[\sigma_-\sigma_A(s)\sigma_+]}, \tag{6.26}$$

见式 (4.62). $p_{n\sigma_{A-}(s)}\{\sigma_A\}$ 具有相同的解释, 只是这里 s 时刻初始密度算符

$$\sigma_{A-}(s) = \frac{\sigma_+\sigma_A(s)\sigma_-}{\text{Tr}[\sigma_+\sigma_A(s)\sigma_-]}. \tag{6.27}$$

将式 (6.23) ~ 式 (6.27) 代入式 (6.22), 不难发现,

$$M[\varepsilon_n\hbar\omega_s\text{d}N_{\omega_s}] = \hbar\omega_0\left\{\text{Tr}[H_A G(t_f,s)(r(+\omega_0)\sigma_-\rho_A(s)\sigma_+)]\right.$$
$$\left. - \text{Tr}[H_A G(t_f,s)(r(-\omega_0)\sigma_+\rho_A(s)\sigma_-)]\right\}\text{d}s. \tag{6.28}$$

类似的论证也得到第五项的平均值,

$$M[\hbar\omega_s\text{d}N_{\omega_s}\varepsilon_m] = \hbar\omega_0\left\{\text{Tr}[r(+\omega_0)\sigma_- G(s,0)(H_A\rho(0))\sigma_+]\right.$$
$$\left. - \text{Tr}[r(-\omega_0)\sigma_+ G(s,0)(H_A\rho(0))\sigma_-]\right\}\text{d}s. \tag{6.29}$$

这里我们引入了量子主方程 (6.5) 的超传播子 $G(t_2,t_1)$ $(t_1 \leqslant t_2)$, 它的定义仍是式 (2.104), 只是这里的时间起点不是初始的 0 时刻. 式 (6.19) 的最后一个平均值的双重积分应该是随机热的二阶矩式 (3.89), 接下来我们确认这一点. 我们需要用到以下四个公式 $(s' \leqslant s)$:

$$\begin{cases} M[\text{d}N_{+\omega_0}(s)\text{d}N'_{+\omega_0}(s')] = \{r(+\omega_0)^2\text{Tr}[\sigma_+ G(s,s')(\sigma_+\rho_A(s')\sigma_-)\sigma_-] \\ \qquad\qquad +\delta(s-s')r(+\omega_0)\text{Tr}[\sigma_-\rho_A(s)\sigma_+]\}\text{d}s\text{d}s', \\ M[\text{d}N_{-\omega_0}(s)\text{d}N'_{-\omega_0}(s')] = \{r(+\omega_0)^2\text{Tr}[\sigma_+ G(s,s')(\sigma_+\rho_A(s')\sigma_-)\sigma_-] \\ \qquad\qquad +\delta(s-s')r(+\omega_0)\text{Tr}[\sigma_-\rho_A(s)\sigma_+]\}\text{d}s\text{d}s', \\ M[\text{d}N_{+\omega_0}(s)\text{d}N'_{-\omega_0}(s')] = \{r(+\omega_0)r(-\omega_0)\text{Tr}[\sigma_-\sigma_+ G(s,s') \\ \qquad\qquad (\sigma_+\rho_A(s')\sigma_-)\sigma_+]\}\text{d}s\text{d}s', \\ M[\text{d}N_{-\omega_0}(s)\text{d}N'_{+\omega_0}(s')] = \{r(-\omega_0)r(+\omega_0)\text{Tr}[\sigma_+\sigma_+ G(s,s') \\ \qquad\qquad (\sigma_-\rho_A(s')\sigma_+)\sigma_-]\}\text{d}s\text{d}s'. \end{cases} \tag{6.30}$$

得到这些公式的论证过程和式 (6.22) 非常相似, 感兴趣的读者可以自行完成. 有趣的是这里出现了 Dirac 函数, 其原因在于当 $s = s'$ 时, 对于相同类型的跳跃, 比如 $+\omega_0$ 型,

$$\mathrm{d}N_{+\omega_0}(s)\mathrm{d}N'_{+\omega_0}(s') = \mathrm{d}N_{+\omega_0}(s). \tag{6.31}$$

将上述四个式子代入量子跳跃轨迹热的二阶矩公式, 我们有

$$
\begin{aligned}
&M[(Q_{kl})^2] \\
&= (\hbar\omega_0)^2 \int_0^{t_f} r(+\omega_0)\mathrm{Tr}[\sigma_-\rho_A(s)\sigma_+] \\
&\quad + (\hbar\omega_0)^2 \int_0^{t_f} r(-\omega)\mathrm{Tr}[\sigma_+\rho_A(s)\sigma_-] \\
&\quad + 2(\hbar\omega_0)^2 r(+\omega_0)^2 \int_0^{t_f} \mathrm{d}s_1 \int_0^{s_1} \mathrm{d}s_2 \mathrm{Tr}[\sigma_- G(s_1, s_2)(\sigma_-\rho_A(s_1)\sigma_+)\sigma_+] \\
&\quad + 2(\hbar\omega_0)^2 r(-\omega_0)^2 \int_0^{t_f} \mathrm{d}s_1 \int_0^{s_1} \mathrm{d}s_2 \mathrm{Tr}[\sigma_+ G(s_1, s_2)(\sigma_+\rho_A(s_1)\sigma_-)\sigma_-] \\
&\quad - 2(\hbar\omega_0)^2 r(+\omega_0)r(-\omega_0) \int_0^{t_f} \mathrm{d}s_1 \int_0^{s_1} \mathrm{d}s_2 \mathrm{Tr}[\sigma_+ G(s_1, s_2)(\sigma_-\rho_A(s_1)\sigma_+)\sigma_-] \\
&\quad - 2(\hbar\omega_0)^2 r(+\omega_0)r(-\omega_0) \int_0^{t_f} \mathrm{d}s_1 \int_0^{s_1} \mathrm{d}s_2 \mathrm{Tr}[\sigma_- G(s_1, s_2)(\sigma_+\rho_A(s_1)\sigma_-)\sigma_+].
\end{aligned}
\tag{6.32}
$$

虽然上式看起来很长, 但是它实际上就是式 (3.89) 在弱驱动二能级量子开系统中的具体形式. 把上述六个平均值结果代入式 (6.19), 我们看到它和弱驱动部分功的复合系统两次能量投影测量定义的平均值完全一致, 见式 (3.90) 以及说明. 需要指出的是, 上述推导过程和速率或者算符是否依赖时间无关. 因此, 对于其他量子主方程, 量子跳跃轨迹的热和功的统计性质和两次测量得到的统计性质也一致. 这里冗长的讨论提醒我们, 虽然量子跳跃轨迹提供了很多数值计算上的便利, 但是特征函数技术更能帮助我们极大地简化随机量统计性质的分析.

接下来我们用一个具体的外场驱动模型

$$H_1(t) = \lambda_0 \sin(\omega t)(\sigma_+ + \sigma_-) \tag{6.33}$$

数值地验证量子跳跃轨迹模拟和求解特征函数方法得到的量子功具有一致的统计性质, 其中 λ_0 表示外场和开系统相互作用的强度, 它具有能量的量纲[①]. 我们先

---

① 本章不再使用符号 λ_t 表示操控量子开系统的外参数.

用式 (3.87) 和式 (3.92) 得到量子部分功的一阶矩和二阶矩. 计算时我们需要求解不同初始条件的超传播子 $G(t, s)$ 并做时间积分. 这个计算过程和求解弱驱动量子主方程类似, 虽然比较繁琐, 但是没有特别的难度. 我们以 λ_0 为横轴, 二阶矩和一阶矩的比为纵轴做曲线, 见图 6.1. Hekking 和 Pekola 模拟了同一个模型的量子跳跃轨迹并得到量子部分功的分布 [8]①, 见插图. 我们利用这个功分布计算出功的一阶矩和二阶矩, 从图中看到这两个完全独立的计算给出了几乎一致的数值结果.

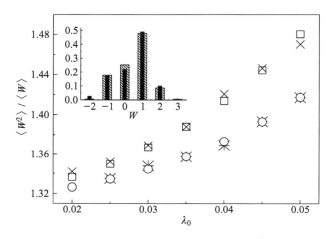

图 6.1　量子部分功二阶矩和一阶矩的比 (单位 $\hbar\omega_0$) 和外场驱动强度 λ_0 (单位 $\hbar\omega_0$) 的关系. 非平衡过程的持续时间 t_f 为 $20\pi/\omega_0$, 环境的倒数温度是 $\beta = 2.0/\hbar\omega_0$. 又号 $(r(+\omega_0) = 0.02\omega_0)$ 和星号 $(r(+\omega_0) = 0.01\omega_0)$ 是量子跳跃轨迹模拟的结果 [8], 方形和圆圈是数值求解式 (3.87) 和式 (3.92) 的结果. 插图显示了量子部分功的概率分布. 带阴影的柱状图来自文献 [8], 实心柱状图是我们求解功特征函数后再做反 Fourier 变换的结果, 这里用到的参数是 $\beta = 1.0/\hbar\omega_0$, $r(+\omega_0) = 0.05\omega_0$, $\lambda_0 = 0.05\hbar\omega_0$. 所有的数据都在共振条件 $\omega = \omega_0$ 下得到. 计算时取 $\hbar = \omega_0 = 1$

　　图 6.1 显示出, 当外场驱动强度 λ_0 趋于零时, 量子部分功的二阶矩和一阶矩的比趋于一个常数. Hekking 和 Pekola 利用量子跳跃轨迹的概念论证这个极限值

$$\lim_{\lambda_0 \to 0} \frac{\langle (W_0)^2 \rangle}{\hbar\omega_0 \langle W_0 \rangle} = \frac{1}{\Delta}, \tag{6.34}$$

在图中给定的参数下该值约等于 1.31. 他们的讨论比较复杂, 而且是在特殊的共振条件 $\omega_0 = \omega$ 条件下得到, 下面我们利用量子部分功的、式 (3.87) 和式 (3.92) 做

————————————
　　① 在 Hekking 和 Pekoka 的论文里没有区分量子全功和部分功. 因为过程的开始和结束时刻 H_1 都被设定为零, 这两类功没有区别.

一般的计算. 当 λ_0 趋于零时, 我们能对这些矩做 λ_0 的 Taylor 展开. 不难看出, 这些矩的 λ_0^1 的项都等于零, 它们展开的最低阶必须做到 λ_0^2, 结果是

$$\langle W_0 \rangle = 2 \left(\frac{\lambda_0}{\hbar} \right)^2 \hbar \omega_0 \Delta \int_0^t \int_0^s \mathrm{d}s \mathrm{d}s_1 \sin(\omega s) \sin(\omega s_1)$$
$$\cos \left[\omega_0 (s - s_1) \right] \mathrm{e}^{-r(s-s_1)/2} + o(\lambda_0^2), \tag{6.35}$$

$$\langle (W_0)^2 \rangle = 2 \left(\frac{\lambda_0}{\hbar} \right)^2 (\hbar \omega_0)^2 \int_0^t \int_0^s \mathrm{d}s \mathrm{d}s_1 \sin(\omega s) \sin(\omega s_1)$$
$$\cos \left[\omega_0 (s - s_1) \right] \mathrm{e}^{-r(s-s_1)/2} + o(\lambda_0^2), \tag{6.36}$$

其中

$$r = r(+\omega_0) + r(-\omega_0) \tag{6.37}$$

是热激辐射和吸收的总速率. 为了展示上述结论的一般性, 我们没有再做具体的积分. 在推导的过程中我们用到了量子开系统密度算符的线性近似,

$$\rho_A(t) = \rho_0 + \int_0^t G_0(t,s) \left(-\frac{\mathrm{i}}{\hbar} [H_1(s), \rho_0] \right) + o(\lambda_0^1), \tag{6.38}$$

以及 $\lambda_0 = 0$ 时式 (6.5) 的超传播子解,

$$G_0(t,s) \begin{pmatrix} \alpha & \gamma \\ \delta & \xi \end{pmatrix}$$
$$= \begin{pmatrix} \alpha \mathrm{e}^{-r(t-s)} + C \dfrac{r(-\omega_0)}{r} & \gamma \mathrm{e}^{-r(t-s)/2 - \mathrm{i}\omega_0(t-s)} \\ \delta \mathrm{e}^{-r(t-s)/2 + \mathrm{i}\omega_0(t-s)} & \xi \mathrm{e}^{-r(t-s)} + C \left[\dfrac{r(+\omega_0)}{r} - \mathrm{e}^{-r(t-s)} \right] \end{pmatrix}, \tag{6.39}$$

$C = \alpha + \xi$. 由此可知, 式 (6.34) 不仅和共振与否无关, 也和具体的扰动方式无关, 它是普适的线性近似的结果.

最后我们比较利用式 (3.72) 计算功特征函数再做反 Fourier 变换得到的量子部分功分布和直接模拟量子跳跃轨迹得到的功分布. 为此我们先写出在 σ_z 表象中 K_A^0 算符的矩阵表示,

$$K_A^0(t, \eta) = \begin{pmatrix} K_{11} & K_{10} \\ K_{01} & K_{00} \end{pmatrix}, \tag{6.40}$$

这些矩阵元都是 t 和 η 的函数. 代入式 (3.72), 它们满足的微分方程如下:

$$
\begin{cases}
\dot{K}_{11} = -r(+\omega_0)K_{11} + r(-\omega_0)K_{00} - \mathrm{i}\lambda_0 \sin(\omega t)\left[(K_{01} - K_{10})\right. \\
\qquad \left. + (\mathrm{e}^{\mathrm{i}\eta\hbar\omega_0} - 1)K_{01}\right], \\
\dot{K}_{00} = r(+\omega_0)K_{11} - r(-\omega_0)K_{00} + \mathrm{i}\lambda_0 \sin(\omega t)\left[(K_{01} - K_{10})\right. \\
\qquad \left. + (1 - \mathrm{e}^{-\mathrm{i}\eta\hbar\omega_0})K_{10}\right], \\
\dot{K}_{10} = -\left(\mathrm{i}\omega_0 + \dfrac{r}{2}\right)K_{10} - \mathrm{i}\lambda_0 \sin(\omega t)\left[(K_{00} - K_{11})\right. \\
\qquad \left. + (\mathrm{e}^{\mathrm{i}\eta\hbar\omega_0} - 1)K_{00}\right], \\
\dot{K}_{01} = \left(\mathrm{i}\omega_0 - \dfrac{r}{2}\right)K_{01} + \mathrm{i}\lambda_0 \sin(\omega t)\left[(K_{00} - K_{11})\right. \\
\qquad \left. + (1 - \mathrm{e}^{-\mathrm{i}\eta\hbar\omega_0})K_{11}\right],
\end{cases}
\tag{6.41}
$$

符号上方的点表示对时间的求导, 初始条件是外场等于零时二能级平衡态式 (6.13). 我们清楚地看到, K_A^0 是参数 η 的频率等于 ω_0 的周期函数. 这个性质确保了量子部分功具有等间隔的离散分布, 间隔等于 $\hbar\omega_0$. 根据量子部分功的定义以及弱驱动二能级开系统的能级和 Bohr 频率的特点, 这是显然的. 数值求解上式后再做反 Fourier 变换, 我们就得到了量子部分功的分布. 在插图中我们把得到的数值结果和 Hekking 和 Pekola 模拟量子跳跃轨迹的结果 [8] 做了比较, 它们相当一致.

6.1.2　热力学自洽性

Eddington 曾就热力学第二定律的重要性给出过一个非常著名的警告, "The law that entropy always increases, holds, I think, the supreme position among the laws of Nature. If someone points out to you that your pet theory of the universe is in disagreement with Maxwell's equations——then so much the worse for Maxwell's equations. If it is found to be contradicted by observation——well, these experimentalists do bungle things sometimes. But if your theory is found to be against the second law of thermodynamics, I can give you no hope; there is nothing for it but to collapse in deepest humiliation." [9]. 按此说法, 如果声称弱驱动量子主方程违反了热力学第二定律将是一个非常严重的指控 [4-6]. 考虑到这个模型在量子光学中的应用如此成功 [1] 等, 我们需要小心地考察该指控自身是否正确.

考虑一个能解析求解的二能级量子开系统模型, 它的含时 Hamilton 算符和

量子主方程仍然由式 (6.1) 和式 (6.5) 描述, 只是这里的外场驱动算符

$$H_1(t) = \frac{\hbar \Omega_R}{2} \left(e^{-i\omega t} \sigma_+ + e^{i\omega t} \sigma_- \right),\tag{6.42}$$

其中, ω 是外场的振荡频率, Ω_R 是 Rabi 频率, 它刻画了开系统和外场的相互作用强度. 式 (6.42) 可能来自二能级系统和一个简谐变化电场的旋波近似 [1], 也可能是一个物理 1/2 自旋和圆偏振磁场相互作用的结果 [10]. 值得注意的是, 对于后者, 因为圆偏振有两个可能的方向, 所以正和负的 ω 都有物理意义. 当开系统和外场相互作用足够长的时间后, 量子开系统的密度算符将随时间周期地振荡. 如果把开系统的密度算符写在

$$H_0' = \frac{\hbar \omega}{2} \sigma_z \tag{6.43}$$

的相互作用图像中[①], 它不再和时间相关:

$$\begin{aligned}
\rho_\infty &= \lim_{t \to \infty} e^{i\omega t \sigma_z/2} \rho_A(t) e^{-i\omega t \sigma_z/2} \\
&= \frac{1}{2}I + \left(n_1 - \frac{1}{2} \right)\sigma_z + \rho_{10}\sigma_+ + \rho_{10}^*\sigma_-,
\end{aligned}\tag{6.44}$$

其中

$$n_1 = \frac{r\Omega_R^2 + r(-\omega_0)(4\delta^2 + r^2)}{r(r^2 + 4\delta^2 + 2\Omega_R^2)},\tag{6.45}$$

$$\rho_{10} = \frac{\Omega_R[r - 2r(-\omega_0)]}{r^2 + 4\delta^2 + 2\Omega_R^2} \left(-\frac{2\delta}{r} + i \right),\tag{6.46}$$

n_1 是开系统处在激发态的概率. 将这些结果代入平均吸热式 (3.88), 我们得到在稳态条件下平均吸热的速率

$$\begin{aligned}
\frac{\mathrm{d}\langle Q \rangle_\infty}{\mathrm{d}t} &= \lim_{t \to \infty} \mathrm{Tr}_A[D^*(H_0)\rho_A(t)] \\
&= -\hbar\omega_0[r(+\omega_0)n_1 - r(-\omega_0)(1 - n_1)] \\
&= -\hbar\omega_0 \frac{\Omega_R^2[r(+\omega_0) - r(-\omega_0)]}{r^2 + 4\delta^2 + 2\Omega_R^2}.
\end{aligned}\tag{6.47}$$

第二个等式有一个简单的物理解释, 它是单位时间内开系统从基态跃迁到激发态时吸收的平均能量和从激发态跃迁到基态时释放的平均能量的差. 因为 KMS 条

---

① 相当于在绕 z 轴以恒定角速度 ω 转动的旋转参考系 (rotating frame) 中观察量子开系统 [11].

件式 (6.12), 在长时间极限下, 这个热吸收速率总是负的[①]. 也就是说, 二能级开系统以恒定的速率把外界驱动输入的功转换成热释放到热环境中. 如果代入速率的微观公式 (6.7), 开系统释放热的速率等于

$$\frac{\hbar\omega_0 \Omega_{\mathrm{R}}^2 \gamma_0(\omega_0)}{\gamma_0(\omega_0)^2 \tanh(\beta\hbar\omega_0/2)^2 + 4\delta^2 + 2\Omega_{\mathrm{R}}^2}. \tag{6.48}$$

根据式 (3.87), 我们也能计算出量子部分功的平均值. 在长时间极限下, 外界所做功的功率

$$P_0(t) = -\frac{\mathrm{i}}{\hbar}\mathrm{Tr}[[H_0, H_1(t)]\rho_A(t)], \tag{6.49}$$

容易验证, 它精确地等于吸热速率的负号. 因此, 从上述讨论中我们没有发现弱驱动量子开系统理论和热力学第二定律有冲突.

然而, 如果我们简单地把 Alicki 的热和功定义式 (3.82) 推广到弱驱动的情况, 不难计算得到同一个量子开系统模型的吸热速率

$$\begin{aligned}
\frac{\mathrm{d}\langle Q'\rangle_\infty}{\mathrm{d}t} &= \lim_{t\to\infty}\mathrm{Tr}_A[D^*(H_0 + H_1(t))\rho_A(t)] \\
&= -\hbar\omega\frac{\Omega_{\mathrm{R}}^2[r(+\omega_0) - r(-\omega_0)]}{r^2 + 4\delta^2 + 2\Omega_{\mathrm{R}}^2}.
\end{aligned} \tag{6.50}$$

外界对开系统做功的功率是上式的负号. 之前我们特地指出, 在某些物理情形下 ω 可以是负的, 则上式意味着环境的热以恒定的速率源源不断地转换成对外界输出的功, 这显然违反了热力学第二定律[4]. 因为这个原因, 弱扰动二能级量子开系统被认为不适合于量子热力学的研究. 我们认为得出这个结论的原因是应用了不恰当的功和热的定义, 而和模型无关. 我们曾经在第 3.4 节指出, 仅根据开系统能量平均值求时间的偏导数进而拆出两项之和还不足以唯一地定义物理的功和热. 所谓的物理是指热力学量的定义必须有测量的基础. 在弱驱动开系统中, 基于测量的热定义只有一个, 即式 (6.47), 它没有违反热力学第二定律. 另外, 在这个模型中以测量为基础的量子全功的功率[②]

$$P(t) = \mathrm{Tr}_A\left\{[\partial_t H_1(t) + D^*(H_1)]\rho_A(t)\right\}. \tag{6.51}$$

---

①因为开系统的 von Neumann 熵在幺正变换下保持不变, 时间无关的式 (6.44) 意味着长时间极限下开系统的熵变为零, 所以这个结论等价于验证了一般结论式 (3.76).

②这个公式和闭系统量子全功唯一的功率定义 $\mathrm{Tr}[\partial_t H_A(t)]$ 看似不一致. 然而在闭系统情况下, 因为该定义的第二项 $D^*(H_1)$ 自动为零, 所以弱驱动量子开系统的量子全功的平均功率公式和量子力学没有任何矛盾.

可以验证, 在长时间极限下它等于吸热的速率式 (6.47) 的负号. 也就是说, 在这个特殊模型中, 在长时间极限下量子全功和量子部分功的功率恰好相等.

基于上述讨论, 我们得出的结论是弱驱动二能级量子开系统模型没有违反热力学第二定律. 只要采用合理的功和热定义, 它能用于量子热力学的研究. 另外, 我们没有必要过于强调这个模型在热力学研究中的重要性. 它的优势在于简单, 在很多实际情景下也有物理合理性, 但是它毕竟是一个弱驱动条件下的近似模型. 接下来我们将讨论另外两个二能级量子开系统模型, 在这些模型中外界的驱动可以很强.

6.2 周期驱动开系统

假设二能级开系统和外场的相互作用算符式 (6.42) 随时间周期地变化. 如果相互作用强度 Ω_{R} 不再是小量, 我们用 Floquet 理论研究这类开系统的热力学. 首先完整地写出该模型的 Hamilton 算符:

$$H_A(t) = \frac{1}{2}\hbar\omega_0\sigma_z + \frac{\hbar\Omega_{\mathrm{R}}}{2}\left(\sigma_+ \mathrm{e}^{-\mathrm{i}\omega t} + \sigma_- \mathrm{e}^{\mathrm{i}\omega t}\right). \tag{6.52}$$

它的 Floquet 基为

$$|\epsilon_\pm(t)\rangle = \frac{1}{\sqrt{2\Omega}}\begin{pmatrix} \pm\sqrt{\Omega \pm \delta} \\ \mathrm{e}^{\mathrm{i}\omega t}\sqrt{\Omega \mp \delta}, \end{pmatrix}, \tag{6.53}$$

其中, $\Omega = \sqrt{\delta^2 + \Omega_{\mathrm{R}}^2}$, $\delta = \omega_0 - \omega$ 是失谐频率. 这两个基的准能量分别为

$$\epsilon_\pm = \frac{\hbar}{2}(\omega \pm \Omega), \tag{6.54}$$

关于这些结果的一个简单说明见附录 B. 环境还是倒数温度为 β 的量子化电磁场, 二能级量子开系统和环境的相互作用还是式 (6.2). 然而和之前的情况不同, 这里相互作用算符的系统部分的谱分量有六个. 设 $\omega > \Omega$[①], 根据式 (2.66), 则正 Bohr 频率 $\{\omega, \omega - \Omega, \omega + \Omega\}$ 的三个谱分量分别是

$$\begin{cases} A(\omega, t) = \vec{d}\left(\dfrac{\Omega_{\mathrm{R}}}{2\Omega}\right)\left[|\epsilon_+(t)\rangle\langle\epsilon_+(t)| - |\epsilon_-(t)\rangle\langle\epsilon_-(t)|\right]\mathrm{e}^{-\mathrm{i}\omega t}, \\ A(\omega - \Omega, t) = \vec{d}\left(\dfrac{\delta - \Omega}{2\Omega}\right)|\epsilon_+(t)\rangle\langle\epsilon_-(t)|\mathrm{e}^{-\mathrm{i}\omega t}, \\ A(\omega + \Omega, t) = \vec{d}\left(\dfrac{\delta + \Omega}{2\Omega}\right)|\epsilon_-(t)\rangle\langle\epsilon_+(t)|\mathrm{e}^{-\mathrm{i}\omega t}, \end{cases} \tag{6.55}$$

---

① 如果 $\omega < \Omega$, 接下来的讨论需要做适当的调整, 但讨论过程没有本质的变化.

其余负的 Bohr 频率等于 $\{-\omega, -\omega + \Omega, -\omega - \Omega\}$ 的谱分量分别是上述算符的共轭, 因为基式 (6.53) 构成了一个正交完备基, 我们引入类 Pauli 矩阵:

$$
\begin{cases}
\sigma'_+(t) = |\epsilon_+(t)\rangle\langle\epsilon_-(t)|, \\
\sigma'_-(t) = |\epsilon_-(t)\rangle\langle\epsilon_+(t)|, \\
\sigma'_z(t) = |\epsilon_+(t)\rangle\langle\epsilon_+(t)| - |\epsilon_-(t)\rangle\langle\epsilon_-(t)|.
\end{cases} \tag{6.56}
$$

在此基础上, 我们得到周期驱动二能级量子开系统的量子主方程:

$$
\partial_t \rho_A = -\frac{\mathrm{i}}{\hbar}[H_A(t), \rho_A] + D_t[\rho_A]. \tag{6.57}
$$

耗散超算符

$$
\begin{aligned}
& D_t[\rho_A] \\
={} & [r(+\omega) + r(-\omega)]\left[\sigma'_z(t)\rho_A\sigma'_z(t) - \rho_A\right] \\
& + \left\{r(\omega + \Omega) + r[-(\omega - \Omega)]\right\}\left(\sigma'_-(t)\rho_A\sigma'_+(t) - \frac{1}{2}\{\sigma'_+\sigma'_-(t), \rho_A\}\right) \\
& + \left\{r(\omega - \Omega) + r[-(\omega + \Omega)]\right\}\left(\sigma'_+(t)\rho_A\sigma'_-(t) - \frac{1}{2}\{\sigma'_-\sigma'_+(t), \rho_A\}\right), \quad (6.58)
\end{aligned}
$$

其中速率

$$
\begin{cases}
r(+\omega) \quad\;\, = (\Omega_{\mathrm{R}}/2\Omega)^2[\bar{n}(\omega) + 1]\gamma_0(\omega), & (6.59) \\
r(\omega - \Omega) = [(\delta - \Omega)/2\Omega]^2[\bar{n}(\omega - \Omega) + 1]\gamma_0(\omega - \Omega), & (6.60) \\
r(\omega + \Omega) = [(\delta + \Omega)/2\Omega]^2[\bar{n}(\omega + \Omega) + 1]\gamma_0(\omega + \Omega). & (6.61)
\end{cases}
$$

其余的三个 Bohr 频率小于零的速率和上面的速率之间满足 KMS 条件式 (2.40), 这里不再写出. 可以看到, 这些速率都是和时间无关的常数.

6.2.1 平均热的产生速率

根据式 (3.76), 我们写出周期驱动下二能级开系统产生平均热的速率公式,

$$
\begin{aligned}
\frac{\mathrm{d}\langle Q\rangle}{\mathrm{d}t} ={} & \hbar\omega\left[r(\omega) - r(-\omega)\right] \\
& + \hbar(\omega + \Omega)\{r(\omega + \Omega)n_1(t) - r[-(\omega + \Omega)]n_0(t)\} \\
& + \hbar(\omega - \Omega)\{r(\omega - \Omega)n_0(t) - r[-(\omega - \Omega)]n_1(t)\}, \quad (6.62)
\end{aligned}
$$

n_1 和 n_0 是开系统在 Floquet 基 $|\epsilon_+(t)\rangle$ 和 $|\epsilon_-(t)\rangle$ 上的概率. 因为在周期驱动下开系统只和一个热环境持续地交换热, 在长时间极限下, 我们预期上述平均热的

产生速率应该大于或者等于零, 为此需要解出式 (6.57)[①]. 在基式 (6.53) 的表象中, 开系统的密度算符

$$\rho_A(t) = \frac{1}{2}I + \left[n_1(t) - \frac{1}{2}\right]\sigma_z'(t) + \rho_{10}(t)\sigma_+'(t) + \rho_{10}^*(t)\sigma_-'(t). \tag{6.63}$$

代入量子主方程, 简单的计算表明,

$$\dot{n_1} = -\Gamma n_1 + \Gamma_-, \tag{6.64}$$

$$\dot{\rho_{10}} = \left(\mathrm{i}\Omega - 2\Gamma_0 - \frac{\Gamma}{2}\right)\rho_{10}, \tag{6.65}$$

其中

$$\begin{cases} \Gamma_0 = r(\omega) + r(-\omega), \\ \Gamma_- = r(\omega - \Omega) + r[-(\omega + \Omega)], \\ \Gamma_+ = r[-(\omega - \Omega)] + r(\omega + \Omega), \\ \Gamma = \Gamma_- + \Gamma_+. \end{cases}$$

式 (6.64) 表明, 在长时间极限下二能级量子开系统在 Floquet 基之间的相干性很快地衰减为零, 而且

$$\lim_{t \to \infty} n_1(t) = \Gamma_- / \Gamma. \tag{6.66}$$

将该结果代入平均热的产生速率式 (6.62), 我们得到

$$\frac{\mathrm{d}\langle Q\rangle_\infty}{\mathrm{d}t} = \hbar\omega[r(+\omega) - r(-\omega)] + \frac{2\hbar\omega}{\Gamma}\left\{r(\omega - \Omega)r(\omega + \Omega)\right.$$
$$\left. - r[-(\omega + \Omega)]r[-(\omega - \Omega)]\right\}. \tag{6.67}$$

根据 KMS 条件式 (2.40), 上式不仅是 ω 的偶函数, 而且恒大于零. 如果再代入速率的微观公式 (6.2), 式 (6.67) 有

$$\frac{\hbar\omega\Omega_\mathrm{R}^2\gamma_0(\omega)}{4\Omega^2} + \frac{\hbar\omega\Omega_\mathrm{R}^4\gamma_0(\omega - \Omega)\gamma_0(\omega + \Omega)\sinh(\beta\hbar\omega)}{2\Omega^2[C_+ \sinh(\beta\hbar\omega) + C_- \sinh(\beta\hbar\Omega)]}, \tag{6.68}$$

其中

$$C_\pm = (\delta - \Omega)^2\gamma_0(\omega - \Omega) \pm (\delta + \Omega)^2\gamma_0(\omega + \Omega). \tag{6.69}$$

[①] 根据第 2.2.2 节的讨论, 在长时间极限下, 因为周期驱动量子开系统在正交完备的 Floquet 基表象中趋于非平衡稳态, 开系统密度算符的非对角项都等于零, 所以开系统的 von Neumann 熵 S_A 是时间无关的常数, 它随时间的变化速率为零. 又根据熵产生式 (3.76) 的非负性质, 我们得出了这个预期.

值得指出的是, 虽然在长时间极限下量子开系统弛豫到了 Floquet 基上, 但是因为它们的概率比

$$n_1/n_0 = \Gamma_-/\Gamma_+ \tag{6.70}$$

不等于 $\exp(-\beta\hbar\Omega)$, 所以在 Floquet 基表象中的非平衡稳态并非是 Gibbs 平衡态, 这和第 2.2.2 节讨论的结果一致.

6.2.2　量子热和功的分布

如果想得到随机热的概率分布, 可以先求解热特征算符 $\hat{\rho}_A$, 它满足方程 (3.40)[12,13]. 同样在 Floquet 基表象式 (6.53) 中, 热特征算符展开为

$$\begin{aligned}
\hat{\rho}_A(t,\eta) = {} & \frac{\hat{p}_+(t) + \hat{p}_-(t)}{2} I + \frac{\hat{p}_+(t) - \hat{p}_-(t)}{2}\sigma_z'(t) \\
& + \hat{p}_1(t)\sigma_+'(t) + \hat{p}_2(t)\sigma_-'(t),
\end{aligned} \tag{6.71}$$

$\hat{p}_\pm$ 和 $\hat{p}_n$ $(n = 1, 2)$ 分别是算符的对角元和非对角元, 则热特征函数

$$\Phi_h(\eta) = \hat{p}_1(t) + \hat{p}_2(t). \tag{6.72}$$

将式 (6.71) 代入式 (3.40) 并做推导, 得到这些矩阵元的演化方程:

$$\begin{aligned}
\dot{\hat{p}}_+ = {} & \left[(e^{i\eta\hbar\omega} - 1)r(\omega) + (e^{-i\eta\hbar\omega} - 1)r(-\omega) - \Gamma_+\right]\hat{p}_+ \\
& + \left\{e^{i\eta\hbar(\omega-\Omega)}r(\omega - \Omega) + e^{-i\eta\hbar(\omega+\Omega)}r[-(\omega + \Omega)]\right\}\hat{p}_-,
\end{aligned} \tag{6.73}$$

$$\begin{aligned}
\dot{\hat{p}}_- = {} & \left\{e^{-i\eta\hbar(\omega-\Omega)}r[-(\omega - \Omega)] + e^{i\eta\hbar(\omega+\Omega)}r(\omega + \Omega)\right\}\hat{p}_+ \\
& \left[(e^{i\eta\hbar\omega} - 1)r(\omega) + (e^{-i\eta\hbar\omega} - 1)r(-\omega) - \Gamma_-\right]\hat{p}_-,
\end{aligned} \tag{6.74}$$

$$\begin{aligned}
\dot{\hat{p}}_n = {} & \left[-(e^{i\eta\hbar\omega} + 1)r(\omega) - (e^{-i\eta\hbar\omega} + 1)r(-\omega) - \frac{\Gamma}{2} \right. \\
& \left. - (-1)^n\frac{i}{\hbar}(\epsilon_+ - \epsilon_-)\right]\hat{p}_n,
\end{aligned} \tag{6.75}$$

它们的初始条件是开系统密度算符在 0 时刻 Floquet 基中的矩阵元. 虽然非对角矩阵元 $\hat{p}_n$ $(n = 1, 2)$ 和热特征函数的计算没有关系, 但是我们仍然列出它们的方程, 是因为其和接下来要讨论的功特征函数的计算相关.

虽然式 (6.73) 和式 (6.74) 看起来很长, 但是只是常系数的一阶线性微分方程

组. 引入向量 $\hat{p}$ 和矩阵 A,

$$\hat{p} = \begin{pmatrix} \hat{p}_+ \\ \hat{p}_- \end{pmatrix}, \quad A(\eta) = \begin{bmatrix} A_{11}(\eta) & A_{12}(\eta) \\ A_{21}(\eta) & A_{22}(\eta) \end{bmatrix}, \tag{6.76}$$

我们把它们重新写成

$$\dot{\hat{p}} = A(\eta)\hat{p}. \tag{6.77}$$

该式正确性的一个简单检验是令 $\eta = 0$, 它自动回到量子主方程 (6.64). 另外, 也不难验证, 当特征函数的参数做复延拓 $\eta \to \mathrm{i}\beta$ 时, 根据 KMS 条件,

$$A(\mathrm{i}\beta) \begin{pmatrix} 1 \\ 1 \end{pmatrix} = 0. \tag{6.78}$$

这个性质就是式 (3.93) 在周期驱动二能级开系统中的具体体现. 如果开系统的初始密度算符是完全随机算符, 式 (6.78) 确保了随机热的积分涨落定理式 (3.94) 的成立.

为了得到热的概率分布, 我们需要解出式 (6.77),

$$\hat{p}(t) = \left[\mathrm{e}^{A(\eta)t} \right] \hat{p}(0) = c_+ \mathrm{e}^{\lambda_+ t} v_+ + c_- \mathrm{e}^{\lambda_- t} v_-, \tag{6.79}$$

矩阵 $\exp[A(\eta)t]$ 的含义见附录 D. 矩阵 A 的本征值和本征向量分别是

$$\lambda_\pm(\eta) = \frac{1}{2} \left[(A_{11} + A_{22}) \pm B \right], \tag{6.80}$$

$$v_\pm(\eta) = (-(C \pm D), 1)^{\mathrm{T}}, \tag{6.81}$$

上标 T 表示向量的转置, 系数

$$B(\eta) = \sqrt{(A_{11} - A_{22})^2 + 4A_{12}A_{21}}, \tag{6.82}$$

$$C(\eta) = (A_{22} - A_{11})/(2A_{21}), \tag{6.83}$$

$$D(\eta) = B/(2A_{21}). \tag{6.84}$$

$c_\pm$ 由开系统的初始密度算符和 A 矩阵的本征态共同确定,

$$c_\pm(\eta) = \left[n_0(0)(D \mp C) \mp n_1(0) \right] /(2D). \tag{6.85}$$

将式 (6.79) 代入式 (6.72) 得到

$$\Phi_h(\eta) = c_+ \mathrm{e}^{\lambda_+ t}(1 - C - D) + c_- \mathrm{e}^{\lambda_- t}(1 - C + D), \tag{6.86}$$

再对它做反 Fourier 变换就得到了周期驱动二能级开系统的随机热的概率分布.
为了符号的简单, 我们没有写出式 (6.79) ~ 式 (6.86) 右边的参数 η. 虽然上述式
子都是解析的结果, 但在实现 Fourier 反变换时我们不得不用到数值的方法.

除了特征函数方法外, 我们还可以通过模拟量子跳跃轨迹的方法直接得到热
的概率分布, 模拟细节留在附录 C 中介绍. 图 6.2 展示了在特定参数下反 Fourier
变换得到的热分布和直接模拟得到的热分布. 我们看到, 这两个非常不同的方法
给出了相当一致的结果. 最后我们用量子跳跃轨迹的数据检验了热涨落定理式
(3.94), 见插图. 对时间相对短的过程, 这个等式几乎成立. 当过程的持续时间变长
时, 等式的成立出现了明显的偏差. 这并不奇怪, 非平衡过程的时间越长, 相同模
拟条数中热产生为负的比例明显变少, 这一点可以从时间更长的 $t_f = 20$ 的热分
布中看到. 因为样本误差的存在, 等式的成立变得更加困难. 我们稍微简单解释一
下为什么不用反 Fourier 变换后得到热分布再验证热涨落定理. 在利用式 (6.72)
并做反 Fourier 变换得到的概率分布总会有数值误差, 一个后果是我们得到一些
数值远小于零但概率又非零的热产生数据. 虽然这些数据不会改变热分布的整体
形状, 但是因为涨落定理用到了指数函数, 即使是负的热产生数据的权重非常小,
指数后的平均值将会明显地破坏等式的成立. 由此得到一个结论, 如果不想人为
地调整计算结果, 量子跳跃轨迹的模拟应该是数值验证涨落定理更合适的方案, 它
也更接近于真实的实验情况.

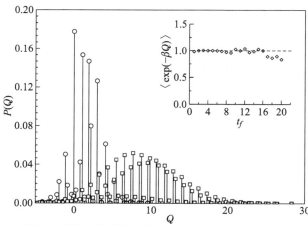

图 6.2　周期驱动二能级开系统的热分布 (单位 $\hbar\omega_0$). 两个非平衡过程的持续时间 t_f 分别
是 $2/\omega_0$ (竖线和圆圈) 和 $20/\omega_0$ (竖线和方格). 空心符号来自量子跳跃轨迹模拟, 竖线条来自
解式 (6.72) 并做反 Fourier 变换. 初始密度算符是完全随机算符. 用到的参数包括 $\omega = 1.1\omega_0$,
$\Omega_R = 0.8\omega_0$, $\mathcal{A} = 1.0/\omega_0^2$, 以及倒数温度 $\beta = 1.0/\hbar\omega_0$. 计算数值时取 $\hbar = \omega_0 = 1$. 插图显示
的是式 (3.94) 左边的数值结果, 横坐标是非平衡过程持续的时间 (单位 $1/\omega_0$)

除了热涨落定理外, 周期驱动二能级开系统还满足 Jarzynski 等式. 和热情况不同, 功等式的成立要求开系统在初始时刻处在热平衡态. 为了得到此条件下的量子功分布, 我们需要计算出式 (3.44)[①]. 我们还是先求解式 (3.40), 只是初始条件替换成了

$$\frac{e^{-(\beta+i\eta)H_A(0)}}{Z_A(0)}. \tag{6.87}$$

此时式 (6.73) ∼ 式 (6.75) 的四个方程都要用到. 幸运的是, 它们都有非常简单的解析解. 在此基础上, 我们只要将算符 $\exp[i\eta H_A(t)]$ 乘以得到的 $\hat{\rho}_A(t,\eta)$, 求迹得到功特征函数 $\Phi_w(\eta)$ 再做反 Fourier 变换就能得到想要的量子功的分布. 另外, 我们还可以模拟量子跳跃轨迹直接统计得到量子功的分布. 相比于特征函数方法, 模拟方法通常更容易些. 图 6.3 展示了一个非平衡过程的量子功分布以及 Jarzynski 等式的验证. 我们看到虽然在某些时间点并不是很完美, 这个功等式的数值结果还是令人满意的. 数值的偏差应该归结为有限的量子跳跃轨迹的数量. 为了确认这一点, 原则上我们需要比较模拟轨迹和解功特征函数再做反 Fourier 变换这两种方法得到的功分布是否足够一致. 然而, 因为我们已经模拟了量子跳跃轨迹并得到了功分布, 对它做 Fourier 变换再比较求解式 (3.44) 得到的特征函数应该比前一个比较方法更容易些. 这个比较方法避免了反 Fourier 变换, 在数值精度方面也更高[②]. 图 6.3 展示了功特征函数的数据, 我们看到由这两种不同计算方法得到的特征函数相当一致. 因为计算功特征算符的微分方程 (3.44) 有解析解, 数据之间的差异应该是由有限的量子跳跃轨迹的数量引起的.

6.2.3 渐近涨落定理

从图 6.2 看到, 即使是一个简单的二能级量子开系统, 因为周期驱动, 它产生的热分布并不简单. Gasparinetti 等对这类分布在长时间下的统计性质做过详细的分析[14]. 在这里我们证明, 沿着量子跳跃轨迹热产生的平均速率

$$I(t) = Q\{\sigma_t\}/t \tag{6.88}$$

---

① 我们还可以解出式 (3.45) 的功特征算符 $K_A(t,\eta)$, 再利用式 (3.46) 求得特征函数. 然而, 因为需要写出指数算符 $\exp[i\eta H_A(t)]$ 在 Floquet 基表象中的矩阵表示, 这个做法只会增加额外的计算和推导复杂性.

② 在第 2 章量子活塞的问题中我们采用了相同的做法.

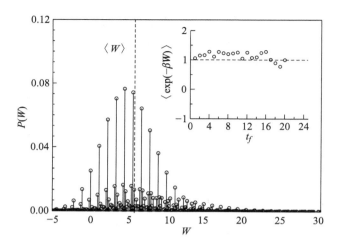

图 6.3　模拟量子跳跃轨迹得到的周期驱动二能级开系统的量子功分布 (单位 $\hbar\omega_0$). 初始密度算符是热平衡态系综, 模拟时间等于 $10/\omega_0$. 所用参数和图 6.2 相同. 虚的竖线是量子功平均值的位置. 插图验证了 Jarzynski 等式. 横轴是非平衡过程不同的持续时间. 因为二能级量子开系统式 (6.52) 的瞬时本征值和时间无关, Jarzynski 等式的自由能之差总等于零. 插图中的水平虚线是为了视觉上的方便

为随机变量的概率分布函数 $P(I, t)$ 满足大偏差原理 (large deviation principle)[15,16], 也就是说, 在 $t \to \infty$ 下具有形式

$$P(I, t) = e^{-t[e(I)+o(1)]} \asymp e^{-te(I)}, \tag{6.89}$$

$o(1)$ 表示时间趋于无穷大时的无穷小量, "$\asymp$" 是大偏差原理的一个简记符号 [17]. $e(I)$ 被称为大偏差函数 (large deviation function) 或者速率函数 (rate function), 它不仅是下凸函数, 而且具有性质

$$e(I) - e(-I) = -\beta I. \tag{6.90}$$

式 (6.90) 表明大偏差函数的奇函数部分的斜率等于 $-\beta/2$. 更重要的是, 从概率分布函数的角度看, 该性质意味着一个长时间渐近意义下成立的细致涨落定理,

$$P(I, t)/P(-I, t) \asymp e^{t\beta I}. \tag{6.91}$$

文献中通常称等式 (6.90) 为 Gallavotti-Cohen 涨落定理 [18−20].

　　因为用到了大偏差理论, 所以我们考虑矩生成函数而非一直在用的特征函数. 根据第 1 章附录 C 的解释, 如果概率分布函数的矩生成函数有意义的话, 那么前者可以认为是后者做复延拓 $\eta \to -i\eta$ 的结果. 由此关于随机热的矩生成函数的计算流程还是式 (6.71) ～ 式 (6.72), 在那里唯一需要修改的地方是做复延拓. 为了节省符号, 现在我们认为这些式子是做过复延拓之后的结果. 不难证明, 式 (6.76) 的 A 矩阵有一个简单的性质[1],

$$A^{\mathrm{T}}(\eta) = A(-\beta - \eta). \tag{6.92}$$

因为矩阵和其转置的本征值相等, 所以有

$$\lambda_{\pm}(\eta) = \lambda_{\pm}(-\beta - \eta). \tag{6.93}$$

利用本征值的具体公式 (6.80) 也可以验证上式的正确性. 考虑到 $\lambda_{+} > \lambda_{-}$, 注意现在它们都是实函数, 当时间足够长时显然有

$$\lim_{t \to \infty} \frac{1}{t} \ln \Phi(-i\eta) = \lambda_{+}(\eta). \tag{6.94}$$

式子的左边被称为标度累积量生成函数 (scaled cumulant generating function)[15]. λ_{+} 是 η 的可微函数, 而且下凸. 后一个性质的解释见附录 E. 根据 Gärtner-Ellis 定理[17], 解释见附录 F, 式 (6.94) 意味着随机热产生的平均速率式 (6.88) 满足大偏差原理式 (6.89), 其中大偏差函数 $e(I)$ 和标度累积量生成函数 $\lambda_{+}(\eta)$ 互为 Legendre 变换. 这个变换关系有两个后果. 其一是 Legendre 变换确保了大偏差函数 $e(I)$ 也是下凸函数, 原因见附录 G; 其二是因为式 (6.93), 我们能从该变换证明式 (6.90) 成立:

$$\begin{aligned} e(I) &= \max_{\eta}\{\eta I - \lambda_{+}(\eta)\} \\ &= \max_{\eta}\{\eta I - \lambda_{+}(-\beta - \eta)\} \\ &= \max_{\eta}\{(-\beta - \eta)I - \lambda_{+}(\eta)\} \\ &= e(-I) - \beta I. \end{aligned} \tag{6.95}$$

即使我们不写出大偏差函数 $e(I)$ 的具体形式, 大偏差理论也已经确立关于它的两个重要的物理性质. 首先, 根据矩生成函数的定义, $\lambda_{+}(0) = 0$. 利用

---

① 如果是特征函数, 那么式 (6.76) 的 A 矩阵满足的性质是 $A^{\mathrm{T}}(\eta) = A(i\beta - \eta)$, 容易验证式 (6.78) 是该性质取 $\eta = 0$ 的结果.

式 (6.93) 验证也是如此. 因为 $\lambda_+(\eta)$ 是 $e(I)$ 的 Legendre 变换,

$$\lambda_+(0) = \max_I\{I \times 0 - e(I)\}$$
$$= \min_I\{e(I)\}, \tag{6.96}$$

所以下凸的 $e(I)$ 是一个非负函数, 它有一个零点 $I^\star$, 而且在该点函数取最小值, 即 $e'(I^\star) = 0$. 结合大偏差原理式 (6.89), 这个结论指出, 随着时间的推移, 观察到其他 I 值的概率急剧减少, 概率分布函数越来越集中到 $I^\star$ 上, 显然它是一个最概然值. 我们会直观地认为 $I^\star$ 就是热产生平均速率的平均值 $\langle I \rangle$. 根据式 (6.94) 以及定义可知该平均值 $\langle I \rangle = \lambda_+'(0)$. 又因为 Legendre 变换具有对偶性质, 即如果在 I 处 $e(I)$ 的斜率 $e'(I) = \eta$, 那么在 η 处的 $\lambda_+(\eta)$ 的斜率 $\lambda_+'(\eta)$ 等于 I, 反之亦然, 所以 $I^\star = \lambda_+'(0)$, 我们的猜测成立. 在长时间极限下, 我们也预期 $\langle I \rangle$ 应该等于平均热的产生速率式 (6.67). 通过对特征值 λ_+ 的 η 求导并取 $\eta = 0$ 就能证实这一点. 其次, 标度累积量生成函数 $\lambda_+(\eta)$ 不仅是下凸函数, 而且式 (6.93) 表明它也是关于过 $\eta = -\beta/2$ 竖轴的左右对称函数, 所以 $\lambda_+'(0)$ 非负, 也就是说 $\langle I \rangle \geqslant 0$, 所以周期驱动二能级量子开系统的确遵循热力学第二定律. 为了定量展示上述结论, 我们在图 6.5 画出了图 6.2 参数下的大偏差函数和标度累积量生成函数. 在那里我们清楚地看到周期驱动开系统的大偏差函数明显地偏离了二次函数.

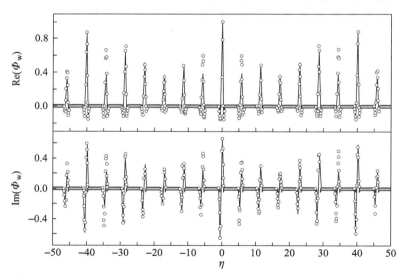

图 6.4　模拟量子跳跃轨迹 (圈符号) 和求解功特征算符 (线) 得到的功特征函数的比较. 前者根据图 6.3 的功分布做 Fourier 变换得到

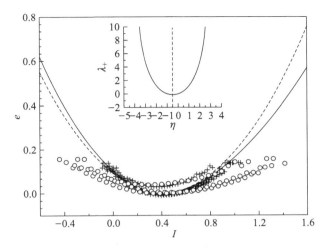

图 6.5　实线是周期驱动二能级开系统的精确的大偏差函数 $e(I)$, 由标度累积量生成函数 $\lambda_+(\eta)$ 做 Legendre 变换得到. 虚线是用于对照的二次函数 $e''(I^\star)(I - I^\star)^2/2$. 在图 6.2 的参数下, 这里的 $I^\star = \lambda'_+(0) = 0.412$, $e''(I^\star) = 1/\lambda''_+(0) = 1.073$. 我们看到大偏差函数既不是二次函数, 在 $I^\star$ 两侧也不对称. 叉号和圆圈是利用量子跳跃轨迹模拟得到的两个热分布的近似大偏差函数, 模拟时间分别是 $20/\omega_0$ 和 $50/\omega_0$. 可以看到, 模拟时间越长, 近似结果越接近于精确的大偏差函数, 偏离平均值的涨落也越小. 插图是相应参数下的标度累积量生成函数 $\lambda_+(\eta)$. 竖线代表过 $\eta = -0.5$ 的对称轴

6.3　慢驱动开系统

如果外界的驱动随时间的变化非常缓慢, 我们能用慢驱动量子主方程描述量子开系统的动力学. 考虑一个二能级开系统, 它的 Hamilton 算符

$$H_A(t) = \frac{1}{2}\hbar\omega_0\sigma_z + \frac{\hbar\Omega_{\mathrm{R}}}{2}\sin(\omega t)\sigma_x. \tag{6.97}$$

我们曾经在第 6.1 节遇到过这个系统, 但是在这里不再要求第二项是一个微扰项. 在 σ_z 本征态的表象中, 式 (6.97) 的瞬时本征态是

$$|+t\rangle = \cos\frac{\theta(t)}{2}|+\rangle + \sin\frac{\theta(t)}{2}|-\rangle, \tag{6.98}$$

$$|-t\rangle = -\sin\frac{\theta(t)}{2}|+\rangle + \cos\frac{\theta(t)}{2}|-\rangle, \tag{6.99}$$

本征值是

$$\varepsilon_{\pm}(t) = \pm \frac{\hbar}{2}\sqrt{\omega_0^2 + \Omega_{\mathrm{R}}^2 \sin(\omega t)^2}$$
$$= \pm \frac{\hbar \Omega(t)}{2}, \tag{6.100}$$

而且

$$\cos \theta(t) = \frac{\omega_0}{\Omega(t)}. \tag{6.101}$$

为了确保绝热定理近似成立, 我们要求模型式 (6.97) 的参数满足条件

$$\omega_0 \omega \Omega_{\mathrm{R}} |\cos(\omega t)| \ll 2\Omega^3(t). \tag{6.102}$$

这个含时间的不等式能用一个更简单但更苛刻条件 $\omega \Omega_{\mathrm{R}} \ll 2\omega_0^2$ 取代, 它由要求式 (6.102) 左边的上界远小于式右边的下界得到.

如果环境是倒数温度等于 β 的量子化电磁场, 开系统和环境之间的相互作用仍是式 (6.2), 我们容易得到在此情况下有三个 Bohr 频率, 它们分别是 $\{+\Omega(t), 0, -\Omega(t)\}$, 相应的谱分量是

$$\begin{cases} A(+\Omega, t) = \vec{d}\cos\theta(t)|-t\rangle\langle+t|, \\ A(-\Omega, t) = \vec{d}\cos\theta(t)|+t\rangle\langle-t|, \\ A(0, t) = \vec{d}\sin\theta(t)\left(|+t\rangle\langle+t| - |-t\rangle\langle-t|\right), \end{cases} \tag{6.103}$$

显然 $A^{\dagger}(+\Omega, t) = A(-\Omega, t)$. 因为 $A_0(t)$ 作用下引起的波函数或者密度算符跳跃对应的 Bohr 频率等于零, 这类量子跳跃类型不会引起开系统和环境之间的能量交换. 考虑到 $|\pm t\rangle$ 构成了一组正交完备基, 我们引入如下类似 Pauli 矩阵的符号:

$$\begin{cases} \sigma_+(t) = |+t\rangle\langle-t|, \\ \sigma_-(t) = |-t\rangle\langle+t|, \\ \sigma_z(t) = |+t\rangle\langle+t| - |-t\rangle\langle-t|. \end{cases} \tag{6.104}$$

由此慢驱动二能级量子开系统的主方程是

$$\partial_t \rho_A = -\frac{\mathrm{i}}{\hbar}[H_A(t), \rho_A] + D_t[\rho_A]. \tag{6.105}$$

耗散超算符

$$D_t[\rho_A] = r(+\Omega(t))(\sigma_-(t)\rho_A\sigma_+(t) - \frac{1}{2}\{\rho_A, \sigma_+\sigma_-(t)\})$$
$$+ r(-\Omega(t))(\sigma_+(t)\rho_A\sigma_-(t) - \frac{1}{2}\{\rho_A, \sigma_-\sigma_+(t)\}), \tag{6.106}$$

其中

$$r(+\Omega(t)) = \cos^2\theta(t)\left[\bar{n}(\Omega(t)) + 1\right]\gamma_0(\Omega(t)), \tag{6.107}$$

$$r(-\Omega(t)) = \cos^2\theta(t)\bar{n}(\Omega(t))\gamma_0(\Omega(t)). \tag{6.108}$$

这里没有出现和 $A(0, t)$ 相关的项是因为 $r(0)$ 等于零. 显然, $r(\pm\Omega(t))$ 是二能级开系统跃迁到瞬时本征态 $|\mp t\rangle$ 而向环境辐射或者从环境吸收能量的速率. 虽然都是时间的函数, 但是它们仍然满足 KMS 条件.

在瞬时本征态构成的表象中, 量子开系统的密度算符

$$\rho_A(t) = \frac{1}{2}I + \left[n_1(t) - \frac{1}{2}\right]\sigma_z(t) + \rho_{10}(t)\sigma_+(t) + \rho_{10}^*(t)\sigma_-(t), \tag{6.109}$$

$n_1(t)$ 是开系统在瞬时本征态 $|+t\rangle$ 的概率. 代入量子主方程 (6.105), 独立的矩阵元满足运动方程

$$\dot{n_1} = \dot\theta(t)\mathrm{Re}\left[\rho_{10}\right] - \Gamma(t)n_1 + r(-\Omega(t)) \tag{6.110}$$

$$\dot{\rho_{10}} = -\left[\mathrm{i}\Omega(t) + \frac{\Gamma(t)}{2}\right]\rho_{10} - \dot\theta(t)n_1 + \frac{\dot\theta(t)}{2}, \tag{6.111}$$

其中含时间的两个速率之和

$$\Gamma(t) = r(+\Omega(t)) + r(-\Omega(t)) \tag{6.112}$$

恒正. 式 (6.110) 和式 (6.111) 是非齐次的一阶线性微分方程组. 因为它们的系数随时间变化, 一般情况下没有简单的解析解, 在长时间极限下也不会有和时间无关的稳态解.

6.3.1 绝热近似

在外参数变化的绝热极限下, 我们预期在任意时刻量子主方程 (6.105) 的解应该是瞬时 Boltzmann 热平衡态. 为了确认这个猜想, 我们令 $t = t_f s$, t_f 是非平衡过程持续的时间, s $(0 \leqslant s \leqslant 1)$ 是无量纲的时间参数. 利用这个新参数重新写出式 (6.110) 和式 (6.111):

$$\frac{1}{t_f}\dot{n_1} = \dot\theta(s)\mathrm{Re}\left[\mathrm{e}^{-\mathrm{i}t_f\int_0^s\Omega(s')\mathrm{d}s'}\widetilde{\rho}_{10}\right] - \Gamma(s)n_1 + r(-\Omega(s)), \tag{6.113}$$

$$\frac{1}{t_f}\dot{\widetilde{\rho}_{10}} = -\frac{\Gamma(s)}{2}\widetilde{\rho}_{10} - \dot\theta(s)n_1\mathrm{e}^{\mathrm{i}t_f\int_0^s\Omega(s')\mathrm{d}s'} + \frac{\dot\theta(s)}{2}\mathrm{e}^{\mathrm{i}t_f\int_0^s\Omega(s')\mathrm{d}s'}, \tag{6.114}$$

这里我们定义了

$$\rho_{10}(s) = \widetilde{\rho}_{10}(s)\mathrm{e}^{-\mathrm{i}t_f \int_0^s \Omega(s')\mathrm{d}s'}. \tag{6.115}$$

注意这里所有和 t 相关的函数都已经换成了 s 的函数, 为了避免引入太多的符号, 我们仍然采用了原函数的符号. 处理量子绝热极限的一个恰当方法是令 $t_f \to \infty^{[21,22]}$. 考虑到外界驱动周期变化的特点, 我们同时要求 $t_f\omega = C$ 是一个有限的任意常数. 这样做的目的是确保当 t_f 很大时, 给定的驱动仍然能够保持标度不变. 当 t_f 足够大时, 我们利用小量 $(1/t_f)$ 做概率 n_1 和相干项 $\widetilde{\rho}_{10}$ 的级数展开:

$$n_1(s) = n_1^{(0)}(s) + \frac{1}{t_f}n_1^{(1)}(s) + \cdots, \tag{6.116}$$

$$\widetilde{\rho}_{10}(s) = \widetilde{\rho}_{10}^{(0)}(s) + \frac{1}{t_f}\widetilde{\rho}_{10}^{(1)}(s) + \cdots. \tag{6.117}$$

将式 (6.113) 和式 (6.114) 写成积分方程, 利用第 2 章附录 C 中的式 (2.131), 代入近似式 (6.116) 和式 (6.117), 按 $(1/t_f)$ 的阶数逐项写出它们系数所满足的积分方程. 经过简单的推导后我们发现, 出现在上式中的各阶函数有如下的解:

0 阶,

$$n_1^{(0)}(s) = \frac{r(-\Omega(s))}{\Gamma(s)}, \tag{6.118}$$

$$\widetilde{\rho}_{10}^{(0)}(s) = 0, \tag{6.119}$$

1 阶,

$$n_1^{(1)}(s) = -\frac{1}{\Gamma(s)}\frac{\mathrm{d}}{\mathrm{d}s}n_1^{(0)}(s), \tag{6.120}$$

$$\widetilde{\rho}_{10}^{(1)}(s) = \frac{1}{\Gamma(s)}\frac{\mathrm{d}}{\mathrm{d}s}\left[\mathrm{e}^{\mathrm{i}t_f \int_0^s \Omega(s')\mathrm{d}s'}\frac{\dot{\theta}(s)}{\mathrm{i}\Omega(s)}\left(1 - 2n_1^{(0)}(s)\right)\right], \tag{6.121}$$

0 阶的解正是我们预期的在量子绝热极限下的结果: 当非平衡过程的持续时间为无穷长时, 在经历因为初始条件而引起的短暂弛豫后, 在接下来的时间里二能级量子开系统几乎总是处在瞬时驱动下的瞬时热力学平衡态[①], 即

$$\lim_{t_f\to\infty,\,t\to\infty} n_1(t) = \frac{r(-\Omega(t))}{\Gamma(t)}, \qquad \lim_{t_f\to\infty,\,t\to\infty} \rho_{10}(t) = 0, \tag{6.122}$$

---

① 需求强调, 除非量子开系统一开始就处在瞬时热平衡态, 一般情况下展式 (6.116) 不能刻画初始的弛豫过程, 所以它们只有在长时间的条件下才有成立的意义.

这里已经变换回到正常的时间变量 t. 除此以外, 如果持续时间 t_f 有限, 则式 (6.120) 和式 (6.121) 给出了 $(1/t_f)^1$ 阶的修正公式. 图 6.6 展示了数值求解式 (6.110) 和式 (6.111) 得到的概率 $n_1(t)$, 以及它和瞬时热平衡态 $(1/t_f)^1$ 阶修正后的数值结果的比较. 我们看到, 当 t_f 很大时, 三者的数据几乎重合. 而当 t_f 值较小时, 保留了一阶式 (6.120) 修正之后的 n_1 在数值上更加接近精确的数值解.

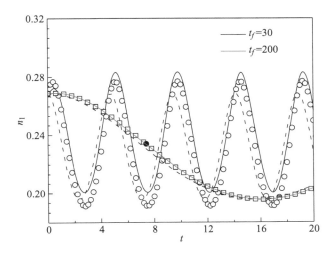

图 6.6 不同持续时间 t_f (单位 $1/\omega_0$) 下慢驱动二能级量子开系统瞬时本征态 $|+t\rangle$ 的概率 $n_1(t)$. 用到的物理参数包括 $\Omega_{\mathrm{R}} = 1.0\omega_0$, $\mathcal{A} = 1.0/\omega_0^2$, $\beta = 1.0/\hbar\omega_0$, 特别我们设定了 $\omega t_f = 20$. 黑色和灰色实线是数值求解式 (6.110) 和式 (6.111) 的结果. 虚线是瞬时热平衡态式 (6.118). 圆圈和方块符号是保留 $(1/t_f)^1$ 阶式 (6.120) 之后的概率 $n_1(t)$ 的结果. 我们假设这些非平衡过程的初始状态是 0 时刻的瞬时热平衡态. 数值计算时取 $\hbar = \omega_0 = 1$

根据式 (6.116) 和式 (6.117), 我们能把慢驱动开系统式 (6.105) 的系综平均热力学量写成 $(1/t_f)$ 展开的形式. 根据式 (3.82), 外界对开系统所做的功

$$
\begin{aligned}
&\int_0^{t_f} \mathrm{d}t \frac{\hbar\Omega_{\mathrm{R}}}{2} \omega \cos(\omega t) \left[(2n_1(t) - 1)\sin(\theta) + 2\mathrm{Re}(\rho_{10}(t))\cos\theta \right] \\
&= \int_0^1 \mathrm{d}s \frac{\hbar\Omega_{\mathrm{R}}}{2} C \cos(Cs) \left(2n_1^{(0)}(s) - 1 \right) \sin\theta \\
&\quad + \frac{1}{t_f} \int_0^1 \mathrm{d}s \frac{\hbar\Omega_{\mathrm{R}}}{2} C \cos(Cs) \Bigg\{ 2n_1^{(1)}(s) \\
&\quad + 2\mathrm{Re}\left[\widetilde{\rho}_{10}^{(1)}(s) \mathrm{e}^{-\mathrm{i}t_f \int_0^s \Omega(s')\mathrm{d}s'} \right] \cos\theta \Bigg\} + \cdots,
\end{aligned}
\tag{6.123}
$$

而开系统吸收的平均热

$$\int_0^{t_f} \mathrm{d}t \hbar \Omega(t) \left[r(-\Omega(t)) - \Gamma(t) n_1(t) \right]$$
$$= - \int_0^{t_f} \mathrm{d}s \hbar \Omega(s) \Gamma(s) n_1^{(1)}(s) + \frac{1}{t_f} \int_0^1 \mathrm{d}s \hbar \Omega(s) \Gamma(s) n_1^{(2)}(s) + \cdots. \tag{6.124}$$

这些展开式看起来很复杂, 即使是只写到 $(1/t_f)^1$ 阶的解析公式也将是一个极为繁琐而无趣的工作. 判断它们是否合理的一个快速方法是令 t_f 趋于无穷大时 (量子绝热极限), 也就是说如果开系统经历准静态过程, 那么功和热的 $(1/t_f)^0$ 阶项之和等于开系统平衡态能量的变化. 另外, $(1/t_f)$ 展开后系统熵

$$S_A(t) = S_A^0(t) - \frac{1}{t_f} k_B \ln \left[\frac{n_1^{(0)}(t)}{1 - n_1^{(0)}(t)} \right] n_1^{(1)}(s) + \cdots, \tag{6.125}$$

其中, $S_A^0(t)$ 是准静态过程开系统的 von-Neumann 熵:

$$-k_B \left\{ n_1^{(0)}(t) \ln n_1^{(0)}(t) + \left[1 - n_1^{(0)}(t) \right] \ln \left[1 - n_1^{(0)}(t) \right] \right\}. \tag{6.126}$$

从推导的过程可以看出, 保留到一阶的开系统熵和非对角元 $\rho_{10}(t)$ 无关. 为了展示量子开系统式 (6.105) 严格遵守热力学第二定律, 我们计算了它在不同驱动速率下的熵产生速率, 见图 6.7. 最近, Cavina 等针对慢驱动量子主方程给出了一个非常类似的也基于 $(1/t_f)$ 展开的热力学理论. 相比于这里以模型为基础的讨论, 他们的结论更具有理论的一般性, 见附录 H 的简单说明.

6.3.2　量子功分布

为了展示基于量子跳跃轨迹模拟得到的功分布和基于特征函数方法得到的功分布的一致性, 我们采用另一个二能级量子开系统模型, 它的 Hamilton 算符是之前周期驱动开系统的式 (6.52)[24]. 为了方便, 我们把它重新写出:

$$H_A(t) = \frac{1}{2} \hbar \omega_0 \sigma_z + \frac{\hbar \Omega_R}{2} \left(\sigma_+ \mathrm{e}^{-\mathrm{i}\omega t} + \sigma_- \mathrm{e}^{\mathrm{i}\omega t} \right). \tag{6.127}$$

该算符的瞬时本征态和本征值分别是

$$| + t \rangle = \cos \frac{\theta}{2} \mathrm{e}^{-\mathrm{i}\omega t/2} |+\rangle + \sin \frac{\theta}{2} \mathrm{e}^{\mathrm{i}\omega t/2} |-\rangle, \tag{6.128}$$

$$| - t \rangle = - \sin \frac{\theta}{2} \mathrm{e}^{-\mathrm{i}\omega t/2} |+\rangle + \cos \frac{\theta}{2} \mathrm{e}^{\mathrm{i}\omega t/2} |-\rangle, \tag{6.129}$$

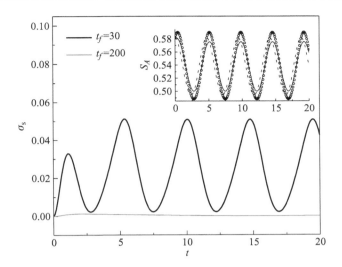

图 6.7　不同持续时间 t_f(单位 $1/\omega_0$) 下慢驱动二能级量子开系统的熵产生速率. 数值计算所用的参数和图 6.6 的相同. 注意灰色实线都是由大于零的数构成. 插图展示了数值精确的量子开系统熵 $S_A(t)$(实线), 平衡态熵 $S_A^0(t)$(虚线), 以及考虑了 $(1/t_f)^1$ 阶修正后的式 (6.125)(圆圈)

和

$$\varepsilon_\pm = \pm \frac{\hbar}{2}\sqrt{\omega_0^2 + \Omega_{\mathrm{R}}^2} = \pm \frac{\hbar\Omega}{2}, \tag{6.130}$$

而且

$$\cos\theta = \frac{\omega_0}{\Omega}. \tag{6.131}$$

和开系统式 (6.97) 不同, 这里的本征值都是时间无关的常数. 慢驱动量子主方程成立要求二能级开系统的物理参量满足绝热条件,

$$\omega\Omega_{\mathrm{R}} \ll 2(\omega_0^2 + \Omega_{\mathrm{R}}^2). \tag{6.132}$$

和之前一直采用的量子电磁环境不同, 这里我们考虑一个由量子谐振子组成的倒数温度等于 β 的热环境, 它的 Hamilton 算符为

$$H_B = \sum_{k=1}^\infty \hbar\omega_k a_k^\dagger a_k, \tag{6.133}$$

ω_k 是第 k 个谐振子的本征频率, 它们的生灭算符满足关系

$$[a_k, a_{k'}^\dagger] = \delta_{k,k'}. \tag{6.134}$$

二能级开系统和环境相互作用还是偶极子模型,

$$V = \sigma_x \sum_{k=1} g(\omega_k)(a_k^\dagger + a_k), \tag{6.135}$$

$g(\omega_k)$ 是频率相关的耦合函数, 它具有能量的量纲. 在此情况下的 Bohr 频率分别是 $\{+\Omega, 0, -\Omega\}$, 算符 σ_x 的谱分量分别为

$$\begin{cases} A(+\Omega, t) = \left(\cos^2 \dfrac{\theta}{2} \mathrm{e}^{-\mathrm{i}\omega t} - \sin^2 \dfrac{\theta}{2} \mathrm{e}^{\mathrm{i}\omega t} \right) |-t\rangle\langle +t|, \\[2mm] A(-\Omega, t) = \left(\cos^2 \dfrac{\theta}{2} \mathrm{e}^{\mathrm{i}\omega t} - \sin^2 \dfrac{\theta}{2} \mathrm{e}^{-\mathrm{i}\omega t} \right) |+t\rangle\langle -t|, \\[2mm] A(0, t) = \sin\theta \cos(\omega t) \left(|+t\rangle\langle +t| - |-t\rangle\langle -t| \right). \end{cases} \tag{6.136}$$

进一步假设热环境具有 Ohm 型的谱密度, $J(\omega) = \kappa\omega$[25], 我们得到一个新的慢驱动二能级量子开系统的主方程, 虽然它的形式仍然是式 (6.105), 但是这里的耗散超算符变为

$$\begin{aligned} D_t[\rho_A] =& r(+\Omega, t) \left[\sigma_-(t)\rho_A\sigma_+(t) - \frac{1}{2}\{\rho_A, \sigma_+\sigma_-(t)\} \right] \\ &+ r(-\Omega, t) \left[\sigma_+(t)\rho_A\sigma_-(t) - \frac{1}{2}\{\rho_A, \sigma_-\sigma_+(t)\} \right] \\ &r(0, t) \left[\sigma_z(t)\rho_A\sigma_-(t) - \frac{1}{2}\rho_A \right], \end{aligned} \tag{6.137}$$

其中速率

$$\begin{cases} r(+\Omega, t) = [\cos^2\theta + \sin^2\theta\sin^2(\omega t)][\bar{n}(\Omega) + 1]J(\Omega), & (6.138) \\[2mm] r(-\Omega, t) = [\cos^2\theta + \sin^2\theta\sin^2(\omega t)]\bar{n}(\Omega)J(\Omega), & (6.139) \\[2mm] r(0, t) = [\sin\theta\cos(\omega t)]^2\kappa/\beta\hbar, & (6.140) \end{cases}$$

而类 Pauli 矩阵由新的本征态式 (6.128) 和式 (6.129) 组成. 这些速率公式的解释见附录 I.

为了得到量子功的分布, 我们需要求解式 (3.71) 得到特征函数 $\Phi_w(\eta)$, 然后再做反 Fourier 变换. 整个计算过程没有什么特别的难度. 这里我们仅指出, 式 (3.71) 的第一部分是慢驱动量子主方程, 而和特征函数的参数 η 真正相关的是第二部分:

$$\begin{aligned} &\left(\partial_t \mathrm{e}^{\mathrm{i}\eta H_A(t)} \right) \mathrm{e}^{-\mathrm{i}\eta H_A(t)} \\ =& \mathrm{i}\boldsymbol{\sigma} \cdot \dot{\boldsymbol{n}}(t) \sin(\eta\hbar\Omega) + \mathrm{i}\frac{1 - \cos(\eta\hbar\Omega)}{2} \dot{\boldsymbol{n}}(t) \times \boldsymbol{n}(t) \cdot \boldsymbol{\sigma}, \end{aligned} \tag{6.141}$$

其中单位向量

$$\boldsymbol{n} = \left(\frac{\Omega_{\mathrm{R}}}{\Omega} \cos(\omega t), \frac{\Omega_{\mathrm{R}}}{\Omega} \sin(\omega t), \frac{\omega}{\Omega} \right), \tag{6.142}$$

Pauli 矩阵构成的算符矢量 $\boldsymbol{\sigma} = (\sigma_x, \sigma_y, \sigma_z)$. 因为式 (6.141) 是 η 的周期函数, 频率等于 $\hbar\Omega$, 所以做反 Fourier 变换后的量子功分布必然是等间隔的离散分布, 间距等于 $\hbar\Omega$. 根据量子跳跃轨迹的量子功定义以及本模型 Bohr 频率的特点, 这是显然的. 图 6.8 展示了在不同物理参数下的量子功的分布. 它们分别通过解特征函数做反 Fourier 变换和量子跳跃轨迹模拟得到. 我们清楚地看到这两种独立方法得到了非常一致的分布.

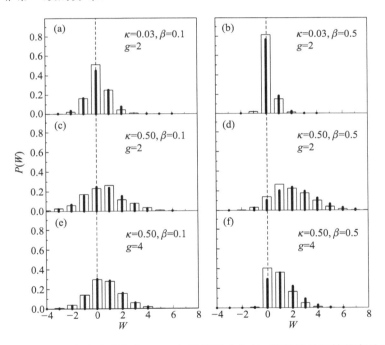

图 6.8　慢驱动二能级量子开系统式 (6.127) 的量子功分布. 开系统的初始状态是瞬时热平衡态. 粗实线是求解功特征函数再做反 Fourier 变换的功分布, 柱状图是量子跳跃轨迹模拟的结果. 为了清楚起见, 我们在功值等于零的地方加上了虚线. 所有小图共用的物理参数包括驱动频率 $\omega = 0.99\omega_0$ 和过程持续时间 $t_f = 20\pi/\omega$, 也就是 10 个振荡周期. 取不同值的参数包括驱动强度 $g = \hbar\Omega_{\mathrm{R}}/2$ (单位 $\hbar\omega_0$), 热环境的倒数温度 β (单位 $1/\hbar\omega_0$), 表征开系统和环境耦合强度的无量纲参数 κ 等. 数值计算时取 $\hbar = \omega_0 = 1$

利用量子跳跃轨迹的图像可以更容易地理解图 6.8 中的数据. 对于二能级量子开系统式 (6.127), 轨迹开始和结束时测量开系统自身的能量变化只能得到

值 0 和 $\pm\omega$. 如果系统是闭的情况, 绝热条件式 (6.132) 意味着有非零概率的功值只能是 0, 见第 1.4 节的第一个模型. 首先关注图右列的结果. 因为低温 (较大的 β), 开系统几乎总是从较低能量本征值的瞬时本征态 $|-0\rangle$ 出发. 如果开系统和环境的相互作用很弱, 比如 $\kappa = 0.03$, 开系统在接下来的演化中几乎都处在瞬时本征态 $|-t\rangle$ 上, 有跳跃的量子轨迹数量非常少, 因此我们预期 0 功值的概率占绝对的主导地位. 即使如此, 开系统和环境的相互作用仍然会使开系统的波函数演变为两个瞬时本征态 $|-t\rangle$ 和 $|+t\rangle$ 的叠加. 虽然后者的概率远远小于前者, 但是如果稀罕的量子跳跃在某个时刻发生了, 该跳跃几乎肯定是 $A(+\Omega, t)$ 型, 其原因在于低温下速率 $r(+\Omega, t)$ 远远大于相反跳跃类型的速率 $r(-\Omega, t)$. 此时有能量 $\hbar\Omega$ 释放到环境中, 相应的功值等于 $+\hbar\Omega$. 图 6.8(b) 展示的就是这样情景下的功分布. 如果增强开系统和环境的相互作用强度 κ, 虽然量子跳跃的速率绝对值变大, 但是它们的比值不会发生改变. 在此情况下不仅发生跳跃的量子轨迹数量变多, 而且在同一条轨迹上发生跳跃的次数也增多. 相应地, 0 功值的概率明显下降, 具有较大的正功值的概率开始出现, 比如图 6.8(d) 所示. 这个论述意味着如果我们延长模拟的时间, 整个功分布将向右边偏移, 数值结果证实了这个预言. 最后, 图 6.8(f) 显示出在较强驱动下, 较大绝对功值的概率都明显变小, 整个分布又向 0 功值集中. 这是因为根据式 (6.131), 强驱动导致两个速率同时变小, 这和图 6.8(b) 的情况类似. 然后我们再关注图 6.8 左列的结果. 刚才的分析也适用于它们. 然而, 因为环境的温度较高 (较小的 β), 我们必须考虑两个额外的因素: 一个是初始波函数是瞬时本征态 $|+0\rangle$ 的量子轨迹不能再忽略不计; 另一个是量子跳跃速率 $r(-\Omega, t)$ 和 $r(+\Omega, t)$ 在大小上不再相差悬殊. 这样的后果是 $A(-\Omega, t)$ 类型的量子跳跃开始扮演重要的角色, 它们使得具有负功值的概率出现了明显的增加.

附录 A　速率式 (6.7) 和式 (6.8)

在任何一本量子光学的教材里都能找到这些公式的具体推导, 比如文献 [1]. 为了尽量保证本书的自洽性, 这里给出它们的简略推导过程. 假设量子化的电磁场被限制在体积为 V 的方盒子中, 场的 Hamilton 算符为

$$H_B = \sum_{k, \mu=1,2} \hbar\omega_k \left[a_\mu^\dagger(\boldsymbol{k}) a_\mu(\boldsymbol{k}) + \frac{1}{2} \right]. \tag{6.143}$$

$\boldsymbol{k}$ 是离散的波矢或者模, 其大小等于 k, 角频率 $\omega_k = ck$, μ ($\mu = 1, 2$) 是两个相互垂直的线偏振, $a_\mu^\dagger(\boldsymbol{k})$ 和 $a_\mu(\boldsymbol{k})$ 分别是具有波矢 $\boldsymbol{k}$ 和偏振 μ 的光子的产生和湮灭算符,

$$[a_\mu(\boldsymbol{k}), a_{\mu'}^\dagger(\boldsymbol{k})] = \delta_{\mu,\mu'}\delta_{\boldsymbol{k},\boldsymbol{k}'}. \tag{6.144}$$

开系统和电磁环境相互作用式 (6.2) 的电场算符为

$$\hat{\boldsymbol{E}} = \mathrm{i}\sum_{\boldsymbol{k},\mu=1,2}\mathbf{e}^\mu(\boldsymbol{k})\sqrt{\frac{\hbar\omega_k}{2\epsilon_0 V}}[a_\mu(\boldsymbol{k}) - a_\mu^\dagger(\boldsymbol{k})]. \tag{6.145}$$

$e^\mu(\boldsymbol{k})$ 表示模为 $\boldsymbol{k}$ 的两个线偏振的单位矢量, 它们和电磁场传播方向 $\boldsymbol{k}/k$ 构成右手螺旋关系. 在开系统和环境的相互作用图像中, 式 (6.2) 的表达式如下:

$$\widetilde{V}(t) = -\left[\mathrm{e}^{-\omega_0 t}\sigma_- d \cdot \hat{\boldsymbol{E}}(t) + \mathrm{e}^{+\omega_0 t}\sigma_+ d \cdot \hat{\boldsymbol{E}}(t)\right], \tag{6.146}$$

此时的电场算符已经是相互作用图像算符, 紧跟其后的时间参数 t 明确了这一点. 对照一般式 (2.30), 这相当于电偶极子算符的谱分量分别是

$$A_a(\omega_0) = d_a\sigma_-, \qquad A_a(-\omega_0) = d_a\sigma_+, \tag{6.147}$$

下标 a 表示三个空间坐标 (x, y, z). 式 (6.3) 和式 (6.4) 是它们的矢量写法. 根据环境算符两点时间关联函数 Fourier 变换定义式 (2.38), 我们需要计算

$$r_{ab}(\omega) = \frac{1}{\hbar^2}\int_{-\infty}^{+\infty}\mathrm{d}s\mathrm{e}^{\mathrm{i}\omega s}\langle\hat{E}_a(s)\hat{E}_b\rangle, \tag{6.148}$$

积分中的尖括号表示对倒数温度等于 β 的热平衡态电磁场系综的平均. 代入式 (6.145) 的相互作用图像算符, 对各项求平均. 利用关系:

$$\langle a_\mu(\boldsymbol{k})a_{\mu'}(\boldsymbol{k}')\rangle = 0, \qquad \langle a_\mu^\dagger(\boldsymbol{k})a_{\mu'}^\dagger(\boldsymbol{k}')\rangle = 0,$$
$$\langle a_\mu(\boldsymbol{k})a_{\mu'}^\dagger(\boldsymbol{k}')\rangle = \delta_{\boldsymbol{k}\boldsymbol{k}'}\delta_{\mu\mu'}(\bar{n}(\omega_k) + 1),$$
$$\langle a_\mu^\dagger(\boldsymbol{k})a_{\mu'}(\boldsymbol{k}')\rangle = \delta_{\boldsymbol{k}\boldsymbol{k}'}\delta_{\mu\mu'}\bar{n}(\omega_k),$$

$\bar{n}(\omega)$ 是频率为 ω 的模的平均光子数, 根据热平衡态电磁场的密度算符

$$\rho_B = \prod_{k,\mu}[1 - \exp(-\beta\hbar\omega_k)]\exp[-\beta\hbar\omega_k a_\mu^\dagger(\boldsymbol{k})a_\mu(\boldsymbol{k})] \tag{6.149}$$

就能直接验证上述关系. 将离散求和转为连续积分 [①]:

$$\frac{1}{V} \sum_{\boldsymbol{k}\mu=1,2} e_a^\mu(\boldsymbol{k}) e_b^\mu(\boldsymbol{k}) \to \delta_{ab} \frac{1}{(2\pi)^3 c^3} \frac{8\pi}{3} \int_0^\infty (\mathrm{d}\omega') \omega'^2, \tag{6.150}$$

最后整理得到

$$r_{ab}(\omega) = \delta_{ab} \gamma_0(|\omega|) \left\{ [1 + \bar{n}(|\omega|)] \Theta(\omega) + \bar{n}(|\omega|) \Theta(-\omega) \right\}, \tag{6.151}$$

其中, $\Theta(\omega)$ 是阶梯函数. 将所有结果代入二能级开系统的量子主方程, 我们就得到想要的式 (6.6) ~ 式 (6.12).

附录 B　二能级系统 Floquet 基和准能量

对于特定的 Hamilton 算符式 (6.52), 它的时间演化算符总可以分解成

$$U_A(t) = \mathrm{e}^{-\mathrm{i}\omega\sigma_z t/2} \mathrm{e}^{-\mathrm{i}(\delta\sigma_z + \Omega_{\mathrm{R}}\sigma_x)t/2}, \tag{6.152}$$

根据第 2 章附录 D 的式 (2.134) 和式 (2.135), 容易看出平均 Hamilton 算符和周期的幺正算符分别是

$$\overline{H} = \frac{\hbar\delta}{2}\sigma_z + \frac{\hbar\Omega_{\mathrm{R}}}{2}\sigma_x + \frac{\hbar\omega}{2}, \tag{6.153}$$

和

$$P(t) = \mathrm{e}^{-\mathrm{i}\omega(\sigma_z - 1)t/2}. \tag{6.154}$$

因为 Floquet 基的准能量是平均 Hamilton 算符的本征值, 所以我们得到了式 (6.54). 另外, 因为 Floquet 基可以通过周期幺正算符 $P(t)$ 作用在平均 Hamilton 算符的本征态而来, 所以就得到式 (6.53).

附录 C　周期驱动二能级开系统的量子跳跃轨迹模拟

量子跳跃轨迹是开系统波函数 Ψ 在开系统 Hilbert 空间中的演化. 如式 (4.25) 描述的那样, 每条轨迹由决定性连续演化和随机跳跃交替组成. 设二能级

[①] 这里用到关系 $e^1(\boldsymbol{k})e^1(\boldsymbol{k}) + e^2(\boldsymbol{k})e^2(\boldsymbol{k}) = I - \boldsymbol{k}\boldsymbol{k}/k^2$, I 是单位矩阵. 重要的是这个等式的立体角积分等于 $(8\pi/3)I$. 利用球坐标系很容易验证这两个结果.

开系统的波函数从时间 t 连续演变到 $t+\tau$ 时刻, 它满足决定性方程:

$$
\begin{aligned}
\dot{\Psi}(t+s) = -\frac{\mathrm{i}}{\hbar}\Bigg[& H_A(t+s) \\
& -\frac{\mathrm{i}\hbar}{2}\sum_{\omega'} r(\omega')A^{\dagger}(\omega', t+s)A(\omega', t+s)\Bigg]\Psi(t+s),
\end{aligned}
\tag{6.155}
$$

$0 \leqslant s \leqslant \tau$, 左边波函数上方的点表示对时间的求导, ω' 是 6 个 Bohr 频率,

$$
\{\pm\omega, \pm(\omega-\Omega), \pm(\omega+\Omega)\}.
\tag{6.156}
$$

在 Floquet 基的表象中, 波函数写成

$$
\begin{aligned}
\Psi(t+s) = & \mu_+(s)\mathrm{e}^{-\mathrm{i}(t+s)\epsilon_+/\hbar}|\epsilon_+(t+s)\rangle \\
& + \mu_-(s)\mathrm{e}^{-\mathrm{i}(t+s)\epsilon_-/\hbar}|\epsilon_-(t+s)\rangle.
\end{aligned}
\tag{6.157}
$$

代入式 (6.155) 得到两个概率振幅分别满足的微分方程,

$$
\frac{\mathrm{d}\mu_{\pm}}{\mathrm{d}s} = -\frac{1}{\tau_{\pm}}\mu_{\pm},
\tag{6.158}
$$

常系数

$$
\frac{1}{\tau_{\pm}} = \frac{1}{2}\left[r(\omega) + r(-\omega) + r(\mp(\omega-\Omega)) + r(\pm(\omega+\Omega)) \right].
\tag{6.159}
$$

式 (6.158) 有非常简单的解,

$$
\mu_{\pm}(s) = \mu_{\pm}(0)\mathrm{e}^{-s/\tau_{\pm}}.
\tag{6.160}
$$

波函数 $\Psi(t+s)$ 还没有做归一处理. 设归一后的波函数为 $\overline{\Psi}(t+s)$. 形式上它和式 (6.157) 一样, 只是那里 $\mu_{\pm}(s)$ 被替换成了

$$
\overline{\mu}_{\pm}(s) = \frac{\mu_{\pm}(s)}{\sqrt{|\mu_+(s)|^2 + |\mu_-(s)|^2}}.
\tag{6.161}
$$

因为在时间点 $t+\tau$ 发生随机跳跃, 连续演化被中断. τ 值由下式决定:

$$
\begin{aligned}
\eta = & |\Psi(t+\tau)|^2 \\
= & |\mu_+(0)|^2 \exp\left(-\frac{2\tau}{\tau_+}\right) + |\mu_-(0)|^2 \exp\left(-\frac{2\tau}{\tau_-}\right),
\end{aligned}
\tag{6.162}
$$

$\eta \in (0, 1]$ 是一个均匀的随机数. 跳跃发生后开系统的波函数塌缩为

$$\frac{A(\omega', t+\tau)\Psi(t+\tau)}{|A(\omega', t+\tau)\Psi(t+\tau)|}. \tag{6.163}$$

这些特定跳跃发生的概率等于

$$r(\omega')\left|A(\omega', t+\tau)\Psi(t+\tau)\right|^2. \tag{6.164}$$

表 6.1 列出了这些波函数和发生概率的具体表达式, 其中

$$\begin{aligned}
\overline{\Phi}(t+\tau) =& \bar{\mu}_+(\tau)\mathrm{e}^{-\mathrm{i}(t+\tau)\epsilon_+/\hbar}|\epsilon_+(t+\tau)\rangle \\
&- \bar{\mu}_-(\tau)\mathrm{e}^{-\mathrm{i}(t+\tau)\epsilon_-/\hbar}|\epsilon_-(t+\tau)\rangle.
\end{aligned} \tag{6.165}$$

当表 6.1 中的某个波函数被随机选择后, 以它为初始波函数, 新一轮的决定性演化和随机跳跃再次开始. 重复这个操作直到非平衡过程的结束时刻.

表 6.1　跳跃后的波函数和发生概率的具体表达式

跳跃后的波函数		概率 $\propto$	释放的热
$\overline{\Phi}(t+\tau)$		$r(\omega)$	$\hbar\omega$
$\lvert\epsilon_+(t+\tau)\rangle$	(如果 $\mu_- \neq 0$)	$r(\omega-\Omega)\lvert\mu_-(\tau)\rvert^2$	$\hbar(\omega-\Omega)$
$\lvert\epsilon_-(t+\tau)\rangle$	(如果 $\mu_+ \neq 0$)	$r(\omega+\Omega)\lvert\mu_+(\tau)\rvert^2$	$\hbar(\omega+\Omega)$
$\overline{\Phi}(t+\tau)$		$r(-\omega)$	$-\hbar\omega$
$\lvert\epsilon_-(t+\tau)\rangle$	(如果 $\mu_+ \neq 0$)	$r(-(\omega_L-\Omega))\lvert\mu_+(\tau)\rvert^2$	$-\hbar(\omega-\Omega)$
$\lvert\epsilon_+(t+\tau)\rangle$	(如果 $\mu_- \neq 0$)	$r(-(\omega+\Omega))\lvert\mu_-(\tau)\rvert^2$	$-\hbar(\omega+\Omega)$

附录 D　矩阵 $\exp[A(\eta)t]$ 的特征函数解释

让我们考察量子跳跃轨迹的一个特殊系综, 它们都从 Floquet 基 $|\epsilon_+(0)\rangle$ 出发, 在轨迹结束的时刻测量发现正好处在瞬时 Floquet 基 $|\epsilon_+(t)\rangle$. 如果我们记录这些轨迹在所有时间点上发生的跳跃类型, 比如在时间点 t_i $(i=1, \cdots, N)$ 共发

生 N 次类型分别为 $\{\omega_{t_i}\}$ 的跳跃, 那么这条轨迹出现的概率为

$$
\begin{aligned}
\Delta P_{++}\{\sigma_A\} &= \mathrm{Tr}_A\left[|\epsilon_+(t_f)\rangle\langle\epsilon_+(t_f)|\sigma_A(t_f)\right]\Delta P\{\sigma_A\} \\
&= \mathrm{Tr}_A\left[|\epsilon_+(t_f)\rangle\langle\epsilon_+(t_f)G_0(t,t_N)J(\omega_{t_N},t_N)G_0(t_N,t_{N-1})\right. \\
&\qquad \left.\cdots J(\omega_{t_1},t_1)G_0(t_1,0)|\epsilon_+(0)\rangle\langle\epsilon_+(0)|\right]\prod_{i=1}^{N}\Delta t_i.
\end{aligned}
\tag{6.166}
$$

这里的超传播子 G_0 和跳跃超算符 J 定义在周期驱动的二能级开系统上. 式 (6.166) 和我们在第 5.2 节讨论功特征算符时引入的式 (5.8) 没有本质的差异. 因此, 如果我们对这个特殊轨迹系综的随机热的概率分布感兴趣, 和之前一样, 我们引入该热分布的特征函数 $\Phi_{++}(t)$. 重复和量子轨迹功特征函数相同的论证过程, 我们有

$$
\Phi_{++}(\eta) = \mathrm{Tr}_A[|\epsilon_+(t_f)\rangle\langle\epsilon_+(t_f)|T_-\mathrm{e}^{\int_0^t \mathrm{d}s\tilde{\mathcal{L}}(s,\eta)}(|\epsilon_+(0)\rangle\langle\epsilon_+(0)|)].
\tag{6.167}
$$

我们约定第一个下标表示在结束时刻测量得到的 Floquet 基, 第二个下标表示在初始时刻出发的 Floquet 基. 对照式 (6.79), 我们看到这个热特征函数正好是矩阵元 $(\exp[A(\eta)t])_{11}$. 重复类似的论证可以发现矩阵 $\exp[A(\eta)t]$ 中其他三个矩阵元也有类似的热特征函数的解释, 所以有

$$
\mathrm{e}^{A(\eta)t} = \begin{pmatrix} \Phi_{++}(\eta) & \Phi_{+-}(\eta) \\ \Phi_{-+}(\eta) & \Phi_{--}(\eta) \end{pmatrix}.
\tag{6.168}
$$

附录 E 矩生成函数的下凸性质

设某个概率分布函数的随机变量 x 的两个函数 X 和 Y, 它们的平均值满足 Hölder 不等式 [26],

$$
\langle|XY|\rangle \leqslant \left(\langle|X|^{1/\alpha}\rangle^\alpha\right)\left(\langle|Y|^{1/(1-\alpha)}\rangle^{1-\alpha}\right).
\tag{6.169}
$$

α 是在 $[0,1]$ 区间的任意一个数. 如果随机函数恰好是指数函数

$$
X = \mathrm{e}^{\alpha\eta_1 x}, \quad Y = \mathrm{e}^{(1-\alpha)\eta_2 x},
\tag{6.170}
$$

代入式 (6.169) 则有

$$
\langle\mathrm{e}^{[\alpha\eta_1+(1-\alpha)\eta_2]x}\rangle \leqslant \left(\langle\mathrm{e}^{\eta_1 x}\rangle^\alpha\right)\left(\langle\mathrm{e}^{\eta_2 x}\rangle^{1-\alpha}\right).
\tag{6.171}
$$

取上式的对数, 因为式中的平均取对数正好是概率分布函数的矩生成函数, 比如 $M(\eta)$, 所以有

$$M\left[\alpha\eta_1 + (1 - \alpha)\eta_2\right] \leqslant \alpha M(\eta_1) + (1 - \alpha)M(\eta_2). \tag{6.172}$$

这样我们证明了矩生成函数是下凸函数.

附录 F　Gärtner-Ellis 定理

该定理 [17] 的一个非严格说明如下. 设一个随机变量 $Q(t)$, 它对时间的平均速率 $I(t) = Q(t)/t$ 的概率分布函数 $P(I, t)$ 在长时间极限下满足大偏差原理, 即

$$P(I, t) = \mathrm{e}^{-t[e(I) + o(1)]}. \tag{6.173}$$

如果大偏差函数 $e(I)$ 是严格下凸且光滑的函数. 利用 Laplace 方法计算 $Q(t)$ 的矩生成函数:

$$\begin{aligned} M(\eta) &= \int_{-\infty}^{+\infty} \mathrm{e}^{\eta t I} P(I, t) \mathrm{d}I \\ &= \int_{-\infty}^{+\infty} \mathrm{e}^{t[\eta I - e(I) - o(1)]} \mathrm{d}I \\ &\approx \mathrm{e}^{t \max\{\eta I - e(I)\}} \sqrt{\frac{2\pi}{t|e''(I)|}}. \end{aligned} \tag{6.174}$$

最后一个式子根号内的 I 的取值是 $\eta = e''(I)$. 代入标度累积量生成函数定义式 (6.94) 有

$$\lambda(\eta) = \lim_{t \to \infty} \frac{1}{t} \ln M(\eta) = \max\{\eta I - e(I)\}. \tag{6.175}$$

上式表明, 标度累积量生成函数和大偏差函数互为 Legendre 变换.

附录 G　Legendre 变换

虽然 Legendre 变换是经典力学和热力学的标准内容, 但是常见的教材中关于该变换的解释并不多, 在这里做点必要的补充 [27]. 考虑一个严格下凸的函数 $f(x)$, 它的 Legendre 变换后的函数是

$$h(k) = \max\{kx - f(x)\} = kx(k) - f(x(k)), \tag{6.176}$$

其中 x 和 k 的函数关系由

$$\frac{\mathrm{d}f}{\mathrm{d}x} = k \tag{6.177}$$

确定. 因为 $f(x)$ 严格下凸, 点 x 和斜率 k 形成一一映射的关系, 所以有 $x = x(k)$ 或者 $k = k(x)$. 从几何上看, $-h(k)$ 是一条斜率为 k, 过 $(x, f(x))$ 点, 和函数 $f(x)$ 相切直线的截距. 容易证明, $h(k)$ 也是严格的下凸函数:

$$\frac{\mathrm{d}^2 h}{\mathrm{d}k^2} = \left(\frac{\mathrm{d}k}{\mathrm{d}x}\right)^{-1} = \left(\frac{\mathrm{d}^2 f}{\mathrm{d}x^2}\right)^{-1} > 0. \tag{6.178}$$

函数 $h(k)$ 的 Legendre 变换是原函数

$$f(x) = \max\{kx - h(k)\} = xk(x) - h(k(x)). \tag{6.179}$$

交换式 (6.176) 两边函数 f 和 h 的位置, 考虑到 x 和 k 之间一一映射的关系, 这是一个显然的结论. Legendre 变换具有重要的对偶性质, 即如果 x 处函数 $f(x)$ 的斜率等于 k, 那么在 k 处函数 $h(k)$ 的斜率就是 x. 证明如下:

$$
\begin{aligned}
\frac{\mathrm{d}h}{\mathrm{d}k} &= x(k) + k\frac{\mathrm{d}x}{\mathrm{d}k} - \frac{\mathrm{d}f}{\mathrm{d}x}\frac{\mathrm{d}x}{\mathrm{d}k} \\
&= x(k) + \left(k - \frac{\mathrm{d}f}{\mathrm{d}x}\right)\frac{\mathrm{d}x}{\mathrm{d}k} \\
&= x.
\end{aligned}
\tag{6.180}
$$

这个结论有一个简单的应用: 如果 $x^\star$ 是函数 $f(x)$ 的最小值, 即

$$\frac{\mathrm{d}f}{\mathrm{d}x}(x^\star) = 0, \tag{6.181}$$

则

$$\frac{\mathrm{d}h}{\mathrm{d}k}(0) = x^\star. \tag{6.182}$$

附录 H　（1/t_f）展开的功和热

为了一般起见, 假设慢驱动量子主方程

$$\partial_t \rho_A(t) = \mathcal{L}(t)[\rho_A(t)] \tag{6.183}$$

满足瞬时细致平衡条件式 (3.98),

$$\mathcal{L}(t)[\rho_{\mathrm{eq}}(t)] = 0, \tag{6.184}$$

这里隐去了外参数. 利用无量纲的时间参数 s $(t = t_f s)$, 重新把式 (6.183) 写成

$$\partial_s \rho(s) = t_f \mathcal{L}(s)[\rho(s)], \tag{6.185}$$

这里的 $\rho(s) \equiv \rho_A(t_f s)$, $\mathcal{L}(s) \equiv \mathcal{L}(t_f s)$, 我们假设后者和过程的持续时间 t_f 没有直接的联系. 以 $(1/t_f)$ 为小量展开密度算符 [23],

$$\rho(s) = \rho^0(s) + \left(\frac{1}{t_f}\right)\rho^{(1)}(s) + \left(\frac{1}{t_f}\right)^2 \rho^{(2)}(s) + \cdots, \tag{6.186}$$

其中设定 $\rho^{(0)}(s) = \rho_{\mathrm{eq}}(s)$. 将它代入式 (6.187) 就会看到不同阶的密度算符满足一个简单的递推关系 [23]:

$$0 = \mathcal{L}(s)[\rho^{(0)}(s)], \tag{6.187}$$

$$\partial_s \rho^{(i-1)}(s) = \mathcal{L}(s)[\rho^{(i)}(s)], \tag{6.188}$$

$i = 1, \cdots$. 虽然我们没有证明, 这里展开的方法应该和式 (6.116) 和式 (6.117) 等价. 在此基础上可以很容易地看到慢驱动量子开系统的热和功 (见式 (3.82)) 也有 $(1/t_f)$ 展开的形式:

功,

$$\begin{aligned}
&\int_0^1 \mathrm{Tr}_A[\partial_s H_A(s)\rho(s)]\mathrm{d}s \\
&= \int_0^1 \mathrm{Tr}_A[\partial_s H_A(s)\rho_{\mathrm{eq}}(s)]\mathrm{d}s + \frac{1}{t_f}\int_0^1 \mathrm{Tr}_A[\partial_s H_A(s)\rho^{(1)}(s)]\mathrm{d}s \\
&\quad + \cdots.
\end{aligned} \tag{6.189}$$

热,

$$\begin{aligned}
&\int_0^1 \mathrm{Tr}_A[H_A(s)\partial_s \rho(s)]\mathrm{d}s \\
&= \int_0^1 \mathrm{Tr}_A[H_A(s)\partial_s \rho_{\mathrm{eq}}(s)]\mathrm{d}s + \frac{1}{t_f}\int_0^1 \mathrm{Tr}_A[H_A(s)\partial_s \rho^{(1)}(s)]\mathrm{d}s \\
&\quad + \cdots
\end{aligned}$$

$$= \int_0^1 \mathrm{Tr}_A \left[D^*(s)[H_A(s)]\rho^{(1)}(s) \right] \mathrm{d}s$$
$$+ \frac{1}{t_f} \int_0^1 \mathrm{Tr}_A \left[D^*(s)[H_A(s)]\rho^{(2)}(s) \right] \mathrm{d}s + \cdots, \tag{6.190}$$

$D^*(s)$ 是耗散超算符 $D(s)$ 的对偶, 第二个等式用到了瞬时细致平衡条件式 (6.184). 显然上述功和热的和等于量子开系统平均能量 $\mathrm{Tr}_A[H_A(t)\rho_A(t)]$ 的变化, 也就是说, 能量变化也有类似的 $(1/t_f)$ 展开形式. 如果 t_f 趋于无穷大, 式 (6.189) 和式 (6.190) 仅剩下了 $(1/t_f)^0$ 阶项, 它们正是平衡态统计物理中准静态可逆过程的功和热的定义 [28].

附录 I　速率式 (6.138) - (6.140)

这些结果的推导过程和附录 A 相同. 根据环境算符两点时间关联函数 Fourier 变换定义式 (2.38), 在这个模型中我们需要计算

$$r(\omega) = \frac{1}{\hbar^2} \sum_{k,k'=1} \int_{-\infty}^{+\infty} \mathrm{d}s \mathrm{e}^{\mathrm{i}\omega s} g(\omega_k) g(\omega_{k'})$$
$$\left\langle (a_k^\dagger \mathrm{e}^{\mathrm{i}\omega_k t} + a_k \mathrm{e}^{-\mathrm{i}\omega_k t})(a_{k'}^\dagger + a_{k'}) \right\rangle, \tag{6.191}$$

积分中的尖括号表示对处于热平衡态倒数温度等于 β 的量子谐振子系综平均. 和电磁场情况类似, 我们用到以下公式:

$$\langle a_k a_{k'} \rangle = 0, \quad \langle a_k^\dagger a_{k'}^\dagger \rangle = 0$$
$$\langle a_k a_{k'}^\dagger \rangle = \delta_{kk'} [\bar{n}(\omega_k) + 1],$$
$$\langle a_k^\dagger a_{k'} \rangle = \delta_{kk'} \bar{n}(\omega_k),$$

$\bar{n}(\omega_k)$ 是热平衡态下第 k 个谐振子的平均布居数. 简单计算就能证明这些结果. 将它们代入式 (6.191), 并假设这些谐振子的频率分布足够稠密, 以至于原本对离散的 k 求和被连续的频率积分所代替:

$$r(\omega) = \int_0^\infty \mathrm{d}\omega' J(\omega') \{\bar{n}(\omega')\delta(\omega + \omega') + [\bar{n}(\omega') + 1]\delta(\omega - \omega')\}$$
$$= J(|\omega|)\{\bar{n}(|\omega|)\Theta(-\omega) + [\bar{n}(|\omega|) + 1]\Theta(\omega)\}, \tag{6.192}$$

$J(\omega)$ 称为环境的谱密度 [25], 它具有频率的量纲. 在正文中我们选择了常见的 Ohm 型谱密度. 和这里的形式相比, 电磁环境的谱密度是 $J(\omega) \propto \omega^3$. 在量子 Brown 运动理论中, 这类环境被称为超 Ohm 型环境 [25].

参 考 文 献

[1] Scully M O, Zubariry M S. Quantum Optics. Cambridge: Cambridge University Press, 1997

[2] Mollow R B. Power spectrum of light scattered by two-level systems. Phys. Rev., 1969, 188: 1969

[3] Geva E, Kosloff R. Three-level quantum amplifier as a heat engine: A study in finite-time thermodynamics. Phys. Rev. E, 1994, 49: 3903

[4] Geva E, Kosloff R, Skinner J L. On the relaxation of a two-level system driven by a strong electromagnetic field. J. Chem. Phys., 1995, 102: 8541

[5] Kosloff R. Quantum thermodynamics: A dynamical viewpoint. Entropy, 2013, 15: 2100

[6] Szczygielski K, Gelbwaser-Klimovsky D, Alicki R. Markovian master equation and thermodynamics of a two-level system in a strong laser field. Phys. Rev. E, 2013, 87: 012120

[7] Liu F. Equivalence of two Bochkov-Kuzovlev equalities in quantum two-level systems. Phys. Rev. E, 2014, 89: 042122

[8] Hekking F W J, Pekola J P. Quantum jump approach for work and dissipation in a two-level system. Phys. Rev. Lett., 2013, 111: 093602

[9] Eddington S. The Nature of the Physical World. Cambridge: Cambridge University Press, 2012

[10] Rabi I I. Space quantization in a gyrating magnetic field. Phys. Rev., 1937, 51: 652

[11] Cohen-Tannoudji C, Diu B, Laloë F. Quantum Mechanics. Vol 1. New York: John Wiley & Sons, 1977

[12] Liu F, Xi J Y. Characteristic functions based on a quantum jump trajectory. Phys. Rev. E, 2016, 94: 062133

[13] Liu F. Heat and work in Markovian quantum master equations: Concepts, fluctuation theorems, and computations. Prog. Phys., 2018, 38:1

[14] Gasparinetti S, Solinas P, Brggio A, et al. Heat-exchange statistics in driven open quantum systems. New. J. Phys., 2014, 16: 115001

[15] Touchette H. The large deviation approach to statistical mechanics. Phys. Rep., 2009, 478: 1

[16] Esposito E, Harbola U, Mukamel S. Nonequilibrium fluctuation theorems, and counting statistics in quantum systems. Rev. Mod. Phys., 2009, 81: 1665

[17] Ellis R S. Entropy, Large deviations, and Statistical Mechanics. Berlin: Springer, 2000

[18] Gallavotti G, Cohen E G D. Dynamical ensembles in nonequilibrium statistical mechanics. Phys. Rev. Lett., 1995, 74: 2694

[19] Kurchan J. Fluctuation theorem for stochastic dynamics. J. Phys. A: Math. Gen., 1998, 31: 3719

[20] Lebowitz J L, Spohn H. A Gallavotti-Cohen-type symmetry in the large deviation functional for stochastic dynamics. J. Stat. Phys., 1999, 95: 333

[21] Sun C P. Higher-order quantum adiabatic approximation and Berry's phase factor. J. Phys. A: Math. Gen., 1988, 21: 1595

[22] Aguiar Pinto A C, Fonseca Romero K M, Thomaz M T. Adiabatic approximation in the density matrix approach: Non-degenerate systems. Physica A, 2002, 311: 169

[23] Cavina V, Mari A, Giovannetti. Slow dynamics and thermodynamics of open quantum systems. Phys. Rev. Lett., 2017, 119: 050601

[24] Liu F. Calculating work in adiabatic two-level quantum Markovian master equations: A characteristic function method. Phys. Rev. E, 2014, 90: 032121

[25] Weiss U. Quantum Dissipative Systems. Singapore: World Scientific, 2012

[26] 叶其孝, 沈永欢. 实用数学手册. 2 版. 北京: 科学出版社, 2005

[27] Zia R K P, Redish E F, McKay S R. Making sense of the Legendre transform. Am. J. Phys., 2009, 77: 614

[28] 汪志诚. 热力学统计物理. 4 版. 北京: 高等教育出版社, 2008

后 记

特别感谢我的研究生导师欧阳钟灿院士和杨孔庆教授给予我的支持和鼓励. 如果没有他们当年的接纳,今天能否从事物理理论研究也未可知. 感谢国家自然科学基金连续多年的资助,使我能够在这个课题展开较为系统和深入的研究. 在研究过程中,我从和黄敏章、Mitsumasa Iwamoto、童培庆、汤雷翰、赵鸿、周海军、蒋大权、葛灏、全海涛、Christopher Jarzynski、Jordan Horowitz、卢至悦、邹卫东、张鹏鸣、安钧鸿、黄亮、狄增如、吴金闪、晏世伟、包景东、郑志刚、涂展春、冯芒、周飞、郑伟谋、陈晓松、史华林、王延琏、严运安、黎明、王晨、徐大智、苏山河、陈勇、郝维昌、耿立升、郭怀民、潘辉、张国锋、王海龙、赵路、Mohammad HS Amin、Ángel Rivas、Raphaël Chetrite 等教授,陈冲、费兆宇、Cyril Elouard 等博士的讨论中获益匪浅,科学出版社钱俊编辑为本书的出版做了大量细致的工作,这里也一并表示感谢.

最后我想以本书缅怀彭桓武先生. 彭先生在世时,曾经多次提到涨落定理的重要性并希望获知最新的研究进展. 当时我还是在读博士生,对这方面的认识很朦胧. 当我现在对这一个议题有了较为清晰的理解时,彭先生却已经过世,只能遗憾再也不能听到先生的当面教诲.